# 人工智能数学基础

陆伟峰　谷　瑞　主　编
蔡炳育　王美艳　副主编

清華大学出版社
北　京

## 内 容 简 介

本书面向广大数据科学与人工智能专业的学生及初学者，力求通俗易懂、简洁清晰地呈现学习大数据与人工智能需要的基础数学知识，助力读者为进一步学习人工智能打好数学基础。

全书分为4篇，共19章：微积分篇（第1～5章），主要介绍极限、导数、极值、多元函数导数与极值、梯度下降法等；线性代数篇（第6～10章），主要介绍向量、矩阵、行列式、线性方程组、特征值和特征向量等，并介绍这些数学知识在人工智能中的应用；概率统计篇（第11～17章），主要介绍概率、随机变量、数字特征、相关分析和回归分析，并介绍数据处理的基本方法和Pandas在数据处理中的应用；应用篇（第18章和第19章），主要介绍人工智能中典型的全连接神经网络和卷积神经网络。

本书既有理论又有应用，既可以用纸笔计算，也可以用Python编程计算，读者可在学习过程中根据需要合理地选择侧重点。

本书既可作为高职院校数据科学与人工智能专业的教材，也可作为相关产业从业者的自学或参考用书。



**图书在版编目（CIP）数据**

人工智能数学基础/陆伟峰，谷瑞主编. 一北京：清华大学出版社，2023.5（2024.9重印）
ISBN 978-7-302-63236-8

Ⅰ. ①人… Ⅱ. ①陆… ②谷… Ⅲ. ①人工智能一应用数学一基本知识 Ⅳ. ①TP18②O29

中国国家版本馆CIP数据核字（2023）第056646号

**责任编辑：** 邓　艳
**封面设计：** 秦　丽
**版式设计：** 文森时代
**责任校对：** 马军令
**责任印制：** 丛怀宇

**出版发行：** 清华大学出版社
　网　　址：https://www.tup.com.cn, https://www.wqxuetang.com
　地　　址：北京清华大学学研大厦A座　　邮　　编：100084
　社 总 机：010-83470000　　邮　　购：010-62786544
　投稿与读者服务：010-62776969，c-service@tup.tsinghua.edu.cn
　质量反馈：010-62772015，zhiliang@tup.tsinghua.edu.cn
**印 装 者：** 三河市龙大印装有限公司
**经　　销：** 全国新华书店
**开　　本：** 185mm×230mm　　印　　张：18.75　　字　　数：386千字
**版　　次：** 2023年6月第1版　　印　　次：2024年9月第3次印刷
**定　　价：** 69.80元

---

产品编号：088930-01

# 前　言

当今科技世界正经历百年未有之大变局，新一轮科技革命和产业变革深入开展。我国为了抓住新一轮科技革命和产业变革机遇，近年来大力发展新一代人工智能。陆续出台了有关支持人工智能的重要政策，包括《“十三五”国家科技创新规划》《中国制造2025》《国务院关于印发新一代人工智能发展规划的通知》《新一代人工智能发展规划》等，推动人工智能技术与产业的稳步发展。在政策利好的助推下，我国人工智能技术在硬件、算法、应用等各方面都得到了显著的提升，涌现了百度、阿里、腾讯、华为、思必驰、科大讯飞、商汤科技等一大批优秀的人工智能企业。目前，中美在人工智能企业数量、专利数量、论文数量和人才数量上并驾齐驱，成为全球人工智能发展的两大动力来源。

本书专门为数据科学和人工智能相关产业的从业者、高职院校的学生打造，旨在为读者提供学习数据科学和人工智能所需的数学基础知识，帮助读者了解人工智能算法的基本数学原理，为进一步学习人工智能打好基础。

考虑专业特点，为了适应数据科学与人工智能后继课程的学习，本书进行了以下优化：

（1）介绍 Python 编程计算。本书除了讲解传统的纸笔计算方法外，还介绍了使用 Python 命令求解极限、导数等数学问题的方法，充分发挥专业特长，提高学生运用专业工具求解数学问题的能力。

（2）引入人工智能实例，促进概念理解。本书引入了向量与编码、矩阵与数字图像处理、梯度下降法、回归分析、神经网络等人工智能中的典型案例，使学生初步了解向量、矩阵、导数等基础数学概念和方法在人工智能中的应用，更深刻地理解数学概念和方法，并提高运用数学知识解决问题的能力。

全书共 19 章，第 1～5 章由陆伟峰编写，第 6～10 章由王美艳编写，第 11～16 章由蔡炳育编写，第 17～19 章由谷瑞编写。

本书的编写团队虽尽心尽力编写本书，力求通俗易懂、内容全面，但由于人工智能发展迅速、涉及多学科，书中如有疏漏和不足之处，敬请读者指正。

编者

# 目　　录

## 微积分篇

## 线性代数篇

# 概率统计篇

# 应　用　篇

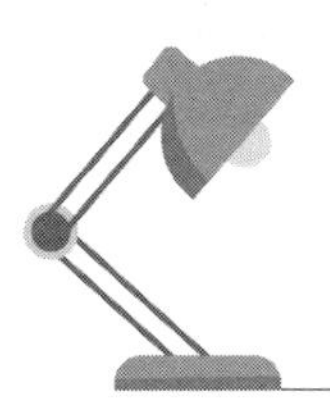

# 微积分篇

# 第 1 章　函数与极限

**知识图谱：**

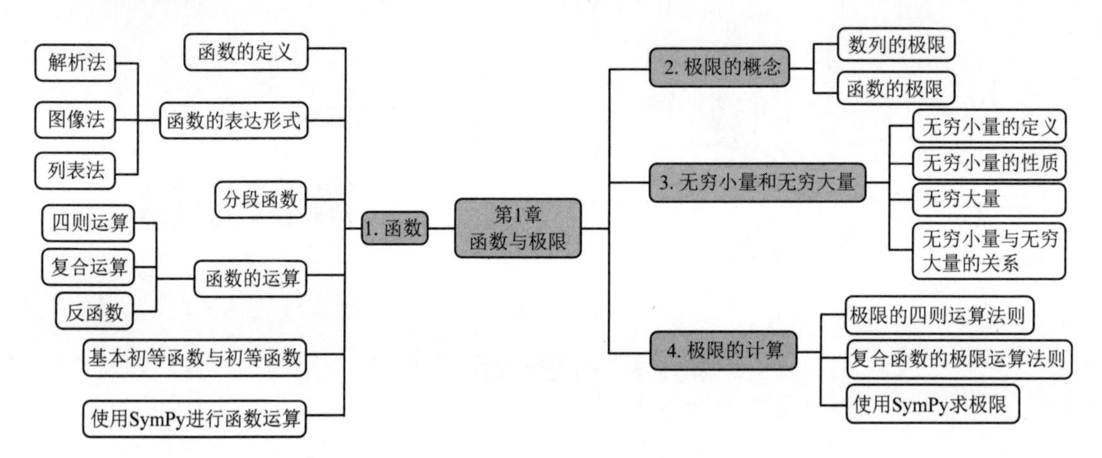


**学习目标：**

（1）理解函数的概念，掌握函数的三种表达形式；

（2）掌握函数的运算；

（3）理解函数的构成方式，基本初等函数的形式和性质；

（4）掌握使用 SymPy 建立函数及进行运算的方法。

## 1.1　函　　数

### 1.1.1　函数的定义

在分析事物发展变化的规律之前，首先要建立事物的数学模型——函数，确定两个变量之间的对应关系，或者系统输入与输出之间的对应关系等。

**定义 1-1**　设 $D$，$B$ 是两个非空的数集，如果按照某个确定的对应关系 $f$，使对于集合 $D$ 中的任意一个数 $x$，在集合 $B$ 中都有唯一确定的一个数 $y$ 与之对应，则称 $f$ 是从集合 $D$ 到集合 $B$ 的一个**函数**，记为

$$y = f(x),\quad x \in D 。\tag{1-1}$$

其中，$x$ 称为**自变量**，$y$ 称为**因变量**，数集 $D$ 称为函数的**定义域**。

有些函数直接给出了定义域，如函数 $y=\sin x, x\in\left[-\frac{\pi}{2},\frac{\pi}{2}\right]$ 的定义域为 $\left[-\frac{\pi}{2},\frac{\pi}{2}\right]$。如果没有明确限定自变量 $x$ 的范围，那么函数的定义域为使得函数有意义的全体 $x$ 构成的集合。如函数 $y=\sqrt{x}$ 当 $x\in[0,+\infty)$ 时有意义，所以函数 $y=\sqrt{x}$ 的定义域为 $[0,+\infty)$。

**【例 1-1】** 求函数 $y=\sqrt{1-x^2}+\sqrt{x}$ 的定义域。

解：要使函数有意义，必须同时满足

$$\begin{cases}1-x^2\geqslant 0,\\ x\geqslant 0\end{cases} \text{即} \begin{cases}-1\leqslant x\leqslant 1,\\ x\geqslant 0。\end{cases}$$

所以，函数的定义域为[0, 1]。

当 $x$ 取集合 $D$ 中的一个数值 $x_0$ 时，与 $x_0$ 对应的 $y$ 的值叫作函数 $y=f(x)$ 在点 $x_0$ 处的**函数值**，记作 $f(x_0)$ 或 $y|_{x=x_0}$。当 $x$ 取遍定义域 $D$ 内的所有值时，对应的函数值的集合 $Z=\{y|y=f(x),x\in D\}$ 称为函数 $y=f(x)$ 的**值域**。

函数 $y=f(x)$ 中，符号“$f$”表示从集合 $D$ 到集合 $B$ 的对应法则，不同的对应关系用不同的符号表示。例如，用 $f$ 表示平方对应关系，用 $g$ 表示立方对应关系。

定义域与对应法则是构成函数的两个要素，如果两个函数的定义域与对应法则都相同，那么这两个函数是完全相同的。而 $x$ 和 $y$ 只是表示自变量和因变量的两个符号，也可以用其他符号表示。

**【例 1-2】** 判断下列各组函数是否同一个函数。

（1） $y=\ln x^2$ 与 $y=2\ln x$；

（2） $y=|x|$ 与 $y=\sqrt{x^2}$。

解：（1）因为 $2\ln x=\ln x^2$，所以这两个函数的对应法则相同。

但是，对于函数 $y=\ln x^2$，要求 $x^2>0$，即定义域为 $(-\infty,0)\cup(0,+\infty)$。而对于函数 $y=2\ln x$，要求 $x>0$，即定义域为 $(0,+\infty)$。所以两个函数的定义域不同。

两个函数的对应法则相同，但是定义域不同，所以这两个函数不是同一个函数。

（2）因为 $\sqrt{x^2}=|x|$，所以这两个函数的对应法则相同。

函数 $y=\sqrt{x^2}$ 和 $y=|x|$ 的定义域均为 $\mathbf{R}$。这两个函数的对应法则和定义域都相同，所以是同一个函数。

### 1.1.2　函数的表达形式

根据不同的背景与应用场景，函数可以采用多种表达形式。

**1. 解析法**

自变量与因变量之间的关系可用数学表达式（解析式）表示。

**【例 1-3】（牛顿冷却定律）** 在 $t=0$ 时刻将一杯 39℃的热水放在 20℃的室温环境中，根据牛顿冷却定律，杯中热水的温度 $T$（单位：℃）随时间 $t$（单位：分钟）的变化规律可以表示为 $T(t)=20+80\mathrm{e}^{\alpha t}$。其中 $\alpha=-0.011$ 为热传递系数，随环境而异。

使用解析式表达，可以精确地描述杯中热水的温度随时间的变化规律，完成分析和预测任务。根据表达式计算可以预测 58.35 分钟后杯中热水的温度降为 30℃。但有些函数关系复杂，难以用解析式表达。

**2. 图像法**

把一个函数的自变量 $x$ 与对应的因变量 $y$ 的值分别作为点的横坐标和纵坐标，在平面直角坐标系内描出它的对应点，所有这些点组成的图形叫作该函数的图像。如图 1-1 所示。

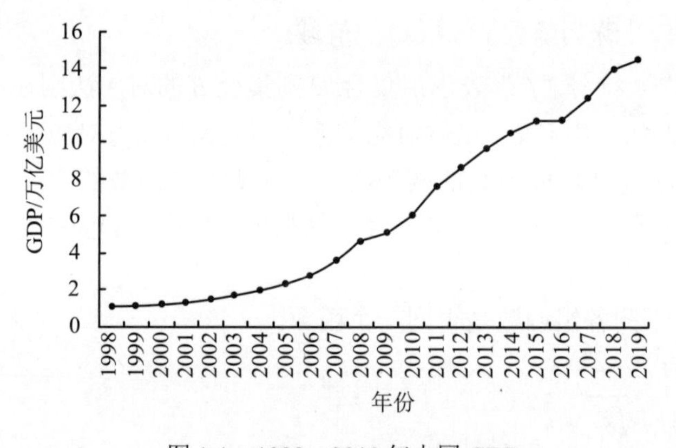


图 1-1　1998—2019 年中国 GDP

图像法具有形象直观的优点，函数图像可以清晰地呈现函数的增减变化、对称性和最大最小值等。但是绘制的函数图像是近似的，无法从图像中得到精确函数值。

**3. 列表法**

用列表的方法来表示两个变量之间函数关系的方法叫作列表法。如表 1-1 所示。这种方法的优点是通过表格中已知自变量的值，可以直接读出与之对应的函数值；缺点是只能列出部分对应值，难以反映函数的全貌。

表 1-1　城市干道的基本通行能力与车速关系[①]

| 车速/（km · h$^{-1}$） | 10 | 20 | 30 | 40 | 50 | 60 | 70 | 80 | 90 | 100 |
|---|---|---|---|---|---|---|---|---|---|---|
| 通行能力/（辆 · h$^{-1}$） | 958 | 1208 | 1233 | 1173 | 1090 | 1006 | 928 | 858 | 797 | 742 |

## 1.1.3　分段函数

在有些情况下，自变量和因变量之间的关系比较复杂，无法用一个解析式表达。而需要在定义域的不同部分用不同的数学表达式表示，这样的函数称为**分段函数**。绝对值函数

$$y=|x|=\begin{cases}x, & x\geqslant 0,\\ -x, & x<0\end{cases}\tag{1-2}$$

就是一个简单的分段函数。定义域为$(-\infty,+\infty)$。在$[0,+\infty)$范围内用解析式$y=x$表示，而在$(-\infty,0)$范围内用解析式$y=-x$表示。

**【例 1-4】** ReLU 函数是神经网络中常用的激活函数。它在$(-\infty,0)$和$[0,+\infty)$上分别用两个不同的解析式表示：

$$y=\mathrm{ReLU}(x)=\max\{0,x\}=\begin{cases}0, & x<0,\\ x, & x\geqslant 0。\end{cases}$$

ReLU 函数的图像如图 1-2 所示。

**【例 1-5】** 符号函数$\mathrm{sgn}(x)$根据自变量$x$的符号，在定义域的不同部分用三个解析式表达：

$$\mathrm{sgn}(x)=\begin{cases}1\ , & x>0,\\ 0\ , & x=0,\\ -1\ , & x<0。\end{cases}$$

符号函数的图像如图 1-3 所示。

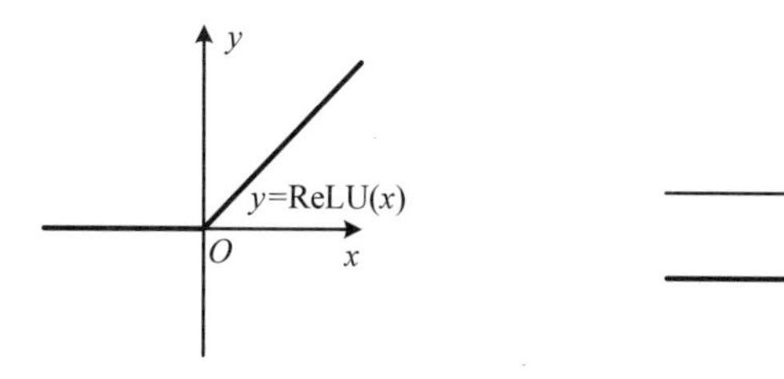


图 1-2　ReLU 函数图像

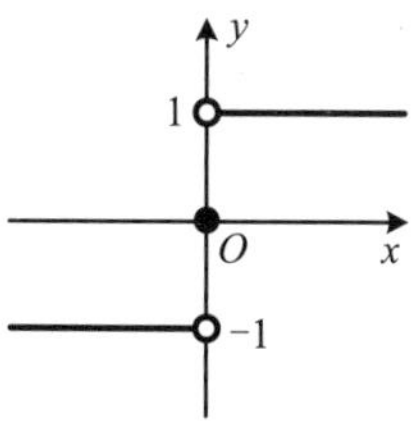

图 1-3　符号函数图像

① 姜启源，谢金星，叶俊. 数学模型[M]. 4 版. 北京：高等教育出版社，2011.

## 1.1.4　函数的运算

两个或多个函数可以通过四则运算与复合运算构成新的函数。

### 1. 四则运算

**定义 1-2**　已知两个函数 $y=f(x)(x\in D_1)$ 与 $y=g(x)(x\in D_2)$，设 $D=D_1\cap D_2$ 且 $D\neq\varnothing$。则分别称 $f(x)+g(x)$，$f(x)-g(x)$，$f(x)\cdot g(x)$ 与 $f(x)/g(x)$ 为 $f(x)$ 和 $g(x)$ 的**和、差、积、商函数**。

但是要注意其中 $D_1\cap D_2\neq\varnothing$，否则运算无意义。

### 2. 复合运算

**定义 1-3**　假设 $y$ 是 $u$ 的函数即 $y=f(u)$，而 $u$ 又是 $x$ 的函数即 $u=\varphi(x)$，且 $y=f(u)$ 的定义域与 $u=\varphi(x)$ 的值域的交集非空。那么，$y$ 通过中间变量 $u$ 又成为 $x$ 的函数，称为由函数 $y=f(u)$ 与 $u=\varphi(x)$ 复合而成的**复合函数**，记作

$$y=f[\varphi(x)]。$$

复合的过程就是依次代入消掉中间变量的过程。

**【例 1-6】** 求下列函数构成的复合函数。

（1）$y=\ln u$，$u=1+\sin x$；

（2）$y=\mathrm{e}^u$，$u=\cos v$，$v=2x+1$。

解：

（1）$u$ 是中间变量，将 $u=1+\sin x$ 代入 $y=\ln u$，得到复合函数为 $y=\ln u=\ln(1+\sin x)$。

（2）中间变量为 $u$ 和 $v$，将中间变量依次代入得到 $y=\mathrm{e}^u=\mathrm{e}^{\cos v}=\mathrm{e}^{\cos(2x+1)}$。

**【例 1-7】** 指出下列函数是由哪些简单函数复合而成的。

（1）$y=(5x-1)^4$；（2）$y=\cos\sqrt{1+3x^2}$。

解：

（1）$y=(5x-1)^4$ 是由 $y=u^4$ 和 $u=5x-1$ 复合而成。

（2）$y=\cos\sqrt{1+3x^2}$ 是由 $y=\cos u$，$u=\sqrt{v}$ 和 $v=1+3x^2$ 复合而成。

### 3. 反函数

摄氏温度 $C$ 和华氏温度 $F$ 是两大国际主流的计量温度的标准，两者之间的换算关系为 $F=32+1.8C$。这里 $C$ 是自变量，$F$ 是因变量。将摄氏温度 $C=20$ ℃代入得到对应的

华氏温度 $F=68$ ℉。如果要将华氏温度 $F=86$ ℉转换成摄氏温度呢？只需将式子改写为 $C=\frac{5}{9}(F-32)$，此时自变量为 $F$，因变量为 $C$，将 $F=86$ ℉代入得到对应的摄氏温度 $C=30$ ℃。

上面的例子中，两个式子是相反的，$F=32+1.8C$ 是以 $C$ 为自变量表达 $F$，而 $C=\frac{5}{9}(F-32)$ 是以 $F$ 为自变量表达 $C$。我们称 $C=\frac{5}{9}(F-32)$ 是 $F=32+1.8C$ 的反函数，反之亦然。

**定义 1-4**　设 $y=f(x)$ 是定义在 $D$ 上的函数，值域为 $Z$。如果对于数集 $Z$ 上的每个数，数集 $D$ 上都有唯一确定的一个数 $x$ 与之对应，那么确定了以 $y$ 为自变量的一个函数称为函数 $y=f(x)$ 的**反函数**，记为

$$x=f^{-1}(y)。$$

它的定义域为 $Z$，值域为 $D$。而 $y=f(x)$ 称为 $x=f^{-1}(y)$ 的**原函数**。

为了与传统习惯相适应，以 $x$ 为自变量，$y$ 为因变量，将 $y=f(x)$ 的反函数记为

$$y=f^{-1}(x)。$$

**【例 1-8】** 求函数 $y=\sqrt{2x+1}$ 的反函数。

解：由 $y=\sqrt{2x+1}$ 得到 $x=\frac{1}{2}(y^2-1)$。互换 $x,y$ 得到 $y=\frac{1}{2}(x^2-1)$，即 $y=\sqrt{2x+1}$ 的反函数为 $y=\frac{1}{2}(x^2-1)$。根据原函数与反函数的关系，原函数 $y=\sqrt{2x+1}$ 的定义域为 $\left[-\frac{1}{2},+\infty\right)$，值域为 $[0,+\infty)$，而反函数 $y=\frac{1}{2}(x^2-1)$ 的定义域为 $[0,+\infty)$，值域为 $\left[-\frac{1}{2},+\infty\right)$。

### 1.1.5　基本初等函数与初等函数

有些函数，如 $y=3\sin x+x^2$，$y=\frac{1+\mathrm{e}^x}{1-\mathrm{e}^x}$ 和 $y=\mathrm{e}^{-\sin x}$ 等，形式复杂，图像和性质都难以确定。但是仔细观察会发现，这些函数都是由 $\sin x$，$x^2$，$\mathrm{e}^x$ 和常数等比较简单的函数构成的，了解这些简单函数的图像和性质有利于深入了解更复杂函数的性质。

**定义 1-5**　我们把常数函数、幂函数、指数函数、对数函数、三角函数和反三角函数，这六大类简单的函数统称为**基本初等函数**。

**1. 常数函数**

常数函数

$$y = C \quad (C\text{是常数}) \tag{1-3}$$

的定义域为$(-\infty,+\infty)$，值域为单点集合$\{C\}$。函数图像为平行于$x$轴且截距为$C$的一条直线。如图 1-4 所示。

**2. 幂函数**

幂函数

$$y = x^{\alpha} \quad (\alpha\text{为常数且}\alpha \neq 0) \tag{1-4}$$

的定义域和图像随$\alpha$的取值变化而变化，但都过点$(1,1)$。如图 1-5 所示。

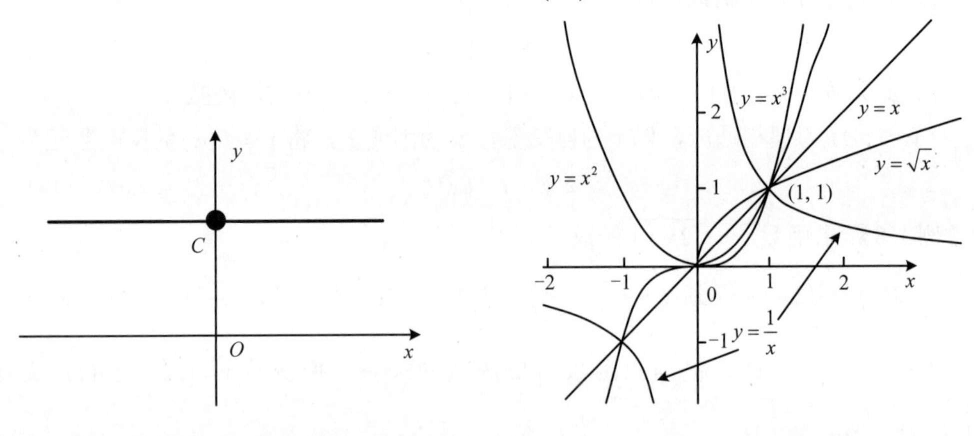


图 1-4 常数函数图像

图 1-5 幂函数图像

当$\alpha>0$时，$y=x^{\alpha}$的图像在区间$(0,+\infty)$上单调递增；当$\alpha<0$时，$y=x^{\alpha}$的图像在区间$(0,+\infty)$上单调递减。

**3. 指数函数**

指数函数

$$y = a^{x} \quad (a>0\text{且}a\neq 1) \tag{1-5}$$

的图像位于$x$轴上方，定义域为$(-\infty,+\infty)$，值域为$(0,+\infty)$，且过点$(0,1)$。当$a>1$时，图像单调递增；当$0<a<1$时，图像单调递减。如图 1-6 所示。

**4. 对数函数**

对数函数

$$y = \log_a x \quad (a > 0 \text{ 且 } a \neq 1) \tag{1-6}$$

的图像位于 $y$ 轴右侧，定义域为 $(0,+\infty)$，值域为 $(-\infty,+\infty)$，且过点 $(1,0)$。当 $a>1$ 时，图像单调递增；当 $0<a<1$ 时，图像单调递减。如图 1-7 所示。

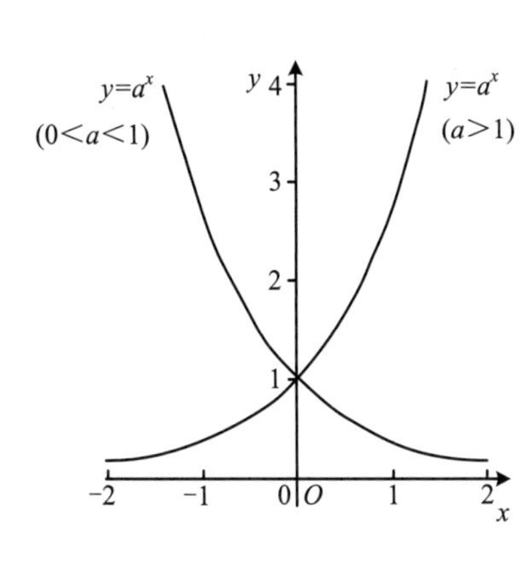


图 1-6　指数函数图像

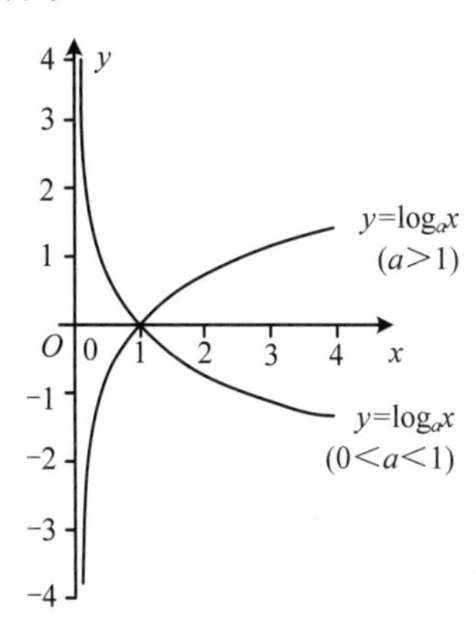


图 1-7　指数函数图像

**5. 三角函数**

三角函数包含正弦函数、余弦函数、正切函数、余切函数、正割函数和余割函数六类。

正弦函数

$$y = \sin x \tag{1-7}$$

的定义域为$(-\infty,+\infty)$，值域为$[-1, 1]$，周期为 $2\pi$，函数图像如图 1-8 所示。

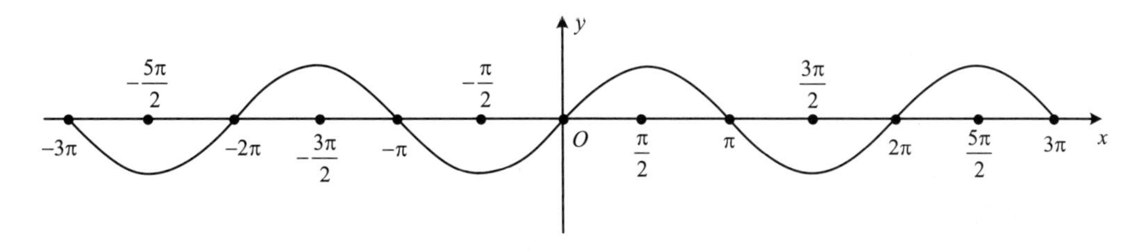


图 1-8　正弦函数图像

余弦函数（图 1-9）：

$$y = \cos x \tag{1-8}$$

定义域为$(-\infty,+\infty)$，值域为$[-1, 1]$，周期为 $2\pi$，函数图像如图 1-9 所示。

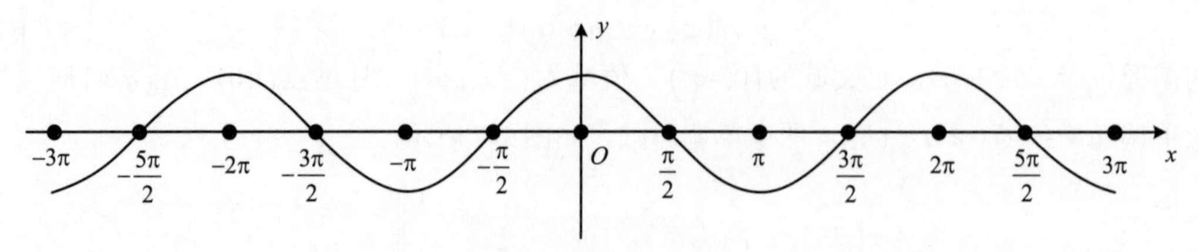

图 1-9　余弦函数图像

正切函数

$$y = \tan x \tag{1-9}$$

定义域为$\left(-\dfrac{\pi}{2}+k\pi,\dfrac{\pi}{2}+k\pi\right)(k\in Z)$，值域为$(-\infty,+\infty)$，周期为$\pi$，函数图像在一个周期内单调递增。如图 1-10 所示。

余切函数

$$y = \cot x \tag{1-10}$$

定义域为$(k\pi, \pi + k\pi)\ (k\in \mathbf{Z})$，周期为$\pi$，函数图像在一个周期内单调递减。如图 1-11 所示。

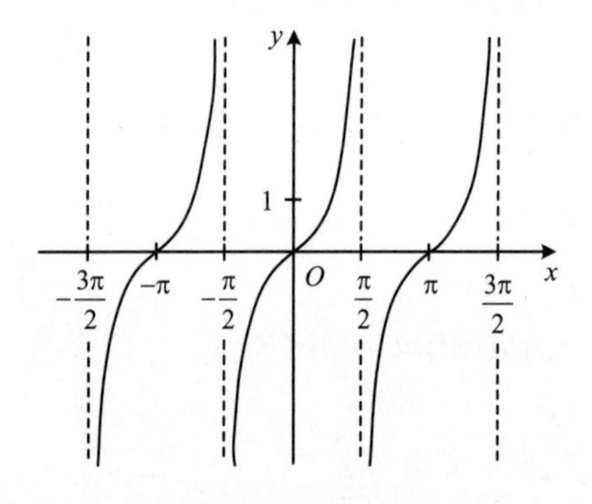

图 1-10　正切函数图像

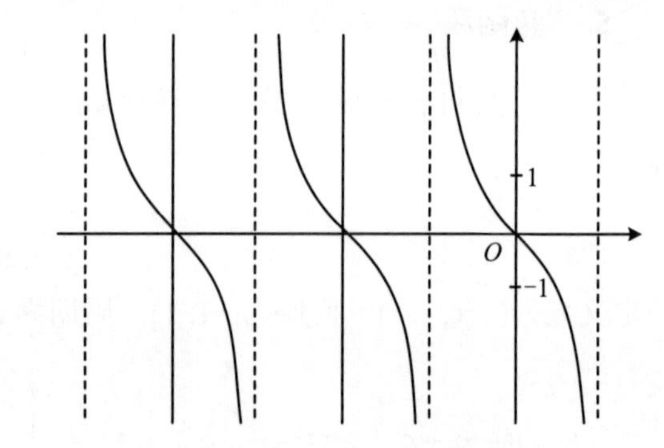

图 1-11　余切函数图像

正割函数与余割函数也是两个经常使用的三角函数。

正割函数

$$y = \sec x = \frac{1}{\cos x} \tag{1-11}$$

余割函数

$$y = \csc x = \frac{1}{\sin x} \tag{1-12}$$

### 6. 反三角函数

反三角函数是三角函数的反函数。

反正弦函数

$$y = \arcsin x \tag{1-13}$$

的定义域为[−1, 1]，值域为$\left[-\frac{\pi}{2}, \frac{\pi}{2}\right]$，函数图像在定义域内单调递增，如图 1-12 所示。

反余弦函数（图 1-13）：

$$y = \arccos x \tag{1-14}$$

的定义域为[−1, 1]，值域为[0, π]，函数图像在定义域内单调递减，如图 1-13 所示。

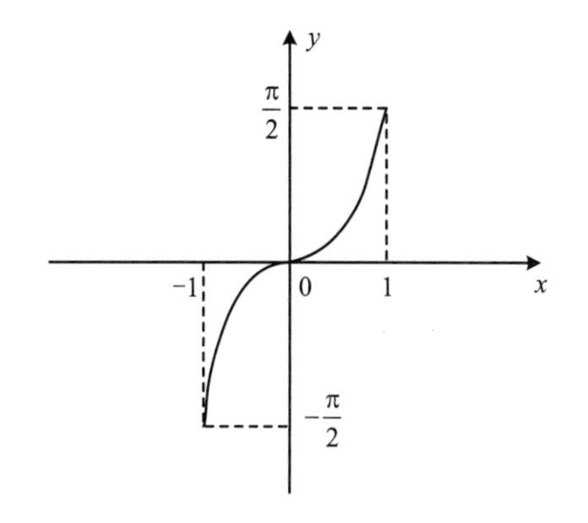


图 1-12　反正弦函数图像

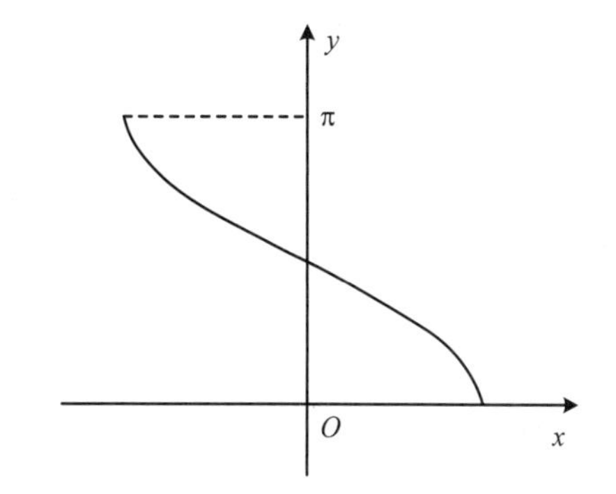


图 1-13　反余弦函数图像

反正切函数

$$y = \arctan x \tag{1-15}$$

的定义域为$(-\infty, +\infty)$，值域为$\left(-\frac{\pi}{2}, \frac{\pi}{2}\right)$，函数图像在定义域内单调递增，如图 1-14 所示。

反余切函数

$$y = \operatorname{arc}\cot x \tag{1-16}$$

的定义域为$(-\infty, +\infty)$，值域为$(0, \pi)$，函数图像在定义域内单调递减，如图 1-15 所示。

**定义 1-6**　由基本初等函数经过有限次四则运算与有限次复合运算构成的，且可以用一个数学式子表示的函数，称为**初等函数**。

初等函数是高等数学的基本研究对象，$y = \ln\left(x + \sqrt{1 + x^2}\right)$，$y = \sin\frac{\pi}{x^2 + 1}$和$y = x^2 e^{-x}$等都是初等函数。但$y = 1 + x + x^2 + x^3 + \cdots + x^n + \cdots \left(|x| < 1\right)$不是初等函数。引入初等函数

的概念后，对初等函数性质的研究可以转化为对基本初等函数性质的研究。

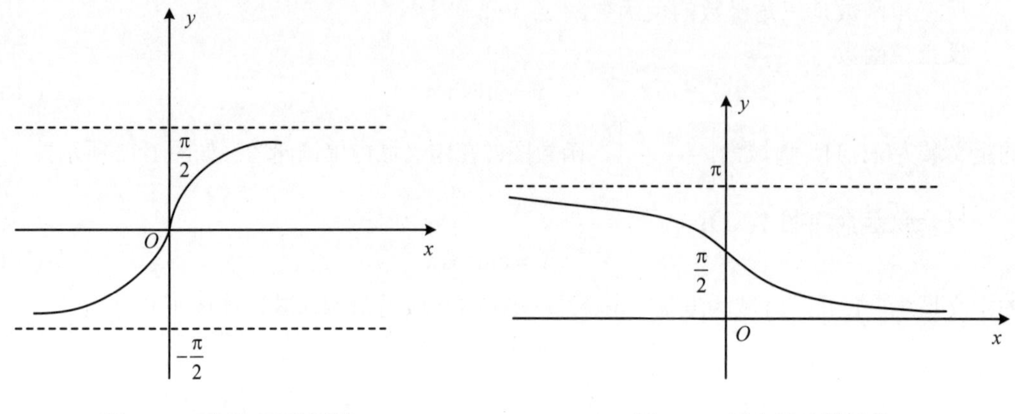


图 1-14　反正切函数图像　　　　图 1-15　反余切函数图像

### 1.1.6　使用 SymPy 进行函数运算

在 Python 和 Matlab 等软件中，科学计算分为数值计算和符号计算。数值计算是使用数字计算机以数值为运算对象求数学问题近似解的方法与过程，计算结果是数值。NumPy 是 Python 中的数值计算库。

**【例 1-9】** 计算当 $x=\dfrac{\pi}{2}$ 时，函数 $y=3\sin x$ 的值。（代码：ch1 函数与极限\1.1 函数\例 1-9）

```
1. import numpy as np                    # 导入 numpy 模块并重命名为 np
2.
3. x = np.pi/2                           # 定义变量 x，取值为π/2
4. y = 3*np.sin(x)                       # 计算变量 y=3sin(x)
5. print(y)                              # 打印 y 的值
```

运行结果：

```
3.0
```

符号计算又称“计算机代数”，以符号对象和符号表达式作为运算对象，运算结果为解析式。使用符号计算可以进行因式分解、多项式化简、微分和积分等运算。SymPy 是 Python 的一个符号计算库。

使用 SymPy 求解上一个例题。

```
1. from sympy import *
```

```
2.
3. x = symbols('x')                    # 定义自变量符号
4. y = 3*sin(x)                        # 建立函数
5. print(y)                            # 输出函数
```

运行结果：

```
3*sin(x)
```

下面介绍 SymPy 的安装与基本函数运算。

（1）安装 SymPy。可以使用 pip 命令安装 SymPy 库。

```
>pip install sympy
```

（2）导入 SymPy。可以使用以下两种方式导入 SymPy 库或者其中的所有方法。

```
1. import sympy                        # 导入 sympy
2. from sympy import *                 # 导入 sympy 中的所有方法
```

（3）创建符号。在运算之前先要使用 Symbol()或 symbols()定义运算中所需的一个或者多个符号。

```
1. x = Symbol('x')                     # 定义符号 x
2. a, b = symbols('a,b')               # 定义符号 a,b
```

（4）使用符号进行运算，如化简、因式分解等。

```
1. print("化简：",simplify((x**3 + x**2 - x - 1)/(x**2 + 2*x + 1))) # 化简
2. print("多项式展开：",expand((x + 2)*(x - 3)))              # 多项式展开
3. print("因式分解：",factor(x**3 - x**2 + x - 1))            # 因式分解
4. print("约分：",cancel((x**2 + 2*x + 1)/(x**2 + x)))       # 约分
5. print("化成部分分式：", \
   apart((4*x**3 + 21*x**2 + 10*x + 12)/(x**4 + 5*x**3 + 5*x**2 + 4*x)))
                                                              # 化成部分分式
```

运行结果：

```
化简： x - 1
多项式展开：x**2 - x - 6
因式分解：(x - 1)*(x**2 + 1)
约分：(x + 1)/x
化成部分分式：(2*x - 1)/(x**2 + x + 1) - 1/(x + 4) + 3/x
```

（5）使用 subs()方法求函数值。

```
1. y = x**2+3*x-6
```

```
2. print(y.subs(x, 1))
```

运行结果：

```
-2
```

**【例1-10】** 化简 $f(x)=\sin^4 x-2\sin^2 x\cos^2 x+\cos^4 x$，并计算 $f\left(\frac{\pi}{3}\right)$。（代码：ch1 函数与极限\1.1 函数\例 1-10）

```
1. from sympy import *
2.
3. x = symbols('x')                        # 定义符号 x
4. y = sin(x)**4-2*sin(x)**2*cos(x)**2+cos(x)**4
5. z = trigsimp(y)                         # 使用 trigsimp()方法化简三角函数
6. print("化简后的函数：",z)
7. print("f(pi/3)=",z.subs(x,pi/3))
```

运行结果：

```
化简后的函数：cos(4*x)/2 + 1/2
f(pi/3)= 1/4
```

为了方便计算，SymPy 内置了许多常用的常数与函数，如表 1-2 所示。

表 1-2　SymPy 中常用常数和方法

| 名　称 | 意　义 | 名　称 | 意　义 |
| --- | --- | --- | --- |
| pi | 常数 π | oo | 无穷大 ∞ |
| E | 常数 e = 2.718287… | help(function) | 获取 function 的帮助信息 |
| Expr.subs(x,a) | 将 Expr 表达式中的 $x$ 替换为数值 $a$ | Expr.replace(x,y) | 将 Expr 表达式中的符号 $x$ 替换为符号 $y$ |
| expr.evalf() | 计算表达式 expr 的数值 | root(x,n) | 返回 $\sqrt[n]{x}$ |
| Abs(x) | 返回 $x$ 的绝对值 | exp(x) | 返回 $e^x$ |
| sqrt(x) | 返回 $\sqrt{x}$ | log(x) | 返回 $\ln x$ |
| Max(x) | 返回 $x,y,z$ 的最大值 | Min(x,y,z) | 返回 $x,y,z$ 的最小值 |
| sin(x) | 返回 $\sin x$ | cos(x) | 返回 $\cos x$ |
| tan(x) | 返回 $\tan x$ | cot(x) | 返回 $\cot x$ |
| sec(x) | 返回 $\sec x$ | csc(x) | 返回 $\csc x$ |
| asin(x) | 返回 $\arcsin x$ | acos(x) | 返回 $\arccos x$ |
| atan(x) | 返回 $\arctan x$ | acot(x) | 返回 $\operatorname{arccot} x$ |
| floor(x) | 返回不超过 $x$ 的最大整数 | | |

需要注意的是，在符号计算时必须使用 SymPy 中的函数，如果使用数值计算库

NumPy 中的对应函数，系统会报错。比较下面两组代码的运行结果。（代码：ch1 函数与极限\1.1 函数\scipy 与 numpy 运算比较。）

```
1. from sympy import *
2.
3. x = symbols('x')                # 定义符号 x
4. y= sqrt(x)                      # 使用 SymPy 中的 sqrt 方法
5. print(y.subs(x,4))
```

运行结果：

```
2
```

```
1. from sympy import *
2. import numpy as np
3.
4. x = symbols('x')                # 定义符号 x
5. y= np.sqrt(x)                   # 使用 numpy 中的 sqrt 方法
6. print(y.subs(x,4))
```

运行结果：

```
AttributeError: 'Symbol' object has no attribute 'sqrt'

The above exception was the direct cause of the following exception:

Traceback (most recent call last):
  File "E:/极限计算.py", line 4, in <module>
    y= numpy.sqrt(x)  # 使用 SymPy 中的 sqrt 方法
TypeError: loop of ufunc does not support argument 0 of type Symbol which has
no callable sqrt method
```

# 1.2　极限的概念

对于函数 $y=f(x)$，因变量 $y$ 的值随着自变量 $x$ 的值的变化而改变。本节研究当 $x$ 改变时，函数值 $y$ 的变化趋势。这里从数列极限开始讨论。

## 1.2.1　数列的极限

### 1. 数列

**定义 1-7**　按照一定次序排成一列的数 $a_1,a_2,\cdots,a_n,\cdots$ 称为**数列**，记为 $\{a_n\}$。其中，$a_1$

叫作数列的**首项**，$a_n$叫作数列的**第 $n$ 项**，也称为数列的**通项**。

无限数列可以看成是定义域为正整数集的函数。以下是常见的几种数列：

（1）$\frac{1}{2},\frac{1}{4},\frac{1}{8},\frac{1}{16},\cdots,\frac{1}{2^n},\cdots$；

（2）$\frac{1}{2},-\frac{1}{4},\frac{1}{8},-\frac{1}{16},\cdots,(-1)^{n-1}\frac{1}{2^n},\cdots$；

（3）$1,3,5,7,\cdots,(2n-1),\cdots$；

（4）$1,-1,1,-1,\cdots,(-1)^{n-1},\cdots$。

**2. 数列极限的概念**

观察上面的四个数列，容易发现以下规律。

数列（1）当$n$增大时，数列通项$a_n=\frac{1}{2^n}$逐渐减小。当$n\to\infty$时，$a_n=\frac{1}{2^n}\to 0$。数列（2）当$n$增大时，数列通项$a_n=(-1)^{n-1}\frac{1}{2^n}$的值在原点两侧交替出现，且$|a_n|=\frac{1}{2^n}$逐渐减小趋近于 0。所以当$n\to\infty$时，$a_n=(-1)^{n-1}\frac{1}{2^n}\to 0$。数列（3）当$n$增大时，数列通项$a_n=2n-1$的值逐渐增大，且无上界。所以当$n\to\infty$时，$a_n=2n-1$的值无限增大，没有固定变化趋势。数列（4）当$n$增大时，数列通项$a_n=(-1)^{n-1}$的值在 1 与$-1$之间来回振荡，不能趋近于一个确定的数。所以当$n\to\infty$时，$a_n=(-1)^n$也没有固定的变化趋势。

当$n\to\infty$时，数列（1）和（2）都有固定的变化趋势，趋近于一个确定的常数；而数列（3）无限增大，数列（4）振荡，都没有固定的变化趋势，不能趋近于一个确定的常数。我们定义“极限”区分这两种情况。

**定义 1-8** 已知数列$a_1,a_2,\cdots,a_n,\cdots$，如果当$n\to\infty$时，通项$a_n$无限接近于一个确定的常数$A$，则称当$n\to\infty$时数列$\{a_n\}$的**极限**为$A$，记作

$$\lim_{n\to\infty}a_n=A \tag{1-17}$$

或

$$a_n\to A(n\to\infty) \tag{1-18}$$

此时也称数列$\{a_n\}$**收敛**于$A$。如果数列$\{a_n\}$没有极限，则称数列$\{a_n\}$**发散**。

根据数列的定义有$\lim\limits_{n\to\infty}\frac{1}{2^n}=0$，$\lim\limits_{n\to\infty}(-1)^{n-1}\frac{1}{2^n}=0$。或者说数列$\left\{\frac{1}{2^n}\right\}$和$\left\{(-1)^{n-1}\frac{1}{2^n}\right\}$收敛于 0。而数列$\{2n-1\}$和$\left\{(-1)^{n-1}\right\}$发散。

**3. 数列极限的性质**

**性质 1-1**　如果数列存在极限，则极限唯一。

**性质 1-2**　如果极限 $\lim\limits_{n\to\infty} a_n$ 存在，则数列 $\{a_n\}$ 是一个有界数列。

**4. 常见的数列极限**

$$\lim_{n\to\infty}\frac{1}{n}=0 \tag{1-19}$$

$$\lim_{n\to\infty} aq^n=0\ \left(|q|<1\right) \tag{1-20}$$

**【例 1-11】** 讨论下列数列的极限。

（1）$\lim\limits_{n\to\infty}\dfrac{1}{\sqrt{n}}$；（2）$\lim\limits_{n\to\infty}\dfrac{n}{n+1}$；（3）$\lim\limits_{n\to\infty}\left(-\dfrac{2}{3}\right)^n$。

解：求解数列极限时，可以列出数列的前几项，结合数轴上描点找出数值变化的趋势确定极限。

（1）数列为 $\dfrac{1}{\sqrt{1}},\dfrac{1}{\sqrt{2}},\dfrac{1}{\sqrt{3}},\dfrac{1}{\sqrt{4}},\cdots$。当 $n\to\infty$ 时，$\dfrac{1}{\sqrt{n}}$ 无限减小趋近于 0，所以 $\lim\limits_{n\to\infty}\dfrac{1}{\sqrt{n}}=0$。

（2）数列为 $\dfrac{1}{2},\dfrac{2}{3},\dfrac{3}{4},\dfrac{4}{5},\cdots$。当 $n\to\infty$ 时，$\dfrac{n}{n+1}$ 逐渐增大趋近于 1，所以 $\lim\limits_{n\to\infty}\dfrac{n}{n+1}=1$。

（3）数列为 $-\dfrac{2}{3},\dfrac{4}{9},-\dfrac{8}{27},\dfrac{16}{81},\cdots$。当 $n\to\infty$ 时，数轴上 $\left(-\dfrac{2}{3}\right)^n$ 在 $x$ 轴上下两侧交替出现，且 $\left|\left(-\dfrac{2}{3}\right)^n\right|=\left(\dfrac{2}{3}\right)^n$ 逐渐减小趋近于 0，所以 $\lim\limits_{n\to\infty}\left(-\dfrac{2}{3}\right)^n=0$。

## 1.2.2　函数的极限

数列中，$n$ 只能无限增大，即 $n\to\infty$。但是对函数 $f(x)$ 而言，自变量 $x$ 有两种变化：（1）$|x|$ 无限增大，即 $x\to\infty$；（2）$x$ 无限接近某个常数 $x_0$，即 $x\to x_0$。

**1. 当 $x\to\infty$ 时，函数 $f(x)$ 的极限**

函数的自变量 $x\to\infty$ 是指 $|x|$ 无限增大，它包含以下两种情况。

（1）$x>0$ 且无限增大，记为 $x\to+\infty$；

（2）$x<0$ 且无限减小，记为 $x \to -\infty$ 。

如果 $x$ 不指定正负，只是 $|x|$ 无限增大，则记为 $x \to \infty$ 。

**【例 1-12】** 考察当 $x \to \infty$ 时，$y=1+\dfrac{1}{x}$ 的变化趋势。

解：如图 1-16 所示，当 $x \to +\infty$ 和 $x \to -\infty$ 时，$1+\dfrac{1}{x} \to 1$，所以当 $x \to \infty$ 时，$1+\dfrac{1}{x}$ 有固定变化趋势，即 $1+\dfrac{1}{x} \to 1$。

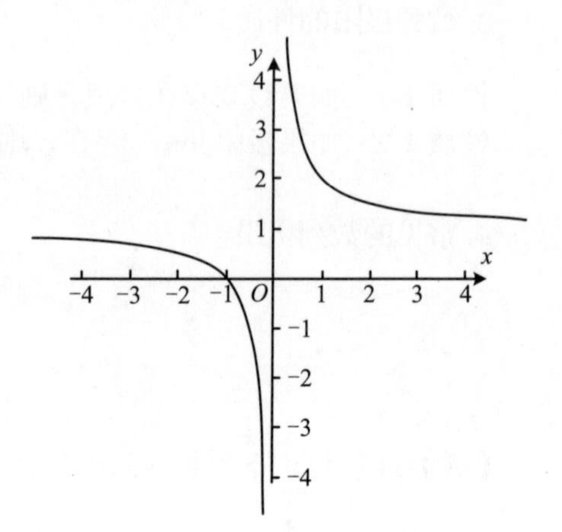

图 1-16 函数 $y=1+\dfrac{1}{x}$

与数列极限类似，我们称 1 为函数 $y=1+\dfrac{1}{x}$ 当 $x \to \infty$ 时的极限。

**定义 1-9** 如果当 $|x|$ 无限增大（$x \to \infty$）时，函数 $f(x)$ 无限趋近于一个确定的常数 $A$，则称常数 $A$ 为函数 $f(x)$ 当 $x \to \infty$ 时的**极限**，记作

$$\lim_{x \to \infty} f(x) = A \text{。} \tag{1-21}$$

如果当 $x \to \infty$ 时，$f(x)$ 不能趋近于一个确定的常数，则称 $x \to \infty$ 时，函数 $f(x)$ **极限不存在**。

类似地，如果当 $x \to +\infty$（或 $x \to -\infty$）时，函数 $f(x)$ 无限趋近于一个确定的常数 $A$，则称 $A$ 为函数 $f(x)$ 当 $x \to +\infty$（或 $x \to -\infty$）时的**极限**，记作

$$\lim_{x \to +\infty} f(x) = A \text{（或} \lim_{x \to -\infty} f(x) = A \text{）。} \tag{1-22}$$

简单函数的极限可以通过观察图像得到。

**【例 1-13】** 求函数 $y=\left(\dfrac{2}{3}\right)^x$ 当 $x \to -\infty$，$x \to +\infty$ 和 $x \to \infty$ 时的极限。

解：绘制 $y=\left(\dfrac{2}{3}\right)^x$ 的函数图像，如图 1-17 所示。观察图像可以发现：

$\lim\limits_{x \to -\infty}\left(\dfrac{2}{3}\right)^x$ 不存在，$\lim\limits_{x \to +\infty}\left(\dfrac{2}{3}\right)^x = 0$，$\lim\limits_{x \to \infty}\left(\dfrac{2}{3}\right)^x$ 不存在。

**【例 1-14】** 求函数 $y=1+\dfrac{1}{x^2}$，当 $x \to -\infty$，$x \to +\infty$ 和 $x \to \infty$ 时的极限。

解：绘制 $y=1+\dfrac{1}{x^2}$ 的函数图像，如图 1-18 所示。观察图像可以发现：

$$\lim_{x\to-\infty}\left(1+\frac{1}{x^2}\right)=1，\quad \lim_{x\to+\infty}\left(1+\frac{1}{x^2}\right)=1，\quad \lim_{x\to\infty}\left(1+\frac{1}{x^2}\right)=1。$$

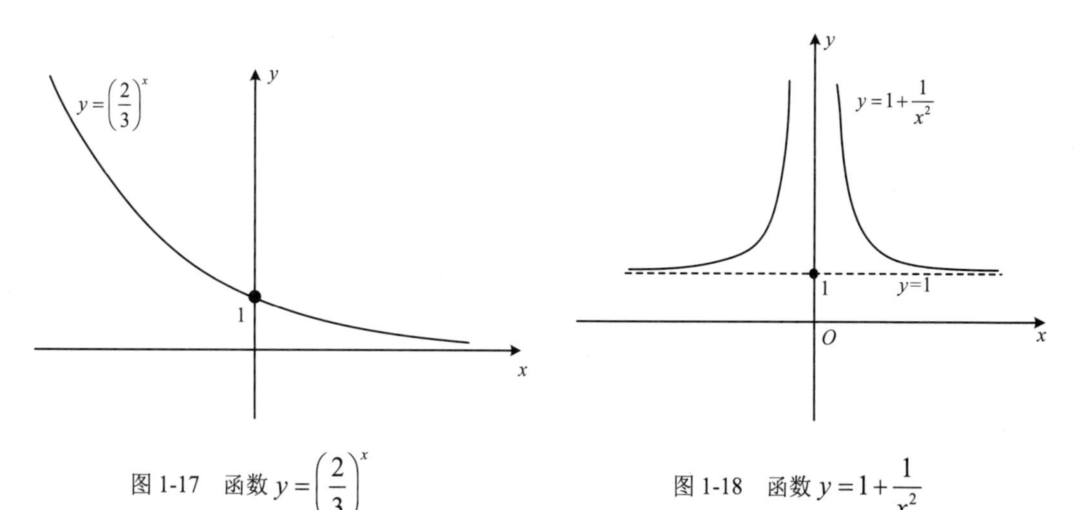


图 1-17　函数 $y=\left(\frac{2}{3}\right)^x$　　　　图 1-18　函数 $y=1+\frac{1}{x^2}$

**2. 当 $x\to x_0$ 时，函数 $f(x)$ 的极限**

除 $x\to\infty$ 外，$x$ 也可以无限趋近于某个常数，我们记

（1）$x\to x_0^-$ 表示 $x$ 从小于 $x_0$ 的方向无限趋近于 $x_0$；

（2）$x\to x_0^+$ 表示 $x$ 从大于 $x_0$ 的方向无限趋近于 $x_0$；

（3）$x\to x_0$ 表示 $x$ 从大于 $x_0$ 和小于 $x_0$ 的方向无限趋近于 $x_0$。

需要说明的是，无论 $x\to x_0^-$，$x\to x_0^+$ 还是 $x\to x_0$，都表示 $x$ 从某个方向无限趋近于 $x_0$，但 $x\neq x_0$。

**【例 1-15】** 考察函数 $f(x)=\dfrac{x^2+x-2}{x^2-x}$ 当 $x\to 1$ 时的变化趋势。

解：$f(x)=\dfrac{x^2+x-2}{x^2-x}=\dfrac{(x+2)(x-1)}{x(x-1)}=\dfrac{x+2}{x}\ (x\neq 1)$，绘制函数图像如图 1-19 所示。观察图像发现：函数 $f(x)=\dfrac{x^2+x-2}{x^2-x}$ 在 $x=1$ 处没有定义，但当 $x$ 无论从左侧还是右侧趋近于 1 时，曲线上的点 $(x,f(x))$ 都会沿着曲线逐渐接近点 $(1,3)$，此时 $f(x)$ 的值无限趋近于 3。所以，当 $x\to 1$ 时，$f(x)$ 有固定的变化趋势，即 $f(x)=\dfrac{x^2+x-2}{x^2-x}\to 3$。

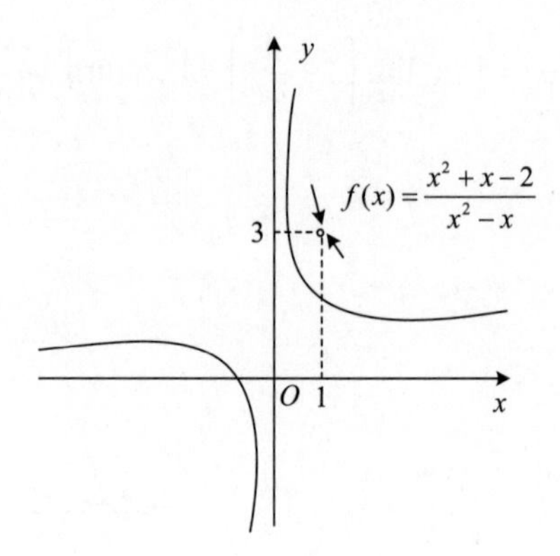


图 1-19　函数 $f(x)=\frac{x^2+x-2}{x^2-x}$

将 $x$ 分别取逐渐逼近 1 的两个数列，计算函数值并以表格的形式呈现，也可以得出同样的结论，如表 1-3 所示。

**表 1-3　$x\to 1$ 时 $f(x)$ 变化趋势**

| $x$ | $f(x)$ | $x$ | $f(x)$ |
|---|---|---|---|
| 0.5 | 5 | 2 | 2 |
| 0.7 | 3.85714285714 | 1.5 | 2.33333333333 |
| 0.9 | 3.22222222222 | 1.1 | 2.81818181818 |
| 0.99 | 3.02020202020 | 1.01 | 2.98019801980 |
| 0.999 | 3.00200200200 | 1.001 | 2.99800199800 |
| 0.9999 | 3.00020002000 | 1.0001 | 2.99980002000 |
| 0.99999 | 3.00002000020 | 1.00001 | 2.99998000020 |
| 0.999999 | 3.00000200000 | 1.000001 | 2.99999800000 |

**定义 1-10**　设函数 $f(x)$ 在点 $x_0$ 的某个去心邻域内有定义，如果当 $x\to x_0$（$x\neq x_0$）时，函数 $f(x)$ 无限趋近于一个确定的常数 $A$，则称 $A$ 为函数 $f(x)$ 当 $x\to x_0$ 时的**极限**，记为

$$\lim_{x\to x_0} f(x)=A \tag{1-23}$$

或

$$f(x)\to A\quad (x\to x_0)。 \tag{1-24}$$

这里要注意 $x\to x_0$ 表示 $x$ 无限趋近于 $x_0$ 但 $x\neq x_0$。极限 $\lim_{x\to x_0} f(x)=A$ 反映了 $x$ 无限趋近于 $x_0$ 的过程中 $f(x)$ 的变化趋势，所以 $\lim_{x\to x_0} f(x)$ 与 $x_0$ 这一点处的函数值 $f(x_0)$ 无关。即

使在 $x_0$ 处函数值不存在，极限也可能存在。根据极限定义有 $\lim\limits_{x\to1}\dfrac{x^2+x-2}{x^2-x}=3$。

在上面的极限定义中，$x\to x_0$ 表示 $x$ 既可以从大于 $x_0$ 的方向趋近于 $x_0$，也可以从小于 $x_0$ 的方向趋近于 $x_0$。如果在 $x_0$ 的左、右两侧趋近于 $x_0$ 时，曲线上的点变化趋势不一致，就需要分开讨论。

**定义 1-11**　如果 $x\to x_0^+$ 时，函数 $f(x)$ 无限趋近于一个确定的常数 $A$，则称 $A$ 为函数 $f(x)$ 在 $x_0$ 处的**右极限**，也可以说当 $x$ 从右侧趋近于 $x_0$ 时 $f(x)$ 的极限为 $A$，记为

$$\lim_{x\to x_0^+}f(x)=A \tag{1-25}$$

或

$$f(x_0+0)=A。 \tag{1-26}$$

如果 $x\to x_0^-$ 时，函数 $f(x)$ 无限趋近于一个确定的常数 $A$，则称 $A$ 为函数 $f(x)$ 在 $x_0$ 处的**左极限**，也可以说当 $x$ 从左侧趋近于 $x_0$ 时 $f(x)$ 的极限为 $A$，记为

$$\lim_{x\to x_0^-}f(x)=A \tag{1-27}$$

或

$$f(x_0-0)=A。 \tag{1-28}$$

根据 $x\to x_0$ 时 $f(x)$ 极限的定义和左、右极限的定义，容易得到以下定理。

**定理 1-1**　$\lim\limits_{x\to x_0}f(x)=A$ 的充分必要条件是 $\lim\limits_{x\to x_0^+}f(x)=\lim\limits_{x\to x_0^-}f(x)=A$。

由于分段函数在分界点左、右两侧的表达式不同，因此常用这个定理求分段函数在分界点处的极限。

**【例 1-16】** 求下列函数在 $x_0=0$ 处的极限。

（1）$f(x)=\begin{cases}x^2+1, & x>0,\\ 0, & x=0,\\ x-1, & x<0;\end{cases}$

（2）$g(x)=\begin{cases}x, & x<0。\\ x^2, & x\geqslant 0,\end{cases}$

解：（1）绘制函数图像如图 1-20 所示。$x_0=0$ 是分段函数 $f(x)$ 的分界点，且左、右两边的趋近方式不同，所以分别讨论左、右极限。$\lim\limits_{x\to0^-}f(x)=\lim\limits_{x\to0^-}(x-1)=-1$，$\lim\limits_{x\to0^+}f(x)=\lim\limits_{x\to0^+}(x^2+1)=1$。因此，$\lim\limits_{x\to0^-}f(x)\neq\lim\limits_{x\to0^+}f(x)$，所以 $\lim\limits_{x\to0}f(x)$ 不存在。

（2）绘制函数图像如图 1-21 所示，$x_0=0$ 是分段函数 $g(x)$ 的分界点，且左、右两边的

趋近方式不同，所以分别讨论左、右极限。$\lim\limits_{x\to 0^-} g(x)=\lim\limits_{x\to 0^-} x=0$，$\lim\limits_{x\to 0^+} g(x)=\lim\limits_{x\to 0^+} x^2=0$。因此，$\lim\limits_{x\to 0^-} g(x)=\lim\limits_{x\to 0^+} g(x)=0$，根据定理 1-1 得$\lim\limits_{x\to 0} g(x)=0$。

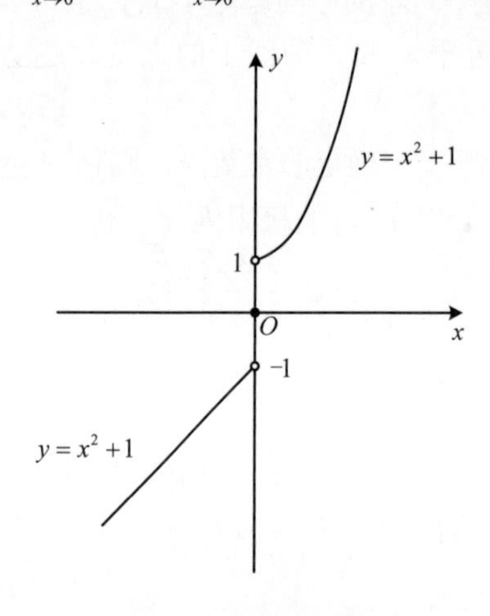


图 1-20　函数 $f(x)$图像

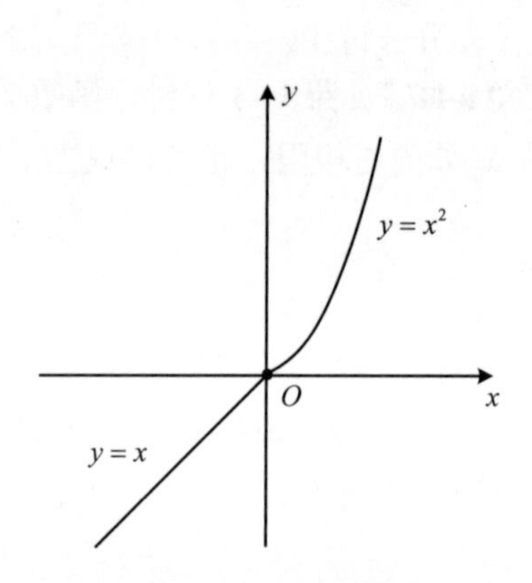


图 1-21　函数 $g(x)$图像

# 1.3　无穷小量和无穷大量

## 1.3.1　无穷小量的定义

**定义 1-12**　若函数 $f(x)$当 $x\to x_0$ (或 $x\to\infty$) 时的极限为 0，则称函数 $f(x)$为当 $x\to x_0$ (或 $x\to\infty$) 时的无穷小，常用 $\alpha$，$\beta$，$\gamma$ 等表示。

例如，当 $x\to 0$ 时，$x^2,\sin x,1-\cos x$ 等都是无穷小量。当 $x\to\frac{\pi}{2}$ 时，$\cos x$ 也是无穷小量。

通俗的讲，无穷小量是一个以 0 为极限的变量。但是要注意以下几点。

（1）无穷小量不是一个数。

（2）0 是唯一可以作为无穷小量的常数。

（3）无穷小量是相对于自变量的某一变化过程而言的，必须注明自变量的变化趋势。不能笼统地说某个函数是无穷小量。如直接说 $\sin x$ 是无穷小量就是错误的，因为 $\sin x$ 在 $x\to 0$ 时是无穷小，而在 $x\to\frac{\pi}{2}$ 时就不再是无穷小。

（4）无穷小量的定义对数列也适用。例如，数列$\left\{\frac{1}{n^2}\right\}$当 $n\to\infty$ 时就是无穷小量。

**定理 1-2（极限与无穷小量之间的关系）** 函数 $f(x)$ 以 $A$ 为极限的充分必要条件：$f(x)$ 可以表示为 $A$ 与一个无穷小 $\alpha$ 之和。即

$$\lim_{x\to *} f(x)=A \Leftrightarrow f(x)=A+\alpha,$$

其中

$$\lim_{x\to *}\alpha=0 \tag{1-29}$$

**【例 1-17】** 当 $x\to\infty$ 时，将函数 $f(x)=\dfrac{x}{x+1}$ 写成其极限值与一个无穷小量之和的形式。

解：因为 $\lim\limits_{x\to\infty} f(x)=\lim\limits_{x\to\infty}\dfrac{x}{x+1}=1$，而 $f(x)$ 可写成 $\dfrac{x}{x+1}=1+\left(-\dfrac{1}{x+1}\right)$ 的形式。其中 $\left(-\dfrac{1}{x+1}\right)$ 就是当 $x\to\infty$ 时的无穷小量，所以 $f(x)=\dfrac{x}{x+1}=1+\left(-\dfrac{1}{x+1}\right)$ 为所求极限值与一个无穷小量之和的形式。

## 1.3.2　无穷小量的性质

**性质 1-3**　有限个无穷小量的代数和仍然是无穷小量。

**注：** 无限多个无穷小量的代数和不一定是无穷小量。例如，当 $n\to\infty$ 时，$\dfrac{1}{n^2},\dfrac{2}{n^2},\cdots,\dfrac{n}{n^2}$ 均为无穷小量，而

$$\lim_{n\to\infty}\left(\frac{1}{n^2}+\frac{2}{n^2}+\cdots+\frac{n}{n^2}\right)=\lim_{n\to\infty}\frac{n(n+1)}{2n^2}=\frac{1}{2}。$$

**性质 1-4**　无穷小量与有界变量的乘积仍是无穷小量。

例如，当 $x\to\infty$ 时，$\sin\dfrac{1}{x}$ 为有界函数$\left(因\left|\sin\dfrac{1}{x}\right|\leqslant 1\right)$，所以 $\lim\limits_{x\to 0} x\sin\dfrac{1}{x}=0$；又如 $\lim\limits_{x\to\infty}\dfrac{1}{x^2+1}\cos x=0$。

**推论 1-1**　常数乘以无穷小量仍然是无穷小量。

例如，当 $x\to\infty$ 时，$\dfrac{1}{x}$ 为无穷小量，则 $2\cdot\dfrac{1}{x},\dfrac{1}{\sqrt{3}}\cdot\dfrac{1}{x},a\cdot\dfrac{1}{x}$ 仍为无穷小量。

**推论 1-2**　有限个无穷小量之积（自变量为同一变化过程时）仍是无穷小量。

例如，当 $x\to\infty$ 时，$\dfrac{1}{x},\dfrac{1}{x^4},\dfrac{1}{\sqrt{x}}$ 均为无穷小量，则 $\lim\limits_{x\to\infty}\dfrac{1}{x}\cdot\dfrac{1}{x^4}\cdot\dfrac{1}{\sqrt{x}}=\lim\limits_{x\to\infty}\dfrac{1}{x^{\frac{11}{2}}}=0$。又如

$\lim\limits_{x\to 0} x\left(2x^2+3\sin x\right)=0$。

### 1.3.3　无穷大量

**定义 1-13**　在自变量$x$的某个变化过程中，若函数的绝对值$\left|f\left(x\right)\right|$无限增大，则称函数$f(x)$为自变量$x$在该变化过程中的无穷大量，记作

$$\lim f(x)=\infty。\tag{1-30}$$

例如，当$x\to 0$时，$\frac{1}{x^3}$是无穷大量；当$x\to 0^+$时，$\cot x$，$\frac{1}{\sqrt{x}}$是无穷大量；当$x\to\infty$时，$x+3, x^2$是无穷大量。

与无穷小量类似，理解无穷大量的概念时也应注意把握以下几个关键。

（1）无穷大量是一个变量，是一个函数，而一个无论多么大的常数都不能作为无穷大量。

（2）函数在变化过程中绝对值越来越大且可以无限增大时，才能称无穷大量。例如，当$x\to+\infty$时，$f(x)=x\sin x$可以无限增大但不是越来越大，所以不是无穷大量。

（3）当我们说某个函数是无穷大量时，必须同时指出它的极限过程。

（4）无穷大量的定义对数列也适用。

（5）需要进一步说明的是，无穷大是函数极限不存在的一种情形，这里使用了极限记号$\lim\limits_{x\to *} f(x)=\infty$，但并不表示函数$f(x)$的极限存在。

### 1.3.4　无穷小量与无穷大量的关系

**定理 1-3**（无穷大量与无穷小量的关系）　在自变量的同一变化过程中，有以下规律。

（1）如果$f(x)$为无穷大量，则$\frac{1}{f(x)}$为无穷小量；

（2）如果$f(x)$为无穷小量，且$f(x)\neq 0$，则函数$\frac{1}{f(x)}$为无穷大量。

即：$\lim\limits_{x\to *} f(x)=\infty \Rightarrow \lim\limits_{x\to *}\frac{1}{f(x)}=0$；

$\lim\limits_{x\to *} f(x)=0$且$f(x)\neq 0 \Rightarrow \lim\limits_{x\to *}\frac{1}{f(x)}=\infty$。

由定理 1-3 可知，当$x\to 0$时，$x^3$是无穷小量，而$\frac{1}{x^3}$是无穷大量；当$x\to\infty$时，$x+3$

是无穷大量，而$\frac{1}{x+3}$是无穷小量。这说明无穷大量和无穷小量之间存在倒数关系。

**【例 1-18】** 指出下列哪些是无穷小量，哪些是无穷大量。

（1）$2x^2$，$x \to 0$；

（2）$\frac{1}{\sqrt{x}}$，$x \to 0^+$；

（3）$x^2+100x+0.001$，$x \to 0$；

（4）$\ln(x+1)$，$x \to 0$；

（5）$e^x$，$x \to +\infty$。

解：

（1）因为当$x \to 0$时，$2x^2 \to 0$，所以当$x \to 0$时，$2x^2$是无穷小量；

（2）因为当$x \to 0^+$时，$\frac{1}{\sqrt{x}}$无限增大，所以当$x \to 0^+$时，$\frac{1}{\sqrt{x}}$是无穷大量；

（3）因为当$x \to 0$时，$x^2+100x+0.001 \to 0.001$，既不是趋近于 0，它的绝对值也不是无限增大，所以当$x \to 0$时，$x^2+100x+0.001$既不是无穷小量也不是无穷大量；

（4）因为当$x \to 0$时，$\ln(x+1) \to 0$，所以当$x \to 0$时，$\ln(x+1)$是无穷小量；

（5）因为当$x \to +\infty$时，$e^x$无限增大。所以当$x \to 0$时，$e^x$是无穷大量。

**【例 1-19】** 函数$f(x)=\frac{x^2-1}{x+1}$在自变量怎样变化时是无穷小？在自变量怎样变化时是无穷大？

解：$f(x)=\frac{x^2-1}{x+1}=\frac{(x+1)(x-1)}{x+1}=x-1(x\neq 1)$。

当$x \to 1$时，$f(x)$是无穷小量。

当$x \to \infty$时，$f(x)$是无穷大量。

## 1.4　极限的计算

基本初等函数等简单的函数可以从图像确定极限，而复杂的函数难以绘制图像，所以需要用其他方法计算极限。在函数一节中讲过，初等函数是由基本初等函数经过有限次四则运算和有限次复合运算而成的。如果确定了两个函数极限的四则运算法则和复合函数的极限法则，就可以计算初等函数的极限了。

### 1.4.1 极限的四则运算法则

**定理 1-4** 在同一个变换过程中，如果 $\lim f(x)=A$ ，$\lim g(x)=B$ ，则

（1）$\lim\left[f(x)\pm g(x)\right]=\lim f(x)\pm\lim g(x)=A\pm B$ ； （1-31）

（2）$\lim\left[f(x)\cdot g(x)\right]=\lim f(x)\cdot\lim g(x)=A\cdot B$ ； （1-32）

（3）$\lim\dfrac{f(x)}{g(x)}=\dfrac{\lim f(x)}{\lim g(x)}=\dfrac{A}{B}\ (B\neq 0)$。 （1-33）

由以上定理可以得到下面的推论：

**推论 1-3** 如果有限个函数 $f_1(x),f_2(x),\cdots,f_n(x)$ 的极限都存在，则有

（1）$\lim\left[f_1(x)\pm f_2(x)\pm\cdots\pm f_n(x)\right]=\lim f_1(x)\pm\lim f_2(x)\pm\cdots\pm\lim f_n(x)$； （1-34）

（2）$\lim\left[f_1(x)\cdot f_2(x)\cdot\ \cdots\cdot f_n(x)\right]=\lim f_1(x)\cdot\lim f_2(x)\cdot\ \cdots\ \cdot\lim f_n(x)$。 （1-35）

**推论 1-4** 如果函数 $f(x)$ 的极限存在，$k$ 为常数，$n$ 为正整数，则有

$$\lim\left[kf(x)\right]=k\lim f(x)\ ; \tag{1-36}$$

$$\lim\left[f(x)\right]^n=\left[\lim f(x)\right]^n。 \tag{1-37}$$

**【例 1-20】** 计算 $\lim\limits_{x\to 2}\left(x^2+5x-3\right)$。

解：
$$\begin{aligned}\lim_{x\to 2}\left(x^2+5x-3\right)&=\lim_{x\to 2}x^2+\lim_{x\to 2}5x-\lim_{x\to 2}3\\&=\left(\lim_{x\to 2}x\right)^2+5\lim_{x\to 2}x-3\\&=2^2+5\times 2-3=11。\end{aligned}$$

**【例 1-21】** 计算 $\lim\limits_{x\to 3}\dfrac{2x-1}{x^2+1}$。

解：因为分母 $\lim\limits_{x\to 3}\left(x^2+1\right)=10\neq 0$ ，所以可以使用极限的除法法则，

$$\lim_{x\to 3}\frac{2x-1}{x^2+1}=\frac{\lim\limits_{x\to 3}(2x-1)}{\lim\limits_{x\to 3}\left(x^2+1\right)}=\frac{5}{10}=\frac{1}{2}。$$

**【例 1-22】** 计算 $\lim\limits_{x\to 1}\dfrac{x^2-x}{2x^2+x-3}$。

解：因为分母 $\lim\limits_{x\to 1}\left(2x^2+x-3\right)=0$ ，所以不能直接使用极限的除法法则。注意到分子有 $\lim\limits_{x\to 1}\left(x^2-x\right)=0$ ，分子和分母有公因子 $(x-1)$。根据极限定义，$x\to 1$ 是指 $x$ 无限趋近于 1 但 $x\neq 1$，所以可以因式分解后约分，消去公因子。

$$\lim_{x\to1}\frac{x^2-x}{2x^2+x-3}=\lim_{x\to1}\frac{x(x-1)}{(2x+3)(x-1)}=\lim_{x\to1}\frac{x}{2x+3}=\frac{1}{5}。$$

**定义 1-14**　如果当 $x\to x_0$（或 $x\to\infty$）时，函数 $f(x)$ 和 $g(x)$ 都趋近于 0 或者无穷大，则极限 $\lim\limits_{x\to x_0}\dfrac{f(x)}{g(x)}$ 可能存在，也可能不存在。通常把这类形式的极限叫作**未定式**，并记为“$\dfrac{0}{0}$”型或“$\dfrac{\infty}{\infty}$”型。

由于未定式不满足前提条件，无法直接代入极限的四则运算法则求解，需要先进行代数恒等变形，满足前提条件后，再代入极限的四则运算法则求解。

**【例 1-23】** 求极限 $\lim\limits_{x\to0}\dfrac{\sqrt{x+1}-1}{x}$。

分析：分母 $\lim\limits_{x\to0}x=0$，所以不能直接使用极限的四则运算法则，因为 $\lim\limits_{x\to0}\left(\sqrt{x+1}-1\right)=0$，所以原式是一个“$\dfrac{0}{0}$”型未定式。函数 $y=\dfrac{\sqrt{x+1}-1}{x}$ 是无理函数，考虑使用有理化进行恒等变形。

解法一：将分子、分母同时乘以共轭因式，

$$\lim_{x\to0}\frac{\sqrt{x+1}-1}{x}=\lim_{x\to0}\frac{\left(\sqrt{x+1}-1\right)\left(\sqrt{x+1}+1\right)}{x\left(\sqrt{x+1}+1\right)}=\lim_{x\to0}\frac{x}{x\left(\sqrt{x+1}+1\right)}=\lim_{x\to0}\frac{1}{\sqrt{x+1}+1}=\frac{1}{2}。$$

解法二：将无理部分变量代换，令 $\sqrt{x+1}=t$，则 $x=t^2-1$，$t\to1$。

$$\lim_{x\to0}\frac{\sqrt{x+1}-1}{x}=\lim_{t\to1}\frac{t-1}{t^2-1}=\lim_{t\to1}\frac{1}{t+1}=\frac{1}{2}。$$

**【例 1-24】** 求 $\lim\limits_{x\to\infty}\dfrac{8x^5+3x^2-5x+6}{7x^5-4x^4+2x^2-x}$。

分析：此例中，分子、分母在 $x\to\infty$ 过程中的极限均不存在，所以不能直接利用商的极限运算法则。注意到 $\lim\limits_{x\to\infty}x^5=\infty$，但是 $\lim\limits_{x\to\infty}\dfrac{1}{x^5}=0$，所以可以将分子、分母同时除以 $x$ 的最高次幂（即 $x^5$），使之各部分极限存在，再做进一步的计算。

解：$$\lim_{x\to\infty}\frac{8x^5+3x^2-5x+6}{7x^5-4x^4+2x^2-x}=\lim_{x\to\infty}\frac{8+\dfrac{3}{x^3}-\dfrac{5}{x^4}+\dfrac{6}{x^5}}{7-\dfrac{4}{x}+\dfrac{2}{x^3}-\dfrac{1}{x^4}}=\frac{8}{7}。$$

【例 1-25】 求极限$\lim\limits_{x\to\infty}\dfrac{x^2+2x-1}{2x^3-5x}$。

分析：与上一个例题类似，考虑将其中的$x^p$转化为$\dfrac{1}{x^r}$，使之极限存在，所以将分子、分母同时除以$x$的最高次幂$x^3$。

解：$\lim\limits_{x\to+\infty}\dfrac{x^2+2x-1}{2x^3-5x}=\lim\limits_{x\to+\infty}\dfrac{\dfrac{1}{x}+\dfrac{2}{x^2}-\dfrac{1}{x^3}}{2-\dfrac{5}{x^2}}=\dfrac{0}{2}=0$。

一般地，如果$a_n,b_m$为不等于 0 的常数，当$x\to\infty$时，有：

$$\lim_{x\to\infty}\frac{a_nx^n+a_{n-1}x^{n-1}+\cdots+a_1x+a_0}{b_mx^m+b_{m-1}x^{m-1}+\cdots+b_1x+b_0}=\begin{cases}0, & n<m;\\ \dfrac{a_n}{b_m}, & n=m;\\ \infty, & n>m。\end{cases} \tag{1-38}$$

## 1.4.2 复合函数的极限运算法则

**定理 1-5** 设函数$y=f\left[\varphi(x)\right]$是由函数$y=f(u)$与$u=\varphi(x)$复合而成，若

$$\lim_{x\to x_0}\varphi(x)=u_0,\qquad \lim_{u\to u_0}f(u)=A,$$

则

$$\lim_{x\to x_0}f\left[\varphi(x)\right]=\lim_{u\to u_0}f(u)=A。 \tag{1-39}$$

【例 1-26】 求极限$\lim\limits_{x\to\frac{\pi}{2}}\ln\sin x$。

解：令$\sin x=u$，则函数由$y=\ln u$，$u=\sin x$复合而成，且$u\to1$，所以

$$\lim_{x\to\frac{\pi}{2}}\ln\sin x=\lim_{u\to1}\ln u=\ln1=0。$$

【例 1-27】 求极限$\lim\limits_{x\to0}\sqrt{1-x^2}$。

解：令$1-x^2=u$，则函数由$y=\sqrt{u},u=1-x^2$复合而成，且$u\to1$，所以

$$\lim_{x\to0}\sqrt{1-x^2}=\lim_{u\to1}\sqrt{u}=1。$$

## 1.4.3 使用 SymPy 求极限

使用 SymPy 可以方便地进行极限计算。首先从 SymPy 中导入 limit()方法。

```
1. from sympy import *
```

或者

```
1. from sympy import limit
```

SymPy 中求解极限 $\lim\limits_{x \to a} f(x)$ 的方法为

```
1. limit(f,x,a)
```

其中，$f$ 为函数，$x$ 为自变量，$a$ 为求极限的点。如果需要求左极限或者右极限，则在后面添加“-”或“+”号。

```
1. limit(f,x,a,'-')                # 求左极限
2. limit(f,x,a,'+')                # 求右极限
```

**【例 1-28】** 求极限 $\lim\limits_{x \to 1} \dfrac{x^2+2x+5}{x^2+1}$。（代码：ch1 函数与极限\1.4 极限的计算\例 1-28。）

```
1. from sympy import *
2.
3. x = symbols('x')
4. f = (x**2+2*x+5)/(x**2+1)
5. print(limit(f, x, 1))
```

运行结果：

```
4
```

**【例 1-29】** 求极限 $\lim\limits_{x \to 0^+} \sin x \ln x$。（代码：ch1 函数与极限\1.4 极限的计算\例 1-29。）

```
1. from sympy import *
2.
3. x = symbols('x')
4. f = sin(x)*ln(x)
5. print(limit(f, x,0,'+'))
```

运行结果：

```
0
```

**【例 1-30】** 求极限 $\lim\limits_{x \to \infty} \dfrac{5x^2+3}{1-x^2}$。（代码：ch1 函数与极限\1.4 极限的计算\例 1-30。）

在 SymPy 中使用两个重复字母“oo”表示 $\infty$。

```
1. from sympy import *
2.
3. x = symbols('x')
```

```
4. f = (5*x**2+3)/(1-x**2)
5. print(limit(f, x,oo))
```

运行结果：

```
-5
```

## 习题 1

1. 设 $f(x)=\begin{cases} x^2-x+1, & x\geqslant 0, \\ x-1, & x<0, \end{cases}$ 求 $f(1),f(-2),f(0)$。

2. 求下列函数的定义域。

（1） $y=\sqrt{x+1}+\dfrac{1}{9-x^2}$；

（2） $y=\dfrac{1}{\log_3(9-x)}$；

（3） $y=\tan(3x-1)$。

3. 判断下列各组函数是否同一个函数。

（1） $f(x)=\dfrac{x^2-5x+6}{x-3}$， $g(x)=x-2$；

（2） $f(x)=\sin^2 x+\cos x^2$， $g(x)=1$；

（3） $f(x)=\left(\sqrt{x}\right)^2$， $g(x)=x$。

4. 将 $y$ 表示为 $x$ 的函数。

（1） $y=u^2,u=\cos x$；

（2） $y=\sin u,u=\mathrm{e}^v,v=\sqrt{x}$；

（3） $y=\sin u,u=x^2+1$。

5. 求下列函数的复合过程。

（1） $y=2^{\cos x}$；

（2） $y=\tan \mathrm{e}^{5x}$；

（3） $y=\sqrt{\ln\left(x^2+1\right)}$。

6. 求下列数列 $\{x_n\}$ 当 $n\to\infty$ 时的极限。

（1） $x_n=\dfrac{2}{n}$；　　　　（2） $x_n=\dfrac{2n}{n+1}$；

（3）$x_n = \left(-\frac{3}{4}\right)^n$；　　（4）$x_n = \sin n$。

7. 设 $f(x)=\begin{cases} x^2+x, & x \geqslant 1, \\ x-1, & x<1, \end{cases}$ 求 $\lim\limits_{x \to 1^-} f(x)$，$\lim\limits_{x \to 1^+} f(x)$，并讨论 $\lim\limits_{x \to 1} f(x)$ 是否存在。

8. 设 $f(x) = \operatorname{arccot} x$，求 $\lim\limits_{x \to +\infty} f(x)$，$\lim\limits_{x \to -\infty} f(x)$，并讨论 $\lim\limits_{x \to \infty} f(x)$ 是否存在。

9. 下列变量中，哪些是无穷小量？哪些是无穷大量？

（1）$x^3 (x \to 0)$；　　（2）$\frac{1}{\ln x} (x \to 1)$；

（3）$\frac{1}{\ln x} (x \to +\infty)$；　　（4）$\tan x \left(x \to \frac{\pi}{2}\right)$。

10. 求下列极限。

（1）$\lim\limits_{x \to \infty} \frac{x^2+3x-2}{5x^2-x-6}$；　　（2）$\lim\limits_{x \to \infty} \frac{x-3}{x^2-2x-3}$；

（3）$\lim\limits_{x \to -2} \frac{x^2+3x+2}{3x^2+7x+2}$；　　（4）$\lim\limits_{x \to 0} \frac{\sqrt{2x+1}-1}{x}$；

（5）$\lim\limits_{x \to 0} \frac{\sin 3x}{\sin 2x}$；　　（6）$\lim\limits_{x \to 0} \frac{\tan 3x}{5x}$；

（7）$\lim\limits_{x \to \infty} \left(1+\frac{1}{2x}\right)^{7x}$；　　（8）$\lim\limits_{x \to 0} (1-3x)^{2x}$。

# 第2章　导　　数

**知识图谱：**

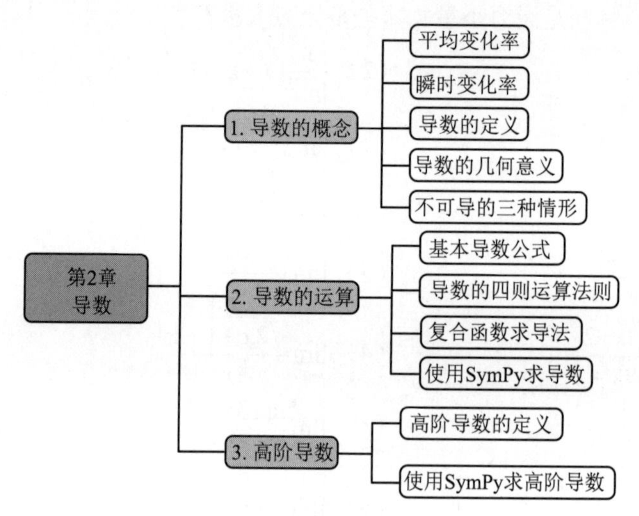


**学习目标：**

（1）理解导数的概念，理解导数与瞬时变化率、切线斜率之间的关系；
（2）熟练掌握导数的四则运算法则和复合函数求导法；
（3）理解高阶导数的概念，掌握高阶导数的求解方法；
（4）熟练掌握使用 SymPy 求解函数导数的方法。

## 2.1　导数的概念

17 世纪以前科技落后，许多科学问题中的变量都是缓慢变化的，以计算某个区间内的平均速度、平均变化率、平均改变量等问题为主。到了 17 世纪在许多著名数学家、天文学家和物理学家的努力下，科学有了巨大进步，但仍有许多科学问题亟待解决，如瞬时速度、切线斜率等。这些问题与之前的问题不同，是研究实验对象某项属性在某个时刻或某个点处的变化率。对这些问题的研究促成了“微积分”的诞生。这里就从瞬时速度和切线斜率两个问题入手，开始学习导数。

## 2.1.1　平均变化率

**定义 2-1**　对函数 $f(x)$，当 $x$ 从 $a$ 变化到 $b$ 时，对应的函数值 $y$ 从 $f(a)$ 变化到 $f(b)$。称 $\Delta x = b-a$ 为自变量 $x$ 的改变量，称 $\Delta y = f(b)-f(a)$ 为函数值 $y$ 对应的改变量。称 $\dfrac{\Delta y}{\Delta x}=\dfrac{f(b)-f(a)}{b-a}$ 为 $y=f(x)$ 在区间 $[a,b]$ 上的**平均变化率**。

例如，物体做变速直线运动，运动方程为 $s(t)=t^2-t+5$，其中位移 $s$ 的单位为米（m），时间 $t$ 的单位为秒（s），则时间 $t$ 在 $[4,7]$ 区间的平均速度为

$$\frac{\Delta s}{\Delta t}=\frac{s(7)-s(4)}{7-4}=\frac{47-17}{7-4}\text{m / s}=10\text{ m/s}。$$

这一平均速度也是时间 $t$ 在 $[4,7]$ 的范围内，路程 $s$ 对时间 $t$ 的平均变化率。

绘制运动方程曲线，如图 2-1 所示。则 $AC$ 对应 $\Delta x$，$BC$ 对应 $\Delta y$，平均变化率 $\dfrac{\Delta y}{\Delta x}$ 对应割线 $AB$ 的斜率 $k_{AB}$。

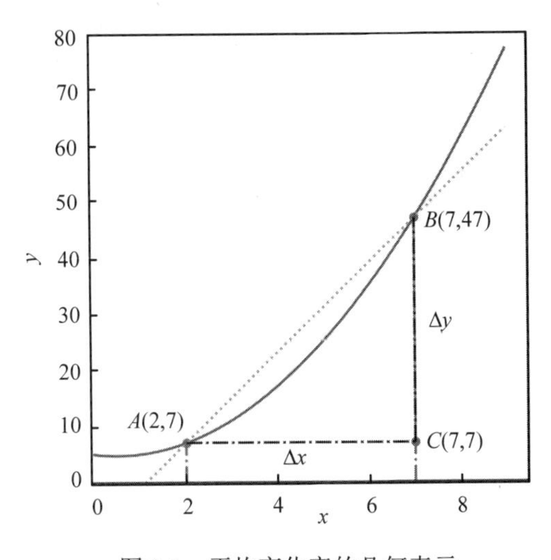


图 2-1　平均变化率的几何表示

## 2.1.2　瞬时变化率

### 1. 引例

物体做变速直线运动，运动方程为 $s(t)=\dfrac{1}{2}t^2-t+5$，其中位移 $s$ 的单位为米(m)，时

间 $t$ 的单位为秒(s)。求物体在 $t_0=2\text{ s}$ 时刻的速度。

分析：之前我们学习的都是在某个时间段 $\Delta t$ 内的平均速度 $=\dfrac{\Delta s}{\Delta t}$，而现在需要求在 $t_0=2\text{ s}$ 这一时刻的速度，我们称物体在某一时刻的速度为“瞬时速度”，表示为 $v(t_0)$。由于瞬时速度无法用公式 $\dfrac{\Delta s}{\Delta t}$ 计算，考虑使用极限的思想求解——先用平均速度作为瞬时速度的近似值，再用近似值逼近所求的瞬时速度，如表 2-1 所示。

表 2-1　$t\to 2$ 时平均速度 $\overline{v}$ 的变化趋势

| $t$ | $\Delta t$ | $\overline{v}$ | $t$ | $\Delta t$ | $\overline{v}$ |
|---|---|---|---|---|---|
| 1.5 | 0.5 | 0.75 | 2.5 | 0.5 | 1.25 |
| 1.9 | 0.1 | 0.95 | 2.1 | 0.1 | 1.05 |
| 1.99 | 0.01 | 0.995 | 2.01 | 0.01 | 1.005 |
| 1.999 | 0.001 | 0.9995 | 2.001 | 0.001 | 1.0005 |
| 1.9999 | 0.0001 | 0.99995 | 2.0001 | 0.0001 | 1.00005 |
| 1.99999 | 0.00001 | 0.999995 | 2.00001 | 0.00001 | 1.000005 |

首先，采用数值的方法做初步计算。计算以 $t_0$ 和 $t_0+\Delta t$ 为端点的区间内物体运动的平均速度 $\overline{v}$。令 $\Delta t$ 逐渐减小，观察平均速度 $\overline{v}$ 的变化趋势。发现随着 $\Delta t$ 逐渐减小，平均速度 $\overline{v}$ 变化的幅度越来越小，当 $\Delta t\to 0$ 时，$\overline{v}\to 1$。即物体在 $t_0=2\text{ s}$ 时的瞬时速度为 1m/s。

然后，将这一过程用极限表示。在以 $t_0$ 和 $t_0+\Delta t$ 为端点的区间内，物体运动的平均速度 $\overline{v}=\dfrac{\Delta s}{\Delta t}$。当 $\Delta t\to 0$ 时，$\overline{v}\to v(t_0)$。所以

$$v(t_0)=\lim_{t\to t_0}\overline{v}=\lim_{t\to t_0}\frac{\Delta s}{\Delta t}=\lim_{t\to 2}\frac{s(2+\Delta t)-s(2)}{\Delta t}=\lim_{\Delta t\to 0}\frac{\left[\frac{1}{2}(2+\Delta t)^2-(2+\Delta t)+1\right]-1}{\Delta t}$$

$$=\lim_{\Delta t\to 0}\left(\frac{1}{2}\Delta t+1\right)=1。$$

两种方法得到相同的结果，物体在 $t_0=2\text{ s}$ 时的瞬时速度为 1m/s。

**2. 瞬时变化率的图形表示**

将引例用图形表示，如图 2-2 所示。$\dfrac{\Delta s}{\Delta t}$ 表示在 $\Delta t$ 这一时间段内的平均速度，对应过点 $[t_0,s(t_0)]$ 和 $[t_0+\Delta t,s(t_0+\Delta t)]$ 的割线 $K$ 的斜率 $k_K$，即 $k_K=\dfrac{\Delta s}{\Delta t}$。当 $\Delta t\to 0$ 时，割线 $K$

绕点$\left(t_0,s\left(t_0\right)\right)$旋转，逐渐逼近切线$L$，此时，割线$K$的斜率逼近切线$L$的斜率，即$k_K\to k_L$。所以$k_L=\lim\limits_{\Delta t\to 0}k_K=\lim\limits_{\Delta t\to 0}\dfrac{\Delta s}{\Delta t}$。

所以，$s\left(t\right)$在$t_0$处的瞬时变化率在几何上表示$s\left(t\right)$在$t_0$处的切线斜率。

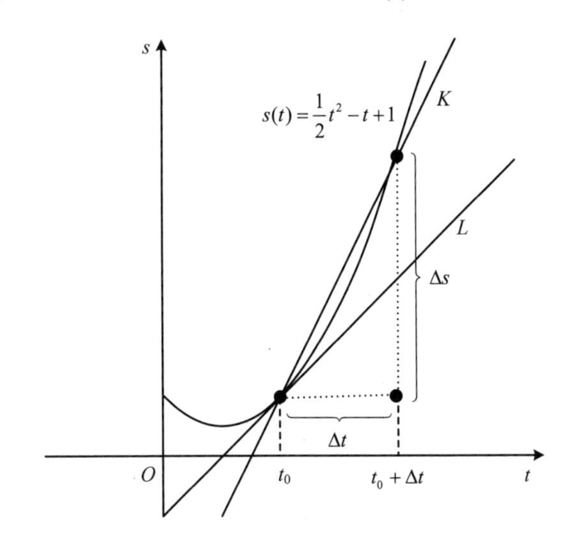


图 2-2　变速直线运动的几何表示

## 2.1.3　导数的定义

**定义 2-2**　设函数$y=f\left(x\right)$在点$x_0$处的某个邻域内有定义，当自变量$x$在$x_0$处有改变量$\Delta x$时，对应的函数改变量为$\Delta y=f\left(x_0+\Delta x\right)-f\left(x_0\right)$，如果当$\Delta x\to 0$时，极限

$$\lim_{\Delta x\to 0}\frac{\Delta y}{\Delta x}=\lim_{\Delta x\to 0}\frac{f\left(x_0+\Delta x\right)-f\left(x_0\right)}{\Delta x} \tag{2-1}$$

存在，则称函数$y=f\left(x\right)$在点$x_0$处可导，并称此极限值为函数$y=f\left(x\right)$在点$x_0$处的**导数**，记作

$$y'\big|_{x=x_0}，\quad f'\left(x_0\right)，\quad \left.\frac{\mathrm{d}y}{\mathrm{d}x}\right|_{x=x_0}\text{或}\left.\frac{\mathrm{d}f\left(x\right)}{\mathrm{d}x}\right|_{x=x_0}。$$

若极限不存在，则称函数$y=f\left(x\right)$在点$x_0$处**不可导**或**导数不存在**。

由导数的定义有

$$f'\left(x_0\right)=\lim_{\Delta x\to 0}\frac{\Delta y}{\Delta x}=\lim_{\Delta x\to 0}\frac{f\left(x_0+\Delta x\right)-f\left(x_0\right)}{\Delta x}。 \tag{2-2}$$

如果令 $x_0+\Delta x=x$，则当 $\Delta x\to 0$ 时，有 $x\to x_0$，则式（2-2）改为

$$f'(x_0)=\lim_{\Delta x\to 0}\frac{\Delta y}{\Delta x}=\lim_{x\to x_0}\frac{f(x)-f(x_0)}{x-x_0}。\tag{2-3}$$

**定义 2-3** 如果函数 $y=f(x)$ 在区间 $(a,b)$ 内的每一点都可导，则对区间 $(a,b)$ 内的每一点 $x$，都有唯一的一个导数值 $f'(x)$ 与之对应，从而形成了一个新函数，称函数 $y=f(x)$ 在区间 $(a,b)$ 内**可导**，新函数记作

$$y',\ f'(x),\ \frac{\mathrm{d}y}{\mathrm{d}x} 或 \frac{\mathrm{d}f(x)}{\mathrm{d}x},$$

即

$$f'(x)=\lim_{\Delta x\to 0}\frac{\Delta y}{\Delta x}=\lim_{\Delta x\to 0}\frac{f(x+\Delta x)-f(x)}{\Delta x}。\tag{2-4}$$

称 $f'(x)$ 为函数 $y=f(x)$ 在区间 $(a,b)$ 内的**导函数**，简称导数。

根据导数与导函数的定义，导数 $f'(x_0)$ 可以看成导函数 $f'(x)$ 在点 $x_0$ 处的函数值，即 $f'(x_0)=f'(x)\big|_{x=x_0}$。

**【例 2-1】** 求函数 $y=x^2$ 的导数 $y'$，并求 $y'\big|_{x=3}$。

解：
$$\begin{aligned}y'&=\lim_{\Delta x\to 0}\frac{\Delta y}{\Delta x}=\lim_{\Delta x\to 0}\frac{f(x+\Delta x)-f(x)}{\Delta x}\\&=\lim_{\Delta x\to 0}\frac{(x+\Delta x)^2-x^2}{\Delta x}=\lim_{\Delta x\to 0}\frac{2x\cdot\Delta x+(\Delta x)^2}{\Delta x}\\&=\lim_{\Delta x\to 0}(2x+\Delta x)=2x,\end{aligned}$$

即 $(x^2)'=2x$，所以 $y'\big|_{x=3}=2\times 3=6$。

## 2.1.4 导数的几何意义

由引例可知，函数 $y=f(x)$ 在点 $x_0$ 处的导数为曲线 $y=f(x)$ 在点 $A(x_0,y_0)$ 处切线的斜率，即 $k=\tan\alpha=f'(x_0)$。由此可以进一步求得曲线在点 $(x_0,y_0)$ 处的切线方程：

（1）当 $f'(x_0)$ 存在时，切线方程为

$$y-y_0=f'(x_0)(x-x_0);\tag{2-5}$$

（2）当 $f'(x_0)=\infty$ 时，切线垂直于 $x$ 轴，切线方程为

$$x=x_0。\tag{2-6}$$

【例 2-2】 求曲线 $y=\sqrt{x}$ 在点 $(1,1)$ 处的切线方程。

解：$y'=\lim\limits_{\Delta x\to 0}\dfrac{\Delta y}{\Delta x}=\lim\limits_{\Delta x\to 0}\dfrac{f(x+\Delta x)-f(x)}{\Delta x}$

$$=\lim_{\Delta x\to 0}\frac{\sqrt{x+\Delta x}-\sqrt{x}}{\Delta x}=\lim_{\Delta x\to 0}\frac{\left(\sqrt{x+\Delta x}-\sqrt{x}\right)\left(\sqrt{x+\Delta x}+\sqrt{x}\right)}{\Delta x\left(\sqrt{x+\Delta x}+\sqrt{x}\right)}$$

$$=\lim_{\Delta x\to 0}\frac{1}{\sqrt{x+\Delta x}+\sqrt{x}}=\frac{1}{2\sqrt{x}},$$

所以，曲线 $y=\sqrt{x}$ 在点 $(1,1)$ 处的切线斜率为 $k=y'|_{x=1}=\dfrac{1}{2}$，切线方程为 $y-1=\dfrac{1}{2}(x-1)$，即 $x-2y+1=0$。

## 2.1.5 不可导的三种情形

根据导数的定义和导数的几何意义，可以确定不可导有三种情况。

（1）如果函数 $y=f(x)$ 在点 $x_0$ 处不连续，则 $y=f(x)$ 在 $x_0$ 处不可导。如图 2-3 所示。

（2）角点处不可导。如果在点 $x_0$ 处，$f'(x_0)=\lim\limits_{\Delta x\to 0}\dfrac{\Delta y}{\Delta x}$ 左、右极限不相等，则 $f'(x_0)$ 不存在，这样的点称为**角点**。角点处切线不存在。如图 2-4 所示。

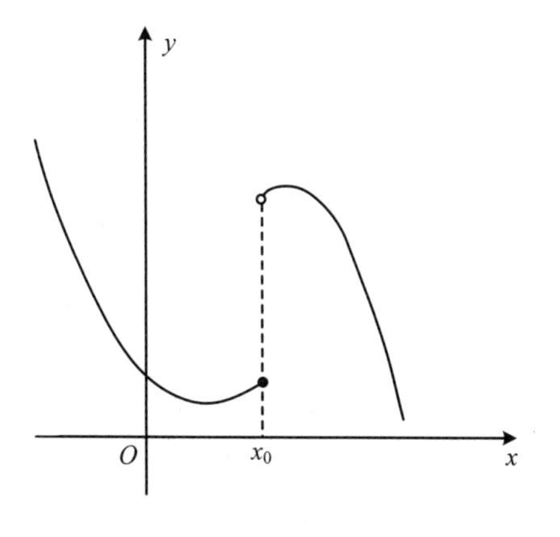


图 2-3　不连续不可导

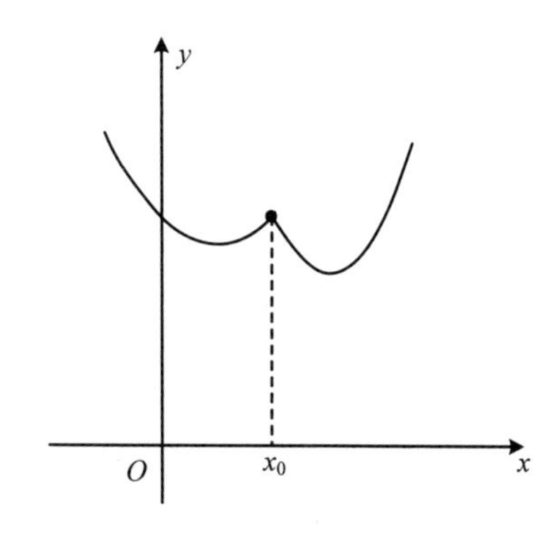


图 2-4　角点处不可导

（3）如果曲线 $y=f(x)$ 在点 $(x_0,y_0)$ 处有垂直切线，则 $f'(x_0)=\infty$，即 $y=f(x)$ 在 $x_0$ 处不可导。如图 2-5 所示。

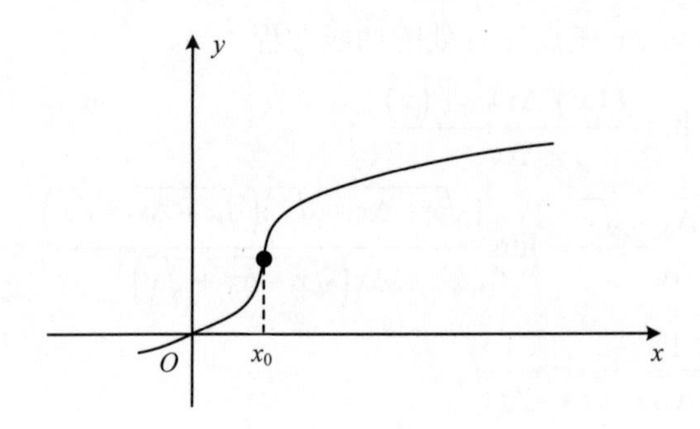


图 2-5　垂直切线处不可导

# 2.2　导数的运算

## 2.2.1　基本导数公式

为了便于查阅，我们将基本初等函数的导数公式汇总，如表 2-2 所示。

表 2-2　基本求导公式

| | |
|---|---|
| $(C)'=0$ | $(e^x)'=e^x$ |
| $(\sin x)'=\cos x$ | $(\ln x)'=\dfrac{1}{x}$ |
| $(\tan x)'=\sec^2 x$ | $(x^\mu)'=\mu x^{\mu-1}$ |
| $(\sec x)'=\sec x\tan x$ | $(\cos x)'=-\sin x$ |
| $(a^x)'=a^x\ln a$ | $(\cot x)'=-\csc^2 x$ |
| $(\log_a x)'=\dfrac{1}{x\ln a}$ | $(\csc x)'=-\csc x\cot x$ |
| $(\arcsin x)'=\dfrac{1}{\sqrt{1-x^2}}$ | $(\arccos x)'=-\dfrac{1}{\sqrt{1-x^2}}$ |
| $(\arctan x)'=\dfrac{1}{1+x^2}$ | $(\text{arccot}\, x)'=-\dfrac{1}{1+x^2}$ |

通过导数的定义或者运算法则可获得以上 16 个导数公式。

## 2.2.2　导数的四则运算法则

对于函数的加、减、乘、除，有以下求导四则运算法则。

设函数 $u=u(x)$，$v=v(x)$ 都在点 $x$ 处可导，则它们的和、差、积、商（分母不为零）

在点 $x$ 处也可导，且

**法则 2-1** $[u(x)\pm v(x)]'=u'(x)\pm v'(x)$；（2-7）

**法则 2-2** $[u(x)v(x)]'=u'(x)v(x)+u(x)v'(x)$；（2-8）

**法则 2-3** $\left[\dfrac{u(x)}{v(x)}\right]'=\dfrac{u'(x)v(x)-u(x)v'(x)}{v^2(x)}\quad (v(x)\neq 0)$。（2-9）

根据以上法则，容易得到以下推论。

**推论 2-1** $[u_1(x)\pm u_2(x)\pm\cdots\pm u_n(x)]'=u_1'(x)\pm u_2'(x)\pm\cdots\pm u_n'(x)$；（2-10）

**推论 2-2** $[Cu(x)]'=Cu'(x)$（$C$ 为常数）；（2-11）

**推论 2-3** $[u(x)v(x)w(x)]'=u'(x)v(x)w(x)+u(x)v'(x)w(x)+u(x)v(x)w'(x)$；（2-12）

**推论 2-4** $\left[\dfrac{1}{v(x)}\right]'=-\dfrac{v'(x)}{[v(x)]^2}\quad (v(x)\neq 0)$。（2-13）

**【例 2-3】** $y=\tan x$，求 $y'$。

解：
$$y'=(\tan x)'=\left(\frac{\sin x}{\cos x}\right)'=\frac{(\sin x)'\cos x-\sin x(\cos x)'}{\cos^2 x}$$
$$=\frac{\cos^2 x+\sin^2 x}{\cos^2 x}=\frac{1}{\cos^2 x}=\sec^2 x\ 。$$

**【例 2-4】** $y=5\sqrt{x^3}\arctan x-\dfrac{e^x}{x}+3$，求 $y'$。

解：
$$y=5\left[\left(x^{\frac{3}{2}}\right)'\arctan x+\sqrt{x^3}(\arctan x)'\right]-\frac{(e^x)'x-e^x x'}{x^2}+0$$
$$=5\left[\frac{3}{2}\sqrt{x}\arctan x+\frac{\sqrt{x^3}}{1+x^2}\right]-\frac{(x-1)e^x}{x^2}\ 。$$

## 2.2.3 复合函数求导法

以上是对由基本初等函数经过四则运算得到的初等函数进行求导，关于复合函数的求导，有以下法则：

**法则 2-4（链式法则）** 设有复合函数 $y=f[\varphi(x)]$，而函数 $u=\varphi(x)$ 在点 $x$ 处可导，$y=f(u)$ 在对应的点 $u$ 处可导，则复合函数 $y=f[\varphi(x)]$ 也在点 $x$ 处可导，且有

$$y' = f'(u)\varphi'(x) \tag{2-14}$$

或

$$\frac{\mathrm{d}y}{\mathrm{d}x} = \frac{\mathrm{d}y}{\mathrm{d}u} \cdot \frac{\mathrm{d}u}{\mathrm{d}x}, \tag{2-15}$$

也可以写成

$$y'_x = y'_u \cdot u'_x。 \tag{2-16}$$

因变量对自变量求导，等于因变量对中间变量求导，乘以中间变量对自变量求导。

若函数复合过程为 $y$——$u$——$x$，则

$$\frac{\mathrm{d}y}{\mathrm{d}x} = \frac{\mathrm{d}y}{\mathrm{d}u} \cdot \frac{\mathrm{d}u}{\mathrm{d}x}。 \tag{2-17}$$

若函数复合过程为 $y$——$u$——$v$——$x$，则

$$\frac{\mathrm{d}y}{\mathrm{d}x} = \frac{\mathrm{d}y}{\mathrm{d}u} \cdot \frac{\mathrm{d}u}{\mathrm{d}v} \cdot \frac{\mathrm{d}v}{\mathrm{d}x}。 \tag{2-18}$$

**【例 2-5】** 求下列函数的导数。

（1） $y = (3x-1)^{100}$；（2） $y = \mathrm{e}^{\arctan x}$；（3） $y = \sin^2\left(\sqrt{x}+1\right)$。

解：

（1）令 $y = u^{100}$， $u = 3x-1$， 则

$$y' = \left(u^{100}\right)'\left(3x-1\right)' = 100u^{99} \cdot 3 = 300u^{99} = 300\left(3x-1\right)^{99};$$

（2）令 $y = \mathrm{e}^u$， $u = \arctan x$， 则

$$y' = \left(\mathrm{e}^u\right)'(\arctan x)' = \mathrm{e}^u \cdot \frac{1}{1+x^2} = \frac{\mathrm{e}^{\arctan x}}{1+x^2};$$

（3）令 $y = u^2$， $u = \sin v$， $v = \sqrt{x}+1$， 则

$$y' = 2u \cdot \cos v \cdot \frac{1}{2\sqrt{x}} = \frac{2\sin\left(\sqrt{x}+1\right)\cos\left(\sqrt{x}+1\right)}{2\sqrt{x}} = \frac{\sin 2\left(\sqrt{x}+1\right)}{2\sqrt{x}}。$$

**【例 2-6】** $s = \mathrm{e}^{-\lambda t}\cos\omega t$（$\lambda$，$\omega$ 为参数），求 $s'$。

解：
$$\begin{aligned} s' &= \left(\mathrm{e}^{-\lambda t}\right)'\cos\omega t + \mathrm{e}^{-\lambda t}\left(\cos\omega t\right)' \\ &= \mathrm{e}^{-\lambda t} \cdot \left(-\lambda t\right)' \cdot \cos\omega t - \mathrm{e}^{-\lambda t} \cdot \sin\omega t \cdot \left(\omega t\right)' \\ &= -\lambda \mathrm{e}^{-\lambda t} \cdot \cos\omega t - \omega \mathrm{e}^{-\lambda t} \cdot \sin\omega t \\ &= -\mathrm{e}^{-\lambda t}(\omega\sin\omega t + \lambda\cos\omega t)。 \end{aligned}$$

### 2.2.4　使用 SymPy 求导数

SymPy 中使用 diff 命令求函数的导数，格式为

```
1. diff(func,x)
```

其中，func 是要求导的函数，$x$ 是求导的变量。

**【例 2-7】** 使用 SymPy 求函数 $y = x\sin\left(x^2+1\right)$ 的导数。（代码：ch2 导数与微分\2.2 导数的运算\例 2-7）

```
1. from sympy import *
2.
3. x = symbols('x')
4. f = x*sin(x**2+1)
5. print('f=',f)
6. fx=diff(f,x)
7. print("fx=",fx)
```

运行结果：

```
f= x*sin(x**2 + 1)
fx= 2*x**2*cos(x**2 + 1) + sin(x**2 + 1)。
```

## 2.3　高 阶 导 数

### 2.3.1　高阶导数的定义

函数 $y = x^4 - 3x^2$ 的导数 $y' = 4x^3 - 6x$ 依然是一个函数，可以再进行求导得到 $\left(y'\right)' = 12x^2 - 6$。这也是一个函数，可以再进行求导。

**定义 2-4**　如果 $y = f(x)$ 的导数 $f'(x)$ 依然可导，则称 $f'(x)$ 的导数 $\left[f'(x)\right]'$ 为 $f(x)$ 的**二阶导数**，记为 $f''(x)$ 或 $y''$ 或 $\dfrac{\mathrm{d}^2 y}{\mathrm{d}x^2}$ 或 $\dfrac{\mathrm{d}^2 f(x)}{\mathrm{d}x^2}$，即

$$f''(x) = \lim_{\Delta x \to 0} \frac{f'(x+\Delta x) - f'(x)}{\Delta x}。\tag{2-19}$$

若二阶导数 $f''(x)$ 的导数存在，则称 $f''(x)$ 的导数 $\left[f''(x)\right]'$ 为 $f(x)$ 的**三阶导数**，记

为 $f'''(x)$ 或 $y'''$ 或 $\frac{\mathrm{d}^3 y}{\mathrm{d}x^3}$ 或 $\frac{\mathrm{d}^3 f(x)}{\mathrm{d}x^3}$。

类似地，若 $(n-1)$ 阶导数 $f^{(n-1)}(x)$ 的导数存在，则称 $f^{(n-1)}(x)$ 的导数 $\left[f^{(n-1)}(x)\right]'$ 为 $f(x)$ 的 **$n$ 阶导数**，记为 $f^{(n)}(x)$ 或 $y^{(n)}$ 或 $\frac{\mathrm{d}^n y}{\mathrm{d}x^n}$ 或 $\frac{\mathrm{d}^n f(x)}{\mathrm{d}x^n}$。

二阶和二阶以上的导数统称为函数的**高阶导数**。而把 $f'(x)$ 称为函数 $y=f(x)$ 的一阶导数。

**【例 2-8】** 求函数 $y=4x^2+\ln x$ 的四阶导数 $y^{(4)}$ 及 $y^{(4)}(2)$。

解：$y'=8x+\frac{1}{x}$，$y''=8-\frac{1}{x^2}$，$y'''=\frac{2}{x^3}$，$y^{(4)}=-\frac{6}{x^4}$，所以 $y^{(4)}(2)=-\frac{6}{16}=-\frac{3}{8}$。

**【例 2-9】** 求函数 $y=\mathrm{e}^{6x}$ 的 $n$ 阶导数。

解：$y'=6\mathrm{e}^{6x}$，$y''=6^2\mathrm{e}^{6x}$，$y'''=6^3\mathrm{e}^{6x}$，…，$y(n)=6^n\mathrm{e}^{6x}$。

### 2.3.2 使用 SymPy 求高阶导数

利用 sympy 模块中的 diff 函数可以实现对函数的高阶求导，函数格式为

```
diff(func,x,n)
```

其中，func 为函数，$x$ 为自变量，$n$ 表示求 $n$ 阶导数。

**【例 2-10】** 求函数 $f(x)=x^3-\sin x$ 的一阶导数和二阶导数。（代码：ch2 导数与微分\2.3 高阶导数\例 2-10）

```
1. from sympy import *
2.
3. x = symbols('x')
4. y = x**3-sin(x)
5. print("y=",y)
6. print("y 的一阶导数为:",diff(y,x))          # 求一阶导数
7. print("y 的二阶导数为:",diff(y,x,2))        # 求二阶导数
```

运行结果：

```
y= x**3 - sin(x)
y 的一阶导数为: 3*x**2 - cos(x)
y 的二阶导数为: 6*x + sin(x)
```

# 习题2

1．求曲线 $y=x^2$ 在点 $(-1,1)$ 处的切线斜率与切线方程。

2．判断函数 $y=|\sin x|$ 在点 $x=\pi$ 处是否可导，并说明理由。

3．求下列函数的导数。

（1）$y=x^2-3x+\cos x$；

（2）$y=3\sqrt{x}-\dfrac{1}{\sqrt{x}}$；

（3）$y=\mathrm{e}^x(\sin x-\cos x)$；

（4）$y=\dfrac{\sqrt{x}}{x^2-1}$；

（5）$y=(3x^2+1)\ln x$；

（6）$y=\mathrm{e}^{\tan x}$；

（7）$y=\sqrt{3x-5}$；

（8）$y=\mathrm{e}^{-x^2+2x}$；

（9）$y=\ln\ln x$；

（10）$y=3^{\sin\frac{2}{x}}$。

4．求下列函数的高阶导数。

（1）$y=5x^4+\sin x$，求 $y'''$；

（2）$y=\ln\sin x$，求 $y''$；

（3）$y=x^2\mathrm{e}^x$，求 $y''(0)$。

# 第 3 章　极值与最值

**知识图谱：**

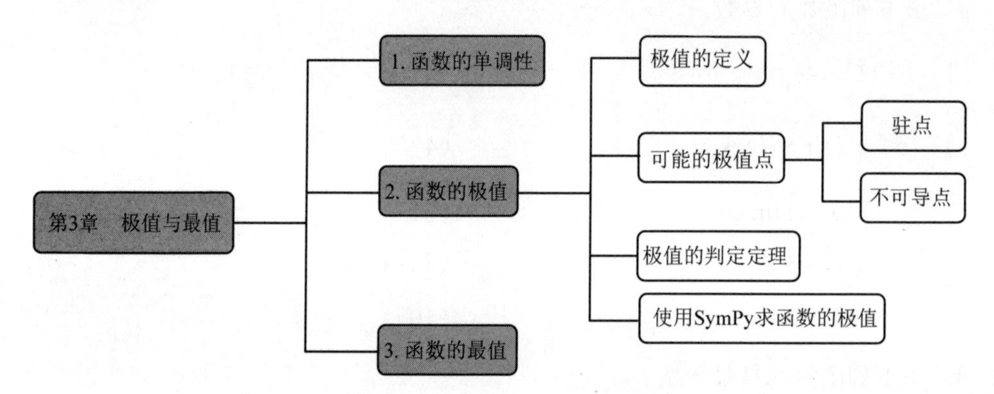


**学习目标：**

（1）掌握函数单调性的判定定理及使用该定理求函数的单调区间的方法；
（2）理解函数极值的概念，了解可能的极值点：驻点和不可导点；
（3）掌握使用极值的判定定理求函数的极值的方法；
（4）理解最值的概念及求解方法。

## 3.1　函数的单调性

函数的单调性是函数的重要性质，它描述了在某个区间内函数的增减情况，可以帮助人们了解函数的形态，也可以辅助解决工程中的优化问题。

**定义 3-1**　设函数 $y=f(x)$ 的定义域为 $D$。（1）如果对于任意的 $x_1,x_2\in D$ 且 $x_1<x_2$，都有 $f(x_1)<f(x_2)$，则称函数 $f(x)$ 在区间 $D$ 上**单调递增**；（2）如果对于任意的 $x_1$，$x_2\in D$ 且 $x_1<x_2$，都有 $f(x_1)>f(x_2)$，则称函数 $f(x)$ 在区间 $D$ 上**单调递减**。

使用单调性的定义可以判定函数 $f(x)$ 在区间 $D$ 上的单调性，但是如果函数 $f(x)$ 较为复杂，计算繁琐，那么确定定义域中的单调递增（递减）区间就比较困难。单调递增的函数图像与单调递减的函数图像如图 3-1 所示。

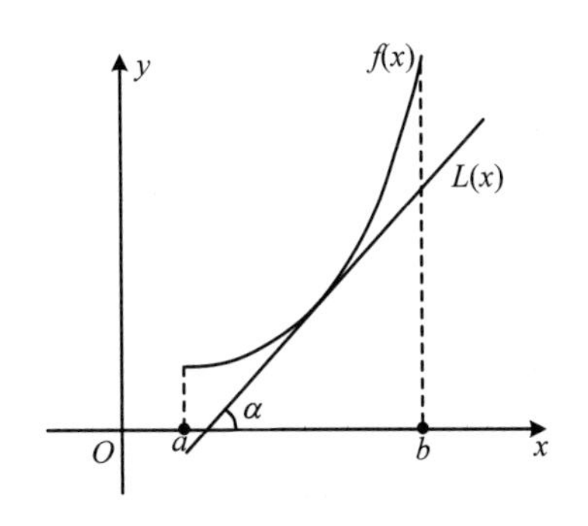


（a）单调递增的函数图像

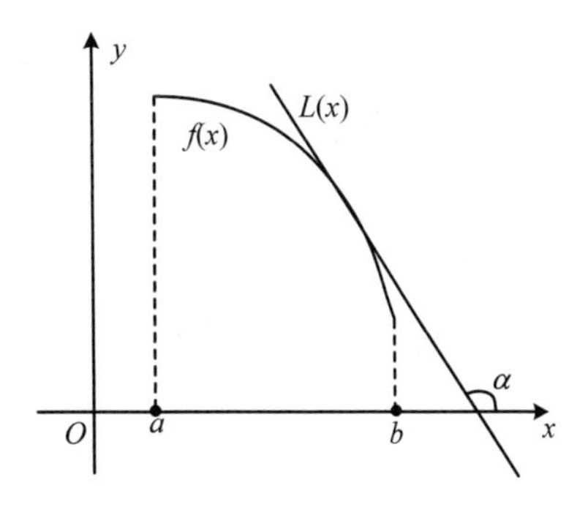


（b）单调递减的函数图像

图 3-1 单调递增与单调递减的函数图像

观察 $f(x)$ 的函数图像，当 $f(x)$ 在区间 $(a,b)$ 上单调递增时，曲线 $f(x)$ 上任意一点 $x$ 处的切线方向都是斜向右上，即切线斜率大于 0。反之，$f(x)$ 在区间 $(a,b)$ 上单调递减时，曲线 $f(x)$ 上任意一点 $x$ 处的切线方向都是斜向右下，即切线斜率小于 0。所以，可以用 $f'(x)$ 在区间 $(a,b)$ 上的符号判定 $f(x)$ 在区间 $(a,b)$ 上的单调性。

**定理 3-1** 设函数 $y=f(x)$ 在闭区间 $[a,b]$ 上连续，在开区间 $(a,b)$ 内可导，则有

（1）如果在 $(a,b)$ 内都有 $f'(x)>0$，则 $f(x)$ 在 $[a,b]$ 上单调递增；

（2）如果在 $(a,b)$ 内都有 $f'(x)<0$，则 $f(x)$ 在 $[a,b]$ 上单调递减；

（3）如果在 $(a,b)$ 内 $f'(x)\equiv 0$，则在 $[a,b]$ 上 $f(x)$ 是一个常数。

函数 $f(x)$ 的定义域为 $D$，一般 $f(x)$ 在 $D$ 内的某些子区间内单调递增，而在另一些子区间内单调递减，如何求函数 $f(x)$ 的单调区间呢？观察图像发现，单调区间的分界点是一些特殊点，在这些分界点处，$f'(x)=0$ 或 $f'(x)$ 不存在。

**定义 3-2** 设函数 $f(x)$ 在区间 $(a,b)$ 内可导，如果 $f'(x_0)=0$，则称 $x_0$ 为函数 $f(x)$ 的**驻点**。如图 3-2 所示。

由此，得到判定函数单调区间的一般步骤为

（1）确定函数的定义域；

（2）求 $f(x)$ 的一阶导数 $f'(x)$，计算驻点和不可导点；

（3）用驻点和不可导点将定义域划分为若干个子区间，使用判定定理，根据 $f'(x)$ 的符号确定每个子区间上 $f(x)$ 的单调性。一般地，用“↗”表示单调递增，用“↘”表示单调递减。

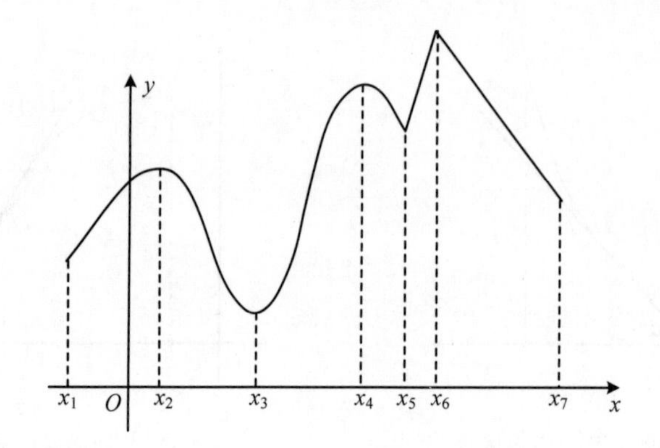


图 3-2　$x_2$，$x_3$，$x_4$为函数驻点

**【例 3-1】** 求函数 $y=(x-1)\sqrt[3]{x^2}$ 的单调区间。

解：（1）函数的定义域为$(-\infty,+\infty)$。

（2）$y=x^{\frac{5}{3}}-x^{\frac{2}{3}}$，$y'=\frac{5}{3}x^{\frac{2}{3}}-\frac{2}{3}x^{-\frac{1}{3}}=\frac{x-\frac{2}{5}}{3\sqrt[3]{x}}$。

令 $f'(x)=0$，得 $x_1=\frac{2}{5}$ 为驻点，$x_2=0$ 为不可导点。

（3）用 $x_1,x_2$ 分割定义域，列表得到：

| $x$ | $(-\infty,0)$ | 0 | $\left(0,\frac{2}{5}\right)$ | $\frac{2}{5}$ | $\left(\frac{2}{5},+\infty\right)$ |
|---|---|---|---|---|---|
| $y'$ | + | 不存在 | − | 0 | + |
| $y$ | ↗ | | ↘ | | ↗ |

所以，$f(x)$ 的单调递增区间为$(-\infty,0)$，$\left(\frac{2}{5},+\infty\right)$；单调递减区间为$\left(0,\frac{2}{5}\right)$。

# 3.2　函数的极值

## 3.2.1　极值的定义

观察图3-2，函数$f(x)$的最大值为$f(x_6)$，最小值为$f(x_3)$。但在有些情况下，难以计算得到最大值或最小值，只能退而求其次寻找次优值，如当函数 $f(x)$的定义域拓展为 **R** 时，$x_1,x_2,x_3,x_4,x_5$ 这些点处的函数值比它附近点的函数值大，或者比它附近点的函数值小，这里称这些点处的函数值为极大值或极小值。

**定义 3-3**　设函数 $y=f(x)$ 在点 $x_0$ 处的一个邻域 $U$ 内有定义。

（1）如果当 $x\in U$ 时，恒有 $f(x_0)<f(x)$，$x\neq x_0$，则 $f(x_0)$ 是 $f(x)$ 的**极小值**，$x_0$ 是 $f(x_0)$ 是**极小值点**；

（2）如果当 $x\in U$ 时，恒有 $f(x_0)>f(x)$，$x\neq x_0$，则 $f(x_0)$ 是 $f(x)$ 的**极大值**，$x_0$ 是 $f(x_0)$ 是**极大值点**。

极大值与极小值统称为**极值**，极大值点与极小值点统称为**极值点**。

在图 3-2 中，$f(x)$ 的极大值为 $f(x_2)$，$f(x_4)$ 和 $f(x_6)$。$f(x)$ 的极小值为 $f(x_3)$ 和 $f(x_5)$。极大值点为 $x_2,x_4,x_6$，极小值点为 $x_3,x_5$。

与最大值和最小值不同，函数的极值是相对于附近点而言的，所以不唯一，可以有多个极值，甚至可能出现极小值比极大值大的情况。如图 3-2 中，$f(x)$ 有 5 个极值点，极小值 $f(x_5)$ 比极大值 $f(x_2)$ 大。

## 3.2.2　可能的极值点

如何确定函数的极值呢？这里可以把问题分成两步：第一步确定可能的极值点；第二步判定可能的极值点是不是极值点。

观察图 3-2，极值点从形态上可以分成两种类型。第一类是可导的极值点 $x_1,x_2,x_3$，这些点处的一阶导数为 0。第二类是 $x_4,x_5$，这两个点处 $f(x)$ 连续但是一阶导数不存在。

**定理 3-2**　设函数 $f(x)$ 在点 $x_0$ 处有极值，则 $f'(x_0)=0$ 或 $f'(x_0)$ 不存在。

所以驻点和不可导点可能是极值点，但不一定。驻点不一定是极值点。例如 $x=0$ 是 $y=x^3$ 的一个驻点，但不是极值点。如图 3-3、图 3-4 和图 3-5 所示。

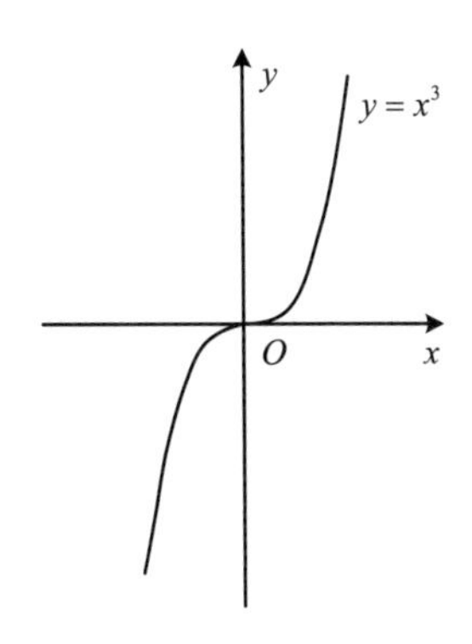


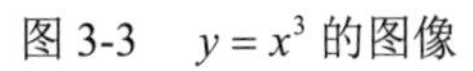

图 3-3　$y=x^3$ 的图像

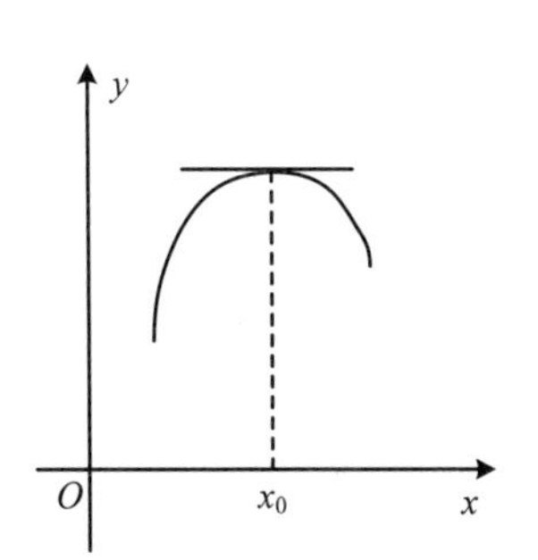


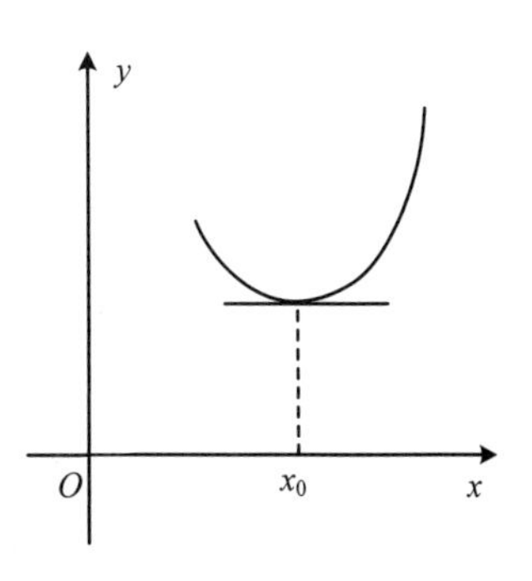


图 3-4　驻点是函数的极值点

同样，不可导点也不一定是极值点。例如，$y=\sqrt[3]{x}$ 在点 $x=0$ 处有 $y'=\dfrac{1}{3\sqrt[3]{x^2}}$，所以 $y'(0)$ 不存在。$x=0$ 是 $y=\sqrt[3]{x}$ 的不可导点，但不是极值点。从图像上看，曲线 $y=\sqrt[3]{x}$ 在点 $x=0$ 处的切线垂直于 $x$ 轴。如图 3-6、图 3-7 和图 3-8 所示。

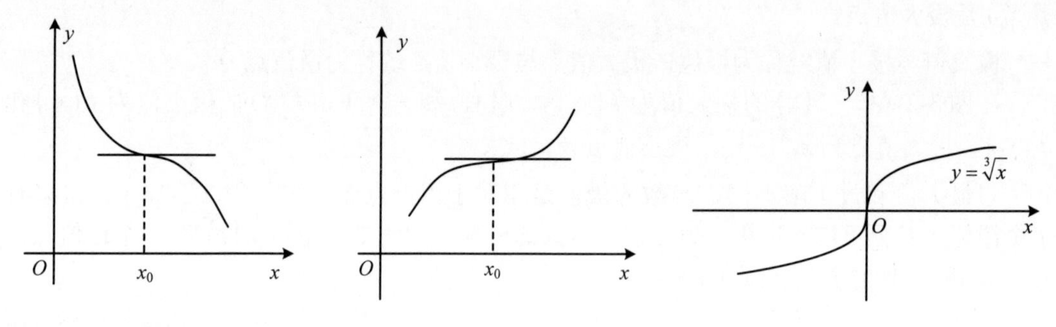


图 3-5　驻点不是函数的极值点　　　图 3-6　函数 $y=\sqrt[3]{x}$ 的图像

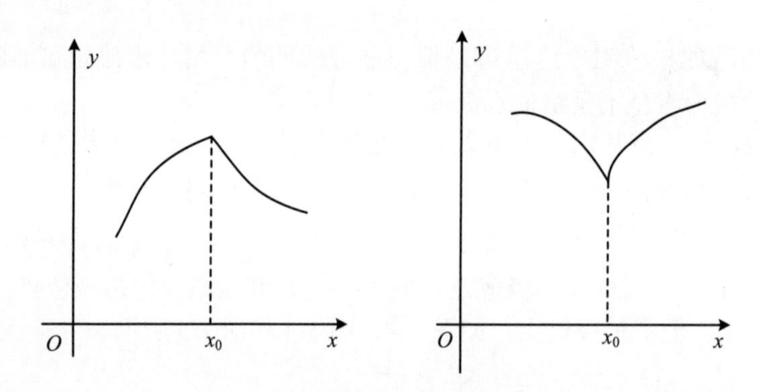


图 3-7　不可导点是函数极值点

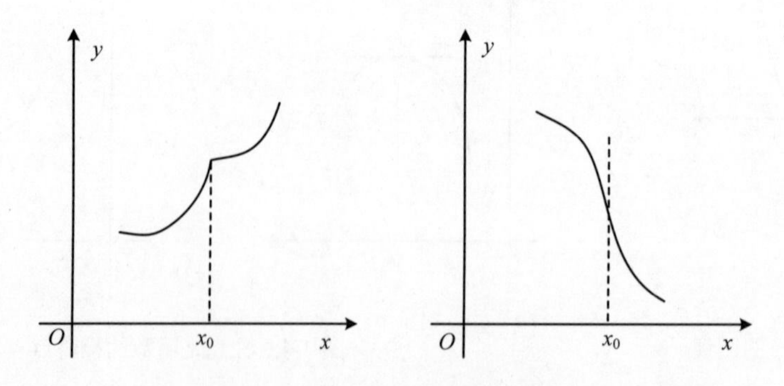


图 3-8　不可导点不是函数极值点

### 3.2.3　极值的判定定理

如何判定驻点和不可导点是不是极值点呢？观察极值点左、右两侧的导数变化。如图 3-9 所示，在极大值点左侧函数单调递增，极大值点右侧单调递减；而在极小值点左侧函数单调递减，右侧单调递增。结合单调性的判定定理得到极值的判定定理。

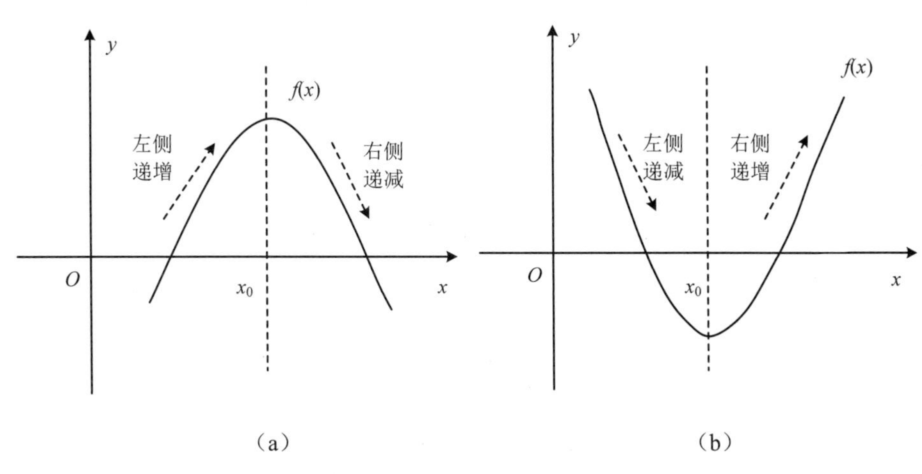


图 3-9　极值点左、右单调性

**定理 3-3（极值的判定定理）**　设函数 $f(x)$ 在点 $x_0$ 连续，在点 $x_0$ 附近（$x \neq x_0$）可导，有以下结论。

（1）如果当 $x < x_0$ 时，$f'(x) > 0$；当 $x > x_0$ 时，$f'(x) < 0$，则 $f(x_0)$ 是函数 $f(x)$ 的极大值。

（2）如果当 $x < x_0$ 时，$f'(x) < 0$；当 $x > x_0$ 时，$f'(x) > 0$，则 $f(x_0)$ 是函数 $f(x)$ 的极小值。

（3）如果在点 $x_0$ 的两侧，$f'(x)$ 的符号不变，则 $f(x_0)$ 不是函数 $f(x)$ 的极值。

**【例 3-2】** 求函数 $f(x) = 2x^3 - 6x^2 - 18x + 3$ 的极值。

解：函数的定义域为 $(-\infty, +\infty)$。

$f'(x) = 6x^2 - 12x - 18 = 6(x-3)(x+1)$，令 $f'(x) = 0$ 得到驻点 $x_1 = -1$，$x_2 = 3$。没有不可导点。列表

| $x$ | $(-\infty,-1)$ | $-1$ | $(-1,3)$ | $3$ | $(3,+\infty)$ |
|---|---|---|---|---|---|
| $f'(x)$ | + | 0 | − | 0 | + |
| $f(x)$ | ↗ | 极大值 | ↘ | 极小值 | ↗ |

所以，函数 $f(x)$ 有极大值 $f(-1)=13$，极小值 $f(3)=-51$。

### 3.2.4　使用 SymPy 求函数的极值

SymPy 中的 solver 模块提供了 solve 命令用于求解方程和不等式，格式为

```
1. solve(fn,symbols)
```

其中：

.fn 为函数表达式或不等式。

.symbols 为求解变量（可缺省）。

**【例 3-3】** 使用 SymPy 求解方程 $x^2-3x+2=0$ 和不等式 $x^2-3x+2>0$。（代码：ch3 极值与最值\3.2 函数的极值\例 3-3）

```
1. from sympy import *
2.
3. x = symbols('x')
4. f = x**2-3*x+2
5. print("方程 x**2-3*x+2=0 的解为: ",solve(f,x))              # 求解方程
6. print("不等式 x**2-3*x+2>0 的解为: ",solve(f>0,x))          # 求解不等式
```

运行结果：

```
[1, 2]
((-∞ < x) & (x < 1)) | ((2 < x) & (x < +∞))
```

**【例 3-4】** 使用 SymPy 求解方程组：

$$\begin{cases}4x-3y=5,\\3x+2y=8。\end{cases}$$

（代码：ch3 极值与最值\3.2 函数的极值\例 3-4）

```
1. from sympy import *
2.
3. x, y = symbols('x, y')
4. f1 = 4*x-3*y-5
5. f2 = 3*x+2*y-8
6. print(solve([f1,f2],[x,y]))                   # 求解方程组
```

运行结果：

```
{x: 2, y: 1}
```

**【例 3-5】** 使用 SymPy 求函数 $f(x)=2x^3-6x^2-18x+3$ 的极值。（代码：ch3 极值与最值\3.2 函数的极值\例 3-5）

```
1. from sympy import *
2.
3. x = symbols('x')
4. f=x**3-3*x**2-9*x+5                          # 建立函数
5. df = diff(f,x)                               # 求导数
6. print("驻点为：",solve(df,x))                  # 求驻点
7. print("单调递增区间为：",solve(df>0,x))          # 求单调递增区间
8. print("单调递减区间为：",solve(df<0))            # 求单调递减区间
```

运行结果：

```
[-1, 3]
((-oo < x) & (x < -1)) | ((3 < x) & (x < oo))
(-1 < x) & (x < 3)
```

## 3.3　函数的最值

在实践中常会要求在一定的范围内求解材料最省、产量最大、成本最低和路程最短等问题。这些问题都可以表达为求解一个函数的最大值或最小值。下面考虑如何求解连续函数 $f(x)$ 在区间 $[a,b]$ 上的最大值或最小值。

与极值类似，求解最值首先要确定可能的最值点。如图 3-10 所示，函数的最值出现在极值点或区间的端点处。所以可能的最值点为驻点、不可导点和区间的端点。

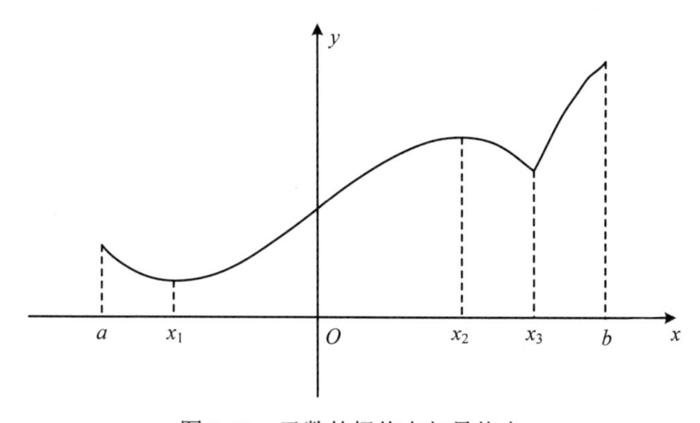


图 3-10　函数的极值点与最值点

确定可能的最值点后，对这些点的函数值进行大小比较，就可以得到函数的最值了。

**【例 3-6】** 求函数 $y = x^3 - 3x^2 - 9x + 5$ 在区间 $[-4,4]$ 上的最大值和最小值。

解：$y' = 3x^2 - 6x - 9 = 3(x-3)(x+1)$。

令 $y' = 0$ 得到驻点，$x_1 = -1$，$x_2 = 3$。

计算可能最值点处的函数值：$f(-4) = -71, f(-1) = 10, f(3) = -22, f(4) = -15$，所以 $f(x)$ 的最大值为 $f(-1) = 10$，最小值为 $f(-4) = -71$。

## 习题 3

1．求函数 $y = \frac{x^4}{4} - x^3$ 的单调区间与极值。

2．求函数 $y = x^2 e^{-x}$ 的单调区间与极值。

3．求下列函数在给定区间上的最大值与最小值。

（1）$y = x^4 - 8x^2 + 2, x \in [-1,3]$；

（2）$y = (2x-5)x^{\frac{2}{3}}$，$x \in [-1,2]$。

4．要做一个上底和下底为相同的正方形、容积为 108 $m^3$ 的长方体开口容器。问：此容器的底面边长和高各为多少时用料最省？

# 第 4 章　二元函数的导数与极值

**知识图谱：**

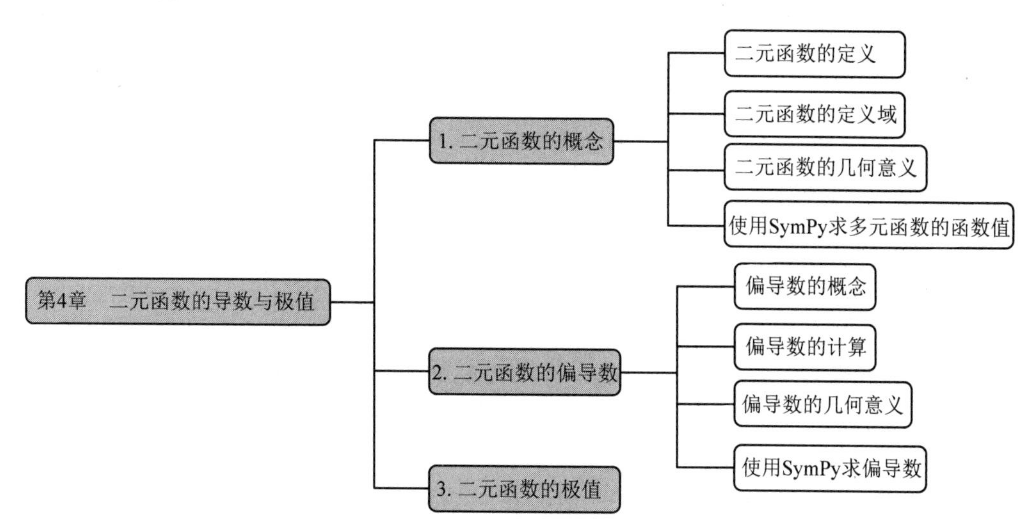


**学习目标：**

（1）理解二元函数的概念，理解二元函数的几何意义；
（2）理解偏导数的概念与几何意义，掌握偏导数的求解；
（3）理解二元函数极值的概念，掌握二元函数极值的求解；
（4）熟练掌握使用 SymPy 求多元函数的偏导数。

## 4.1　二元函数的概念

### 4.1.1　二元函数的定义

在一元函数 $y=f(x)$ 中，$y$ 由 $x$ 决定，$y$ 随着 $x$ 的变化而变化。但在神经网络中，每个神经元的输出 $y$ 由多个输入 $x_1,x_2,\cdots,x_n$ 决定，表现为多个自变量和一个因变量。这里抽象为多元函数。本章以二元函数为例，读者可以自行推广到多元函数。

**定义 4-1**　设 $D$ 是平面上的一个点集，如果通过对应法则 $f$，$D$ 中的任意一个元素

$P(x,y)$，都有唯一的一个元素 $z \in \mathbf{R}$ 与之对应，则称 $f(x, y)$为定义在 $D$ 上的一个**二元函数**，记为

$$z = f(x,y),\quad (x,y) \in D$$

或

$$z = f(P),\quad P \in D 。$$

其中，$D$ 称为该函数的**定义域**，$x,y$ 称为**自变量**，$z$ 称为**因变量**。函数值 $f(x,y)$ 的全体构成的集合称为函数的**值域**，记为 $f(D)$。函数 $z = f(x,y)$ 在点 $(x_0,y_0)$ 处的函数值记为 $f(x_0,y_0)$。

例如，矩形面积 $A(x,y) = xy$，面积 $A$ 是边长 $x$ 和 $y$ 的二元函数。边长分别为 10 cm 和 20 cm 的矩形面积为 $A(10,20) = 10 \times 20 = 200\ \text{cm}^2$。

### 4.1.2　二元函数的定义域

二元函数的定义域是 $xOy$ 平面上的一个区域，如图 4-1 所示。

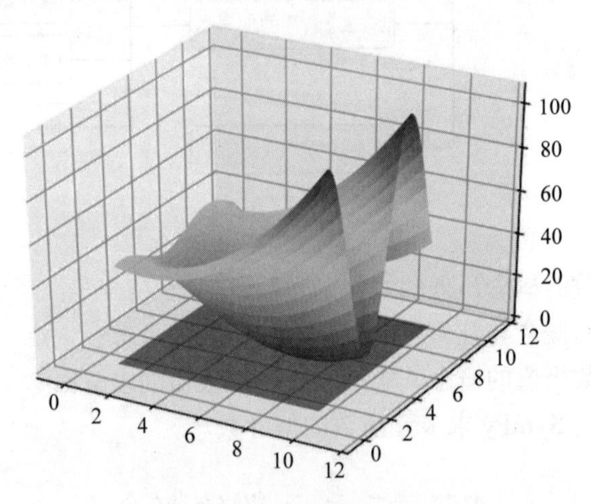


图 4-1　二元函数图像

**【例 4-1】** 求函数 $z = \sqrt{x} + \ln\left(4 - x^2 - y^2\right)$ 的定义域。

解：要使函数有意义，必须满足 $x \geqslant 0$ 且 $4 - x^2 - y^2 > 0$，所以函数的定义域为 $\left\{(x,y) \middle| x \geqslant 0 \text{且} x^2 + y^2 < 2^2\right\}$。对应 $xOy$ 上圆心在原点，半径为 2 的右半圆（包括划分直径）。

## 4.1.3　二元函数的几何意义

设 $z = f(x,y)$ 的定义域为 $xOy$ 平面上的一个区域 $D$，对于 $D$ 中的每一点 $P(x,y)$，都有唯一的一个值 $z$ 与之对应，这样的有序序列 $(x,y,z)$ 与空间中的一个点 $M(x,y,z)$ 对应。当点 $P$ 在 $D$ 内变动时，对应的点 $M$ 就构成了空间的一个曲面，该曲面在 $xOy$ 平面上的投影即为函数的定义域，如图 4-2 所示。

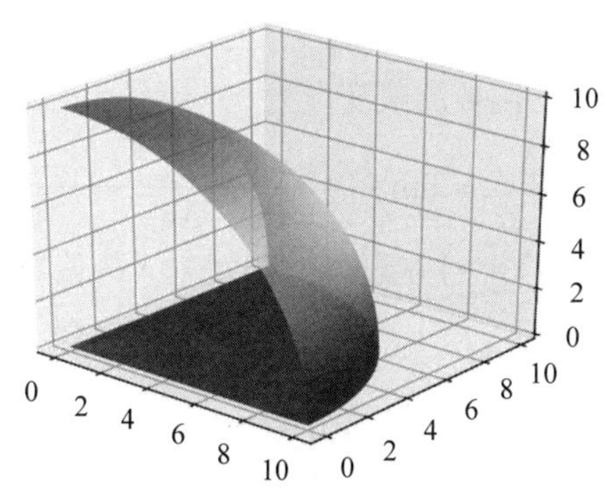


图 4-2　二元函数的几何意义

例如，二元函数 $z = \sqrt{R^2 - x^2 - y^2}$ 的图像是球心在原点，半径为 $R$ 的上半球面。定义域为 $xOy$ 平面中，圆心在原点，半径为 $R$ 的圆。

## 4.1.4　使用 SymPy 求多元函数的函数值

与一元函数求函数值类似，SymPy 中的 subs 函数也可以用于求多元函数的函数值。

**【例4-2】** 设函数 $f(x,y,z) = x^2 + 7y + z$，求 $f(2,4,1)$。（代码：ch4 二元函数的导数与极值\4.1 二元函数的概念\例 4-2）

```
1. from sympy import *
2.
3. x, y, z = symbols('x y z')
4. f = x ** 2 + 7 * y + z
5. print('f(x,y,z)= ',f)
6. print("f(2,4,1)= ",f.subs([(x,2), (y,4), (z,1)]))
```

运行结果：

```
f(x,y,z)=  x**2 + 7*y + z
f(2,4,1)=  33
```

## 4.2　二元函数的偏导数

### 4.2.1　偏导数的概念

对于函数 $z=f(x,y)$，也需要考虑当自变量 $x$ 或 $y$ 变化时，函数值 $z$ 的变化率。由于有多个自变量，这里称这个变化率为偏导数。

**定义 4-2**　设函数 $z=f(x,y)$ 在点 $P_0(x_0,y_0)$ 的某个邻域内有定义。当自变量 $y$=$y_0$ 保持不变，$x$ 在 $x_0$ 处有增量 $\Delta x$ 时，函数的改变量为 $\Delta_x z=f(x_0+\Delta x,y_0)-f(x_0,y_0)$。如果

$$\lim_{\Delta x\to 0}\frac{\Delta_x z}{\Delta x}=\lim_{\Delta x\to 0}\frac{f(x_0+\Delta x,y_0)-f(x_0,y_0)}{\Delta x} \tag{4-1}$$

存在，则称此极限为函数 $z=f(x,y)$ 在点 $(x_0,y_0)$ 处对 $x$ 的**偏导数**，记作

$$\left.\frac{\partial z}{\partial x}\right|_{\substack{x=x_0\\y=y_0}} \text{或} \left.\frac{\partial f}{\partial x}\right|_{\substack{x=x_0\\y=y_0}} \text{或} f'_x(x_0,y_0) \text{或} \left.z'_x\right|_{\substack{x=x_0\\y=y_0}}。$$

如果函数 $z=f(x,y)$ 在区域 $D$ 上每一点 $(x,y)$ 处都存在对 $x$ 的偏导数，则此偏导数是变量 $x,y$ 的函数，称为函数 $z=f(x,y)$ 在区域 $D$ 上对 $x$ 的**偏导函数**（简称偏导数），记作

$$\frac{\partial z}{\partial x}，\frac{\partial f}{\partial x}，z_x \text{或} f_x(x,y)。$$

类似地，可以定义函数对自变量 $y$ 的偏导数，记作

$$\frac{\partial z}{\partial y}，\frac{\partial f}{\partial y}，z_y \text{或} f_y(x,y)。$$

二元函数的偏导数概念可以推广到三元及三元以上的函数。

### 4.2.2　偏导数的计算

根据偏导数的定义，求 $\frac{\partial z}{\partial x}$ 时把 $y$ 看作常数，此时 $z$ 是 $x$ 的一元函数，可以使用一元函数的求导法则求 $\frac{\partial z}{\partial x}$。

**【例 4-3】** 求函数 $z=x^8+3x^2y+y^2$ 的偏导数 $\frac{\partial z}{\partial x}$，$\frac{\partial z}{\partial y}$ 及 $\left.\frac{\partial z}{\partial y}\right|_{\substack{x=1\\y=2}}$。

解：$\frac{\partial z}{\partial x}=8x^7+6xy$，

$$\frac{\partial z}{\partial y}=3x^2+2y,$$

$$\left.\frac{\partial z}{\partial y}\right|_{\substack{x=1\\y=2}}=3\times1^2+2\times2=7。$$

**【例 4-4】** 求函数 $z=y\mathrm{e}^{x^2+y^2}$ 的偏导数 $\frac{\partial z}{\partial x}$，$\frac{\partial z}{\partial y}$。

解：对 $x$ 求导时，将 $y$ 看作常数，这时函数 $z$ 是 $x$ 的复合函数，将 $x^2+y^2$ 作为中间变量。

$$\frac{\partial z}{\partial x}=\frac{\partial z}{\partial\left(x^2+y^2\right)}\cdot\frac{\partial\left(x^2+y^2\right)}{\partial x}=y\mathrm{e}^{x^2+y^2}2x=2xy\mathrm{e}^{x^2+y^2}。$$

对 $y$ 求导时，将 $x$ 看作常数，这时函数 $z$ 是 $y$ 的复合常数，将 $x^2+y^2$ 作为中间变量。

$$\frac{\partial z}{\partial y}=\mathrm{e}^{x^2+y^2}+y\frac{\partial\mathrm{e}^{x^2+y^2}}{\partial\left(x^2+y^2\right)}\cdot\frac{\partial\left(x^2+y^2\right)}{\partial y}=\mathrm{e}^{x^2+y^2}+2y^2\mathrm{e}^{x^2+y^2}=\left(1+2y^2\right)\mathrm{e}^{x^2+y^2}。$$

### 4.2.3　偏导数的几何意义

一元函数导数 $f'\left(x_0\right)$ 的几何意义是曲线 $y=f\left(x\right)$ 在点 $x_0$ 处切线的斜率。二元函数也有类似的几何意义。

设 $M_0\left[x_0,y_0,f\left(x_0,y_0\right)\right]$ 是曲面 $z=f\left(x,y\right)$ 上的一点，过点 $M_0$ 作平面 $y=y_0$，则 $z=f\left(x,y_0\right)$ 表示曲面 $z=f\left(x,y\right)$ 与平面 $y=y_0$ 相交而成的一条曲线。则偏导数 $f_x'\left(x_0,y_0\right)=\left.\frac{\mathrm{d}}{\mathrm{d}x}f\left(x,y_0\right)\right|_{x=x_0}$ 表示曲面 $z=f\left(x,y\right)$ 被平面 $y=y_0$ 所截的曲线在点 $M_0$ 处切线的斜率。$f_x'\left(x_0,y_0\right)$ 反映了函数 $z=f\left(x,y\right)$ 在点 $M\left(x_0,y_0\right)$ 处沿着 $x$ 轴方向变化的快慢程度，如图 4-3 所示。

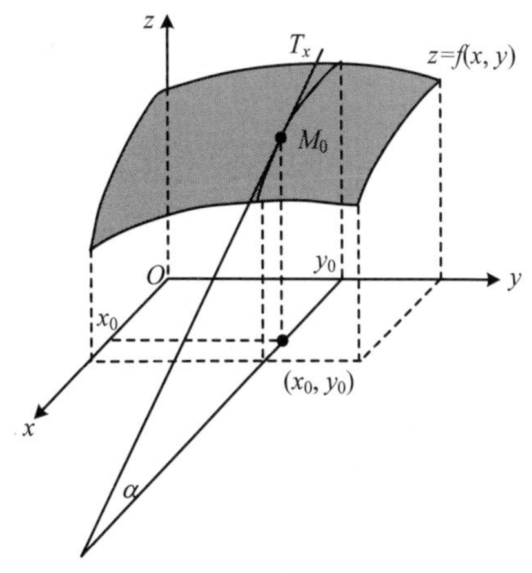


图 4-3　偏导数的几何意义

同样，偏导数 $f_y'\left(x_0,y_0\right)=\left.\frac{\mathrm{d}}{\mathrm{d}y}f\left(x_0,y\right)\right|_{y=y_0}$ 表示曲面 $z=f\left(x,y\right)$ 被平面 $x=x_0$ 所截的曲线在点 $M_0$ 处切线的斜率。$f_y'\left(x_0,y_0\right)$ 反映了函数 $z=f\left(x,y\right)$ 在点 $M\left(x_0,y_0\right)$ 处沿着 $y$ 轴方向变化的快慢程度。

### 4.2.4　使用 SymPy 求偏导数

和一元函数求导一样，多元函数也可以使用 diff 命令求偏导数。

**【例 4-5】** 求多元函数 $f(x,y)=5x^3y^3-8y$ 的偏导数 $\frac{\partial f}{\partial x},\frac{\partial f}{\partial y}$。(代码：ch4 多元函数的导数与极值\4.2 使用 SymPy 求偏导数.py。)

```
1. from sympy import *
2.
3. x, y = symbols('x,y')
4. f = 5*x**3*y**3-8*y
5. print('f=',f)
6. fx = diff(f, x)
7. print("fx= ",fx)
8. fy = diff(f, y)
9. print("fy= ",fy)
```

运行结果：

```
f= 5*x**3*y**3 - 8*y
fx=  15*x**2*y**3
fy= 15*x**3*y**2-8
```

## 4.3　二元函数的极值

**定义 4-3**　设 $P_0(x_0,y_0)$ 是函数 $z=f(x,y)$ 的定义域 $D$ 内一点，若 $z=f(x, y)$ 在点 $P_0$ 的某一邻域内有定义，且对于该邻域内所有其余点 $P(x,y)$，都有

$$f(x,y)<f(x_0,y_0) \quad 或 \quad f(x,y)>f(x_0,y_0),$$

则称 $f(x_0,y_0)$ 是函数 $z=f(x,y)$ 的**极大值**（或**极小值**），称 $P_0$ 是 $z=f(x,y)$ 的**极大值点**（或**极小值点**）。极大值与极小值统称为**极值**；极大值点与极小值点统称为**极值点**。

例如，函数 $f(x,y)=x^2+y^2$ 在点 $(0,0)$ 处有极小值 0。

如果函数 $z=f(x,y)$ 在点 $P_0(x_0,y_0)$ 处取得极值，那么对应的一元函数 $z_1=f(x,y_0)$ 也在 $x=x_0$ 处取得极值，即 $\left.\frac{\mathrm{d}z_1}{\mathrm{d}x}\right|_{x=x_0}=0$。同理，$z_2=f(x_0,y)$ 在 $y=y_0$ 处取得极值，所以 $\left.\frac{\mathrm{d}z_2}{\mathrm{d}y}\right|_{y=y_0}=0$。由于 $\left.\frac{\mathrm{d}z_1}{\mathrm{d}x}\right|_{x=x_0}=\left.\frac{\partial z}{\partial x}\right|_{\substack{x=x_0\\y=y_0}}$，$\left.\frac{\mathrm{d}z_2}{\mathrm{d}y}\right|_{y=y_0}=\left.\frac{\partial z}{\partial y}\right|_{\substack{x=x_0\\y=y_0}}$，因此有下面的定理。

**定理 4-1（极值存在的必要条件）** 如果函数 $z=f(x,y)$ 在点 $P_0(x_0,y_0)$ 处取得极值，且偏导数 $\frac{\partial f}{\partial x}=f_x(x,y)$，$\frac{\partial f}{\partial y}=f_y(x,y)$ 存在，则必有

$$\frac{\partial f}{\partial x}=f_x(x,y)=0\text{，}\ \frac{\partial f}{\partial y}=f_y(x,y)=0\text{。}$$

与一元函数类似，使 $f_x(x,y)=0$，$f_y(x,y)=0$ 同时成立的点 $P_0(x_0,y_0)$，称为函数 $z=f(x,y)$ 的**驻点**。例如，函数 $f(x,y)=x^2+y^2$ 在点 $(0,0)$ 处有极小值 0，且

$$\begin{cases} f_x\big|_{\substack{x=0\\y=0}}=2x\big|_{\substack{x=0\\y=0}}=0, \\ f_y\big|_{\substack{x=0\\y=0}}=2y\big|_{\substack{x=0\\y=0}}=0\text{。} \end{cases}$$

所以，$(0,0)$ 是函数 $f(x,y)=x^2+y^2$ 的一个驻点。但是驻点不一定是极值点。例如，函数 $f(x,y)=x^2-y^2$ 有驻点 $(0,0)$，但是 $(0,0)$ 不是极值点。如图 4-4 所示。

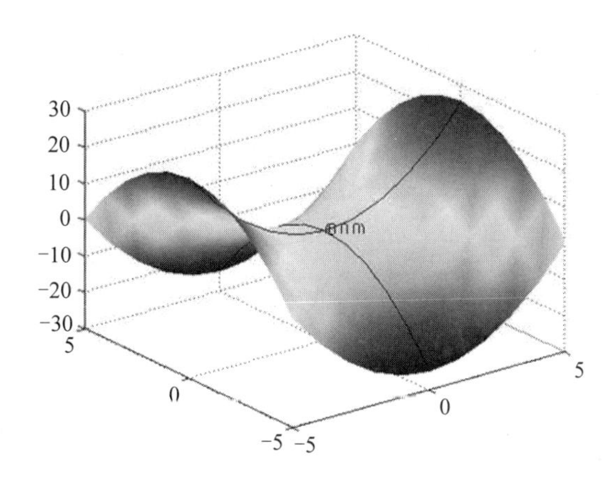


图 4-4　函数 $f(x,y)=x^2+y^2$

驻点可能是极值点，也可能不是。如何判定一个驻点是不是极值点，是极大值点还是极小值点呢？与一元函数极值的判定类似，可以用偏导数进行判定。

**定理 4-2（极值存在的充分条件）** 设 $P_0(x_0,y_0)$ 为函数 $z=f(x,y)$ 的驻点，且函数在点 $P_0$ 的邻域内有二阶连续偏导数，记

$$A=f_{xx}(x_0,y_0),B=f_{xy}(x_0,y_0),C=f_{yy}(x_0,y_0),\Delta=B^2-AC \tag{4-2}$$

则

（1）当 $\Delta<0$ 时，$P_0$ 是函数 $f(x,y)$ 的极值点；且如果 $A>0$，$P_0$ 为极小值点；如果

$A<0$，$P_0$为极大值点；

（2）当$\Delta>0$时，$P_0$不是函数$f(x,y)$的极值点；

（3）当$\Delta=0$时，不能判定$P_0$是否是函数$f(x,y)$的极值点。

**【例 4-6】** 求函数$f(x,y)=x^3-12xy+8y^3$的极值。

解：求偏导数后解方程组

$$\begin{cases}\dfrac{\partial z}{\partial x}=3x^2-12y=0,\\ \dfrac{\partial z}{\partial y}=-12x+24y^2=0,\end{cases}$$

得到驻点$(0,0)$，$(2,1)$。

$$f_{xx}=6x, f_{xy}=-12, f_{yy}=48y\text{。}$$

对于驻点$(0,0)$，有$A=0$，$B=-12$，$C=0$，则$\Delta=B^2-AC=144>0$，所以驻点$(0,0)$不是极值点。

对于驻点$(2,1)$，有$A=12$，$B=-12$，$C=48$，则$\Delta=B^2-AC=-432<0$，且$A=12>0$，所以驻点$(2,1)$是极小值点，且极小值为−8。

# 习题 4

1. 求下列函数的定义域。

（1）$z=\ln(y-x^2)+\sqrt{1-y-x^2}$；

（2）$z=\arcsin(x+y)$。

2. 求下列函数的极限。

（1）$\lim\limits_{(x,y)\to(0,0)}\dfrac{\sin 2(x^2+y^2)}{x^2+y^2}$；　（2）$\lim\limits_{(x,y)\to(0,0)}\dfrac{2-\sqrt{xy+4}}{xy}$；

（3）$\lim\limits_{(x,y)\to(0,0)}\dfrac{\sin(xy)}{x}$。

3. 求下列函数的偏导数。

（1）$z=\mathrm{e}^x\sin y$；　（2）$z=\mathrm{e}^{xy}$；

（3）$z=\sqrt{x^2+y^2}$，求$f_x(1,2)$。

4. 求下列函数的极值。

（1）$z=x^3-3xy+y^3$；　（2）$z=x^2+y^3-6xy+18x-39y+16$。

# 第 5 章　最优化基础：梯度下降法

**知识图谱：**

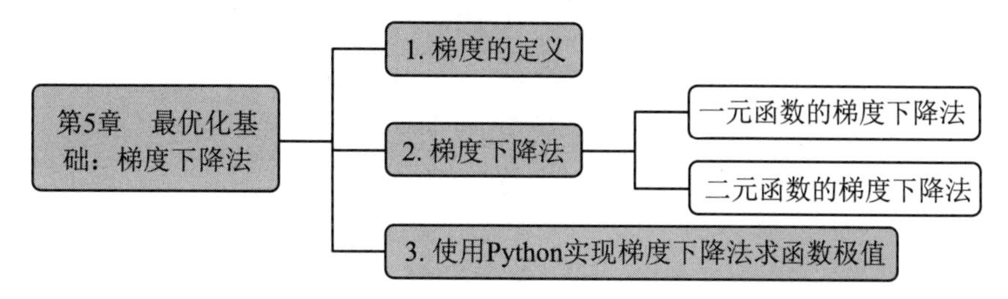


**学习目标：**

（1）理解梯度的定义与几何意义；
（2）掌握使用数值方法计算梯度的方法；
（3）理解梯度下降法的思想，了解梯度下降法的步骤；
（4）熟练使用 Python 实现梯度下降法求函数的极值。

## 5.1　梯度的定义

**定义 5-1**　设函数 $z=f(x,y)$ 在平面区域 $D$ 内有一阶连续偏导数，则对于 $D$ 内每一点 $P(x,y)$，称向量 $\left\langle\frac{\partial z}{\partial x},\frac{\partial z}{\partial y}\right\rangle$ 为函数 $z=f(x,y)$ 在点 $P(x,y)$ 处的**梯度**，记为 $\nabla f$，即

$$\nabla f=\left\langle\frac{\partial z}{\partial x},\frac{\partial z}{\partial y}\right\rangle。\tag{5-1}$$

**【例 5-1】** 求函数 $z=x^2+3x+y^2$ 的梯度 $\nabla f$ 及 $\nabla f(2,3)$。

解：$\frac{\partial z}{\partial x}=2x+3$，$\frac{\partial z}{\partial y}=2y$，所以 $\nabla f=\left\langle\frac{\partial z}{\partial x},\frac{\partial z}{\partial y}\right\rangle=\langle 2x+3,2y\rangle$，$\nabla f(2,3)=\langle 7,6\rangle$。

数学上可以证明，梯度方向是函数值增长最快的方向，而负梯度方向则是函数值下降最快的方向，如图 5-1 所示。

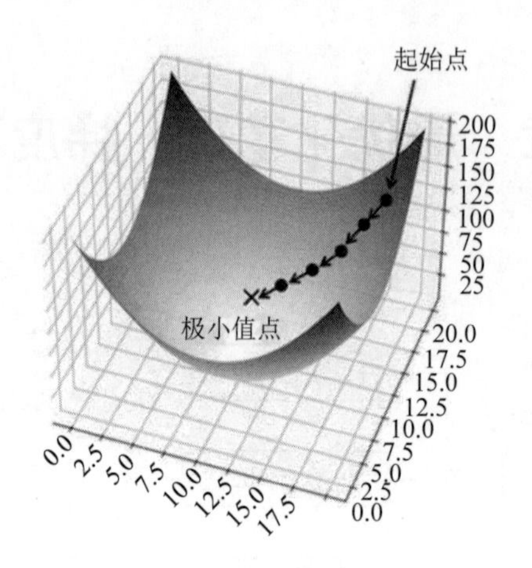


图 5-1 梯度下降

# 5.2 梯度下降法

## 5.2.1 一元函数的梯度下降法

对于复杂的非线性函数，直接使用极值的判定定理难以求解极值。所以，这里考虑采用逐步逼近的方式。第一步确定一个初始点 $x_0$，然后从 $x_0$ 出发找到一个合适的方向前进 $\Delta x_1$，到达 $x_1$ 使得 $f(x_1)<f(x_0)$。第二步从 $x_1$ 出发找到合适的方向前进 $\Delta x_2$，达到 $x_2$ 使得 $f(x_2)<f(x_1)$。……从而沿着 $x_0,x_1,x_2,\cdots,x_n,\cdots$ 逐步到达极小值点 $x^*$。如何确定 $\Delta x_i$ 呢？

根据微分的意义，$\Delta y \approx f'(x_0)\Delta x$，当 $x=x_0+\Delta x$ 且 $\Delta x$ 很小时有 $f(x)-f(x_0)=f'(x_0)\Delta x$，即 $f(x)=f(x_0)+f'(x_0)\Delta x$。

为了找到合适的 $\Delta x$，使得 $x_1=x_0+\Delta x$ 满足 $f(x_1)=f(x_0)+f'(x_0)\Delta x<f(x_0)$，必须满足 $f'(x_0)\Delta x<0$。令 $\Delta x=-\alpha f'(x_0)$，其中 $\alpha>0$，有

$$f(x)=f(x_0)+f'(x_0)\left[-\alpha f'(x_0)\right]=f(x_0)-\alpha\left[f'(x_0)\right]^2<f(x_0)。$$

则 $x_1=x_0+\Delta x=x_0-\alpha f'(x_0)$ 满足条件，即沿着负梯度的方向前进可以使函数值减小。同理

$$x_2=x_1-\alpha f'(x_1)，\quad f(x_2)<f(x_1),$$

$$\cdots\cdots\cdots$$

$$x_n=x_{n-1}-\alpha f'(x_{n-1})，\quad f(x_n)<f(x_{n-1}) \tag{5-2}$$

从而得到一个序列 $x_0,x_1,x_2,\cdots,x_n,\cdots$，其中 $x_0$ 是初始点，由计算者任意选定。当

$f(x)$ 满足一定条件时，这一序列必收敛于 $f(x)$ 的最小值点 $x^*$。这里 $x$ 前进的方向是 $-f'(x_k)$，前进的步长是 $\alpha$。如图 5-2 所示。

使用梯度下降法求 $y=f(x)$ 极小值的步骤如下。

（1）取初始点 $x_0$，置 $k=0$，设定步长 $\alpha$、收敛精度 $\varepsilon$；

（2）计算函数值 $f(x_k)$ 及导数 $f'(x_k)$；

（3）令 $x_{k+1}=x_k-\alpha f'(x_k)$；

（4）如果 $|f'(x_{k+1})|<\varepsilon$，则停止迭代，令 $x^*=x_{k+1}$ 输出结果；否则令 $x_k=x_{k+1}$，返回步骤（2）。

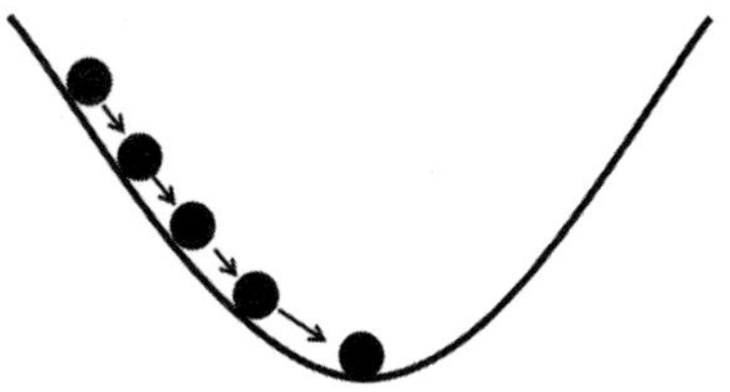

图 5-2　一元函数的梯度下降法

## 5.2.2　二元函数的梯度下降法

二元函数的梯度下降法与一元函数类似。根据全微分公式

$$f(x,y)=f(x_0,y_0)+f_x'\Delta x+f_y'\Delta y\text{，} \tag{5-3}$$

其中 $x=x_0+\Delta x$，$y=y_0+\Delta y$。要使 $f(x,y)<f(x_0,y_0)$，需满足 $f_x'\Delta x+f_y'\Delta y<0$。令 $\Delta x=-\alpha f_x'$，$\Delta y=-\alpha f_y'$，有

$$f(x,y)=f(x_0,y_0)-\alpha(f_x')^2-\alpha(f_y')^2<f(x_0,y_0)\text{，} \tag{5-4}$$

即 $x=x_0-\alpha f_x'$，$y=y_0-\alpha f_y'$ 满足条件。记 $\boldsymbol{\theta}=\begin{bmatrix}x\\y\end{bmatrix}$，将 $x,y$ 写成向量形式为

$$\boldsymbol{\theta}=\boldsymbol{\theta}_0-\alpha\begin{bmatrix}f_x'\\f_y'\end{bmatrix}=\boldsymbol{\theta}_0-\alpha\nabla f\text{。} \tag{5-5}$$

所以每次变量前进的方向为负梯度方向 $-\nabla f$，前进的步长为 $\alpha$（也称为学习率）时，得到序列

$$\begin{gathered}\boldsymbol{\theta}_1=\boldsymbol{\theta}_0-\alpha\nabla f(\boldsymbol{\theta}_0)\\\boldsymbol{\theta}_2=\boldsymbol{\theta}_1-\alpha\nabla f(\boldsymbol{\theta}_1)\\\cdots\cdots\cdots\cdots\\\boldsymbol{\theta}_n=\boldsymbol{\theta}_{n-1}-\alpha\nabla f(\boldsymbol{\theta}_{n-1})\\\cdots\cdots\cdots\cdots\end{gathered}$$

可以证明 $(x,y)$ 处的负梯度方向 $-\nabla f(x,y)$ 也是这一点处函数值下降最快的方向。通过选取合适的步长 $\alpha$ 迭代，最终序列 $\boldsymbol{\theta}_0,\boldsymbol{\theta}_1,\cdots,\boldsymbol{\theta}_k,\cdots$ 将收敛于极小值点 $\boldsymbol{\theta}^*=(x^*,y^*)$。如图 5-3 所示。

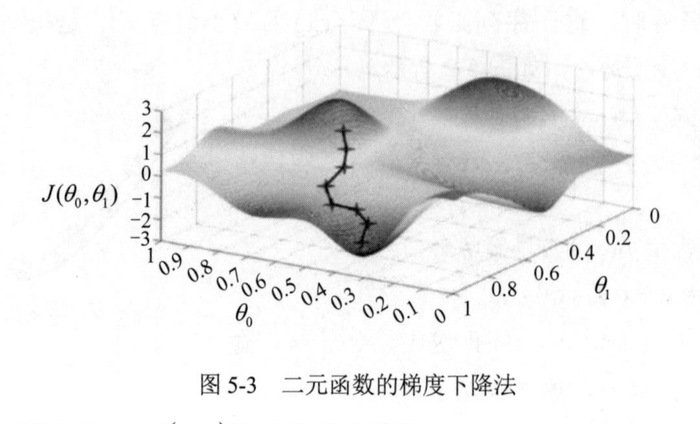


图 5-3　二元函数的梯度下降法

使用梯度下降法求 $z=f(x,y)$ 极小值的步骤如下。

（1）取初始点 $\boldsymbol{\theta}_0(x_0,y_0)$，置 $k$=0，设定步长 $\alpha$ 、收敛精度 $\varepsilon_x$ 与 $\varepsilon_y$ ；

（2）计算函数值 $f(\theta_k)$ 及函数在点 $\theta_k(x_k, y_k)$ 处的梯度 $\nabla f(\theta_k)$；

（3）令 $\theta_{k+1}=\theta_k-\alpha\nabla f(\theta_k)$，即令 $x_{k+1}=x_k-\alpha f_x'(\theta_k)$ $y_{k+1}=y_k-\alpha f_y'(\theta_k)$；

（4）如果 $|f_x'(\theta_{k+1})|<\varepsilon_x$ 且 $|f_y'(\theta_{k+1})|<\varepsilon_y$，则停止迭代，令 $\theta^*=\theta_{k+1}$ 输出结果，否则令 $\theta_k=\theta_{k+1}$，返回步骤（2）。

**【例5-2】** 使用梯度下降法求函数 $f(x,y)=x^2+y^2$ 的极小值，初始点为 $(1,2)$，如图 5-4 所示。

解：$\nabla_x f=2x$，$\nabla_y f=2y$，设定步长 $\alpha=0.4$，初始值 $x_0=1$，$y_0=2$，$\nabla_x f\ (x_0,y_0)=2$，$\nabla_y f(x_0,y_0)=4$，$f(x_0,y_0)=5$。

第 1 次迭代：$x_1=x_0-\alpha\nabla_x f(x_0,y_0)=1-0.4\times2=0.2$，

$y_1=y_0-\alpha\nabla_x f(x_0,y_0)=2-0.4\times4=0.4$，

$\nabla_x f(x_1,y_1)=0.4$，$\nabla_y f(x_1,y_1)=0.8$，$f(x_1,y_1)=0.2$。

第 2 次迭代：$x_2=x_1-\alpha\nabla_x f(x_1,y_1)=0.2-0.4\times0.4=0.04$，

$y_2=y_1-\alpha\nabla_x f(x_1,y_1)=0.4-0.4\times0.4=0.08$，

$\nabla_x f(x_2,y_2)=0.08$，$\nabla_y f(x_2,y_2)=0.16$，$f(x_1,y_1)=0.008$。

……………

第 6 次迭代：$x_6=x_5-\alpha\nabla_x f(x_5,y_5)=0.00032-0.4\times0.00064=0.000064$，

$y_6=y_5-\alpha\nabla_x f(x_5,y_5)=0.00064-0.4\times0.00128=0.000128$，

$\nabla_x f(x_2,y_2)=0.000128$，$\nabla_y f(x_2,y_2)=0.000256$，

$f(x_1,y_1)=2.048\text{E}-08$。

| 迭代次数 | $x$ | $y$ | $\nabla_x f$ | $\nabla_y f$ | $f(x, y)$ |
|---|---|---|---|---|---|
| 0 | 1 | 2 | 2 | 4 | 5 |
| 1 | 0.2 | 0.4 | 0.4 | 0.8 | 0.2 |
| 2 | 0.04 | 0.08 | 0.08 | 0.16 | 0.008 |
| 3 | 0.008 | 0.016 | 0.016 | 0.032 | 0.00032 |
| 4 | 0.0016 | 0.0032 | 0.0032 | 0.0064 | 0.0000128 |
| 5 | 0.00032 | 0.00064 | 0.00064 | 0.00128 | 5.12E-07 |
| 6 | 6.4E-05 | 0.000128 | 0.000128 | 0.000256 | 2.048E-08 |

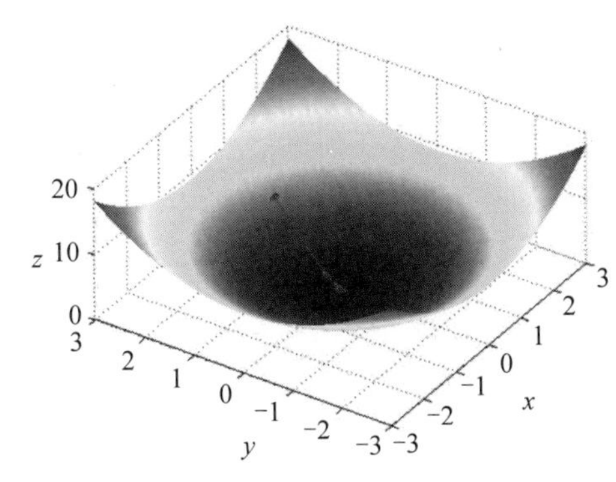


图 5-4　使用梯度下降法求函数 $f(x,y)=x^2+y^2$ 的极小值

在神经网络训练等实际应用中，步长 $\alpha$ 一般不宜过大，$\alpha$ 过大时迭代过程会出现振荡现象。如图 5-5 所示。机器学习中一般选择 $\alpha$ 的值为 0.001～0.01。

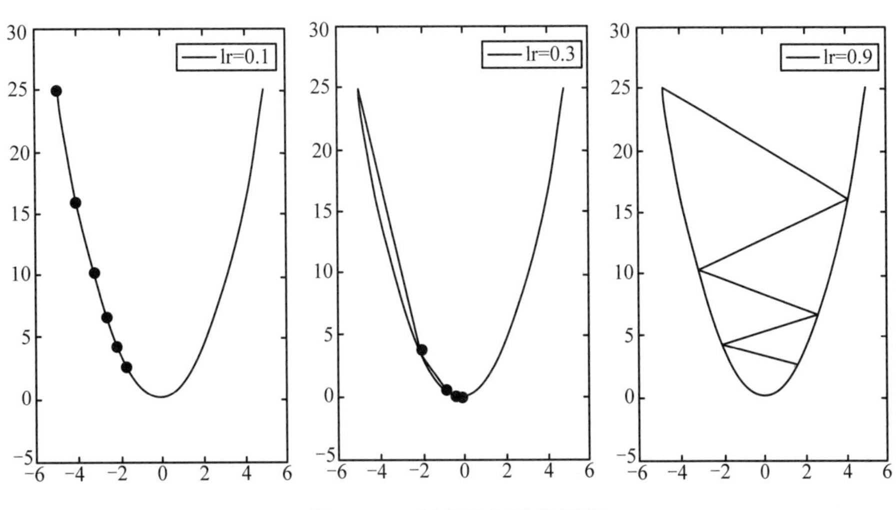


图 5-5　$\alpha$ 过大引起迭代振荡

梯度下降法具有实现简单且总是沿着梯度下降的方向搜索的特点。但是在远离极小值的地方下降很快，而在靠近极小值的地方下降很慢，导致后期收敛速度慢。而且在多峰值情形下，常走“之”字形路线。针对这些缺点，tensorflow 等提供了许多改进算法，如 RMSprop、Adagrad、Adadelta、Adam 等。如图 5-6 所示。

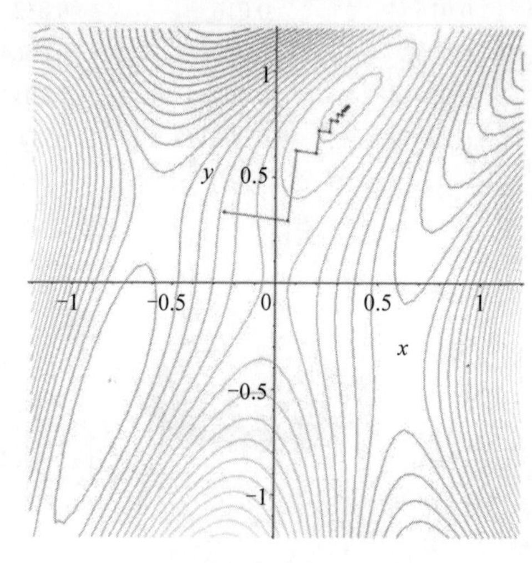


图 5-6　“之”字形路线搜索①

## 5.3　使用 Python 实现梯度下降法求函数极值

使用 Python 可以编程实现梯度下降法。

**【例 5-3】** 使用 Python 实现梯度下降法，求解 $z = x^2 + y^2$ 的极小值，初始点为 $(1,2)$。（代码：ch5 最优化基础：梯度下降法\5.3 使用 python 实现梯度下降法\例 5-3）

```
1. from sympy import *
2. # 参数初始化
3. max_iters = 1000              # 最大迭代次数
4. cur_x = 1                     # 当前 x 值
5. cur_y = 2
6. precision = 0.00001           # 终止精度，当梯度小于 precision 时，视为收敛
7. learning_rate = 0.01          # 学习率，即步长
8. # 建立函数
9. x, y = symbols('x,y')
10. f = x**2+y**2
```

① 注：该图取自 https://encyclopedia.thefreedictionary.com/Gradient+descent。

```
11.
12. # 循环优化
13. for i in range(max_iters):
14.     df_x = diff(f, x)                               # 求对 x 的偏导数
15.     grad_x = df_x.evalf(subs={x:cur_x})             # 求在当前 cur_x 下的梯度值
16.     df_y = diff(f, y)                               # 求对 y 的偏导数
17.     grad_y = df_y.evalf(subs={y:cur_y})             # 求在当前 cur_y 下的梯度值
18.     if (abs(grad_x)  < precision) and (abs(grad_y)  < precision):
19.         break  # 当梯度小于指定精度precision时，视为收敛
20.     cur_x = cur_x - grad_x * learning_rate  # 更新当前 cur_x 坐标
21.     cur_y = cur_y - grad_y * learning_rate  # 更新当前 cur_y 坐标
22.     print("第", i, "次迭代: x =", cur_x,'y = ', cur_y)
23. print("局部最小值点 x =", cur_x)
24. print("y=", cur_y)
25. print("局部最小值 f(x,y) =", f.evalf(subs={x:cur_x,y:cur_y}))
```

运行结果：

```
第 0 次迭代: x = 0.980000000000000 y =  1.96000000000000
第 1 次迭代: x = 0.960400000000000 y =  1.92080000000000
第 2 次迭代: x = 0.941192000000000 y =  1.88238400000000
第 3 次迭代: x = 0.922368160000000 y =  1.84473632000000
第 4 次迭代: x = 0.903920796800000 y =  1.80784159360000
第 5 次迭代: x = 0.885842380864000 y =  1.77168476172800
… … … …
第 634 次迭代: x = 2.68261324631869e-6 y =  5.36522649263739e-6
第 635 次迭代: x = 2.62896098139232e-6 y =  5.25792196278464e-6
第 636 次迭代: x = 2.57638176176447e-6 y =  5.15276352352895e-6
第 637 次迭代: x = 2.52485412652918e-6 y =  5.04970825305837e-6
第 638 次迭代: x = 2.47435704399860e-6 y =  4.94871408799720e-6
极小值点 x = 2.47435704399860e-6
        y = 4.94871408799720e-6
极小值 f(x,y) = 3.06122139059275e-11
```

# 习题 5

1. 使用梯度下降法求函数 $f(x)=2\mathrm{e}^{-x}\sin x$ 在区间 $(2,7)$ 内的极小值，目标精度为 $10^{-6}$。

2. 使用梯度下降法求函数 $z=(x-3)^2+y^2-50$ 在点 $(4,2)$ 附近的极小值，目标精度为 $10^{-6}$。

# 线性代数篇

# 第 6 章　向量与编码

**知识图谱：**

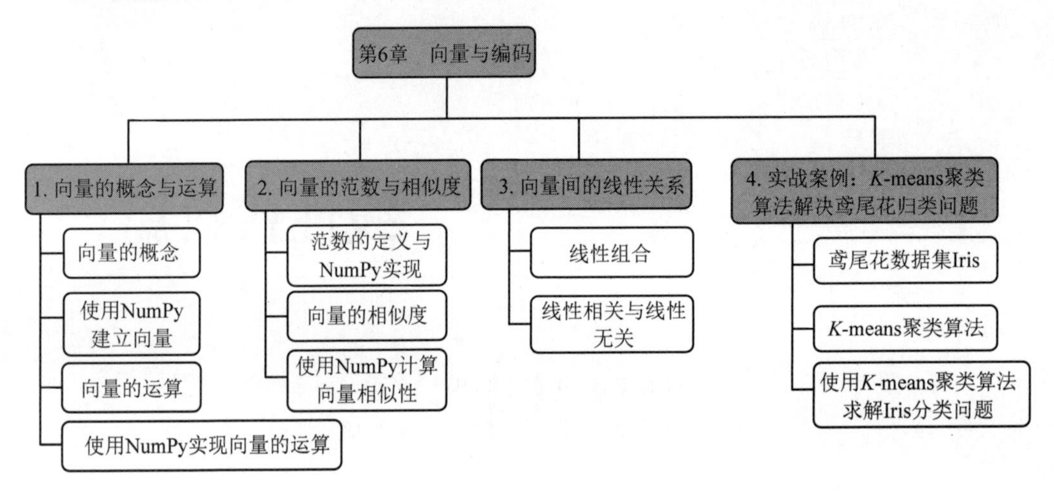


**学习目标：**

（1）理解向量的概念、向量与编码的关系；

（2）掌握向量的加法、减法、数与向量相乘、转置等运算；

（3）掌握使用 NumPy 建立向量并进行运算的方法；

（4）理解范数和相似度的概念，掌握相似度的衡量方法与 NumPy 计算；

（5）理解向量组的线性相关与线性无关的概念，掌握向量组线性关系的判别方法；

（6）掌握 *K*-means 聚类算法并应用 *K*-means 算法解决具体的聚类问题。

## 6.1　向量的概念与运算

### 6.1.1　向量的概念

近年来，大数据、人工智能等技术飞速发展，影响着教育、医疗、金融、交通等各行各业，成为行业变革与创新的核心引擎。而数据是大数据与人工智能的基础。然而原始数据中可能包含文字等非数字符号，无法计算距离和相似度等。为了方便计算机对数据进行处理，需要将这些非数字符号进行编码，即进行“量化”。

**【例 6-1】** 某公司记录了部分二手车的交易信息，包含车辆编号、车身类型、燃油类型和变速器类型等。其中，发动机功率、行驶里程和交易价格是数字，而车身类型、燃油类型和变速器类型是文字，如表 6-1 所示。

**表 6-1　二手车交易信息**

| 车辆编号 | 车身类型 | 燃油类型 | 变速器类型 | 发动机功率/kW | 行驶里程/km | 交易价格/万元 |
|---|---|---|---|---|---|---|
| 201 | 厢型车 | 柴油 | 自动 | 60 | 12.5 | 1850 |
| 202 | 大巴车 | 汽油 | 手动 | 100 | 15 | 3600 |
| 203 | 厢型车 | 柴油 | 自动 | 63 | 4 | 5422 |
| 204 | 微型车 | 汽油 | 手动 | 193 | 15 | 2400 |
| 205 | 厢型车 | 柴油 | 自动 | 68 | 5 | 5200 |

为了方便计算机处理，这里将交易信息进行编码。其中，车身类型有厢型车、大巴车和微型车 3 种，分别用 1、2 和 3 表示；燃油类型有柴油和汽油，分别用 1 和 2 表示；变速器型有自动和手动，分别用 1 和 2 表示。那么，原有的二手车交易信息均可以用数字表示，如表 6-2 所示。

**表 6-2　二手车交易信息（量化）**

| 车辆编号 | 车身类型 | 燃油类型 | 变速器类型 | 发动机功率 kW | 行驶里程 km | 交易价格/万元 |
|---|---|---|---|---|---|---|
| 201 | 1 | 1 | 1 | 60 | 12.5 | 1850 |
| 202 | 2 | 2 | 2 | 100 | 15 | 3600 |
| 203 | 1 | 1 | 1 | 63 | 4 | 5422 |
| 204 | 3 | 2 | 2 | 193 | 15 | 2400 |
| 205 | 1 | 1 | 1 | 68 | 5 | 5200 |

这样每辆车的交易信息均可以用一个“有序数组”表示。例如，编号为 201 的车辆交易信息可以表示为$(1, 1, 1, 60, 12.5, 1850)$。我们把这样的数字序列称为“向量”。

**定义 6-1**　由 $n$ 个数 $a_1,a_2,\cdots,a_n$ 组成的序列 $(a_1,a_2,\cdots,a_n)$ 称为一个 $n$ 维**向量**，其中 $a_i$ 称为该向量的第 $i$ 个分量。向量通常用希腊字母 $\boldsymbol{\alpha},\boldsymbol{\beta},\boldsymbol{\gamma},\cdots$ 表示，向量中的分量通常用拉丁字母 $a,b,c,\cdots$ 表示。

向量在人工智能和大数据等学科中有广泛的应用。神经网络的输入可以用向量 $(a_1,a_2,\cdots,a_n)$ 表示。在平面解析几何中，一个平面向量 $\boldsymbol{\alpha}$ 表示一条有向线段 $\overrightarrow{OA}$，其始点是原点 $O(0,0)$，终点是 $A(a,b)$。

所有分量都是零的 $n$ 维向量称为 $n$ 维**零向量**，记作 $\mathbf{0}=(0,0,\cdots,0)$。

把向量 $\boldsymbol{\alpha}=(a_1,a_2,\cdots,a_n)$ 的所有分量都取相反数构成的向量称为 $\boldsymbol{\alpha}$ 的**负向量**，如图 6-1，记为

$$-\boldsymbol{\alpha}=(-a_1,-a_2,\cdots,-a_n)\text{。} \tag{6-1}$$

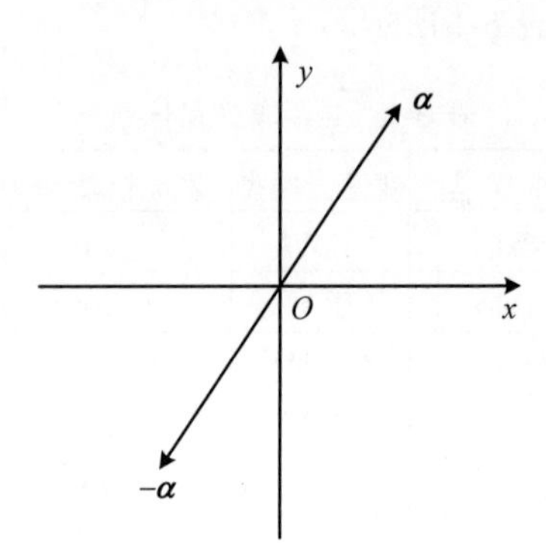


图 6-1　向量 $\boldsymbol{\alpha}$ 与向量 $-\boldsymbol{\alpha}$

### 6.1.2　使用 NumPy 建立向量

NumPy (Numerical Python) 是 Python 语言的一个扩展程序库，支持大量的维度数组与矩阵运算，针对数组运算提供大量的数学函数库，是进行科学计算的基础包。除了常见的科学用途外，NumPy 还可以用作通用数据的高效多维容器。NumPy 可以定义任意数据类型，因而能够无缝快速地与各种数据库集成。

使用前需要使用如下命令导入 NumPy 包。

```
import numpy as np
```

NumPy 的 array 方法用于创建一个向量或数组。

```
numpy.array(object, dtype = None)
```

其中：

- object 表示数组或嵌套的数列。
- dtype 表示数组元素的数据类型，可选，如 np.int32、np.float64、uint32 等。

**【例 6-2】** 使用 NumPy 创建向量 $(1,2,3,4,5)$ 和 $(1.2,\ 6.9,\ 12.34)$。（代码：ch6 向量与编码\6.1 向量的概念与运算\例 6-2）。

```
1. import numpy as np
2.
3. a = np.array([1, 2, 3, 4, 5], dtype=np.int32)
```

```
4. print("a= ",a)
5. b = np.array([1.2, 6.9, 12.34])
6. print("b= ",b)
```

运行结果：

```
[1 2 3 4 5]
[ 1.2   6.9  12.34]
```

### 6.1.3　向量的运算

**定义 6-2**　如果两个 $n$ 维向量 $\boldsymbol{\alpha}=(a_1,a_2,\cdots,a_n)$ 与 $\boldsymbol{\beta}=(b_1,b_2,\cdots,b_n)$ 对应的分量都相等，即 $a_i=b_i\ (i=1,2,\cdots,n)$，则称 $\boldsymbol{\alpha}$ 与 $\boldsymbol{\beta}$ **相等**，记作 $\boldsymbol{\alpha}=\boldsymbol{\beta}$。

**定义 6-3**　两个 $n$ 维向量 $\boldsymbol{\alpha}=(a_1,a_2,\cdots,a_n)$，$\boldsymbol{\beta}=(b_1,b_2,\cdots,b_n)$ 的和定义为

$$\boldsymbol{\alpha}+\boldsymbol{\beta}=(a_1+b_1,a_2+b_2,\cdots,a_n+b_n)\text{，}\tag{6-2}$$

式 6-2 称为 $\boldsymbol{\alpha}$ 与 $\boldsymbol{\beta}$ 的**加法运算**。

根据负向量的概念，可以定义向量的减法：

$$\boldsymbol{\alpha}-\boldsymbol{\beta}=\boldsymbol{\alpha}+(-\boldsymbol{\beta})=(a_1-b_1,a_2-b_2,\cdots,a_n-b_n)\text{。}\tag{6-3}$$

**定义 6-4**　设 $n$ 维向量 $\boldsymbol{\alpha}=(a_1,a_2,\cdots,a_n)$，$k$ 是一个数，则 $k$ 与 $\boldsymbol{\alpha}$ 的乘积称为**数乘向量**，简称数乘，记作 $k\boldsymbol{\alpha}$，并且

$$k\boldsymbol{\alpha}=(ka_1,ka_2,\cdots,ka_n)\text{。}\tag{6-4}$$

显然，$0\boldsymbol{\alpha}=\mathbf{0}$，$k\mathbf{0}=\mathbf{0}$。如果 $k\neq 0$，$\boldsymbol{\alpha}\neq\mathbf{0}$，则 $k\boldsymbol{\alpha}\neq\mathbf{0}$。

向量的加法与数量乘法统称为向量的线性运算。向量的线性运算满足 8 条运算规律。

（1）$\boldsymbol{\alpha}+\boldsymbol{\beta}=\boldsymbol{\beta}+\boldsymbol{\alpha}$（加法交换律）；

（2）$(\boldsymbol{\alpha}+\boldsymbol{\beta})+\boldsymbol{\gamma}=\boldsymbol{\alpha}+(\boldsymbol{\beta}+\boldsymbol{\gamma})$（加法结合律）；

（3）$\boldsymbol{\alpha}+\mathbf{0}=\boldsymbol{\alpha}$；

（4）$\boldsymbol{\alpha}+(-\boldsymbol{\alpha})=\mathbf{0}$；

（5）$1\cdot\boldsymbol{\alpha}=\boldsymbol{\alpha}$；

（6）$k(\boldsymbol{\alpha}+\boldsymbol{\beta})=k\boldsymbol{\alpha}+k\boldsymbol{\beta}$（数乘分配率）；

（7）$(k+l)\boldsymbol{\alpha}=k\boldsymbol{\alpha}+l\boldsymbol{\alpha}$（数乘分配率）；

（8）$(kl)\boldsymbol{\alpha}=k(l\boldsymbol{\alpha})$（数乘结合律）。

**【例 6-3】** 设 $\boldsymbol{\alpha}=(2,0,-1,3)$，$\boldsymbol{\beta}=(-5,3,-2,0)$，求向量 $2\boldsymbol{\alpha}-3\boldsymbol{\beta}$。

解：
$$\begin{aligned}2\boldsymbol{\alpha}-3\boldsymbol{\beta}&=2(2,0,-1,3)-3(-5,3,-2,0)\\&=(4,0,-2,6)+(15,-9,6,0)\\&=(19,-9,4,6)\text{。}\end{aligned}$$

以上向量都是行向量，有时需要写成列的形式，如 $\boldsymbol{a}=\begin{pmatrix}a_1\\a_2\\\vdots\\a_n\end{pmatrix}$ 称为 $n$ 维列向量。列向量的运算，与行向量类似。

行、列向量的关系用转置符号来表示：

$$(a_1,a_2,\cdots,a_n)^{\mathrm{T}}=\begin{pmatrix}a_1\\a_2\\\vdots\\a_n\end{pmatrix}。\tag{6-5}$$

### 6.1.4　使用 NumPy 实现向量的运算

NumPy 提供了向量运算的各种方法，如表 6-3 所示。

表 6-3　NumPy 中的向量运算

| 运　算 | 含　义 |
| --- | --- |
| x+y | 对应元素相加 |
| x-y | 对应元素相减 |
| x*y 或 np.multiply(x,y) | 对应元素相乘 |
| x/y 或 np.true_divede(x,y) | 对应元素相除 |
| x//y 或 np.floor_divide(x,y) | 对应元素相除后，返回值取整 |
| x**y 或 np.power(x,y) | 对应元素进行幂运算 |
| x**2 | 对矩阵 $x$ 的每个元素进行平方运算 |
| x%y 或 np.remainder(x,y) | 对应元素相除后取余数 |

**【例 6-4】** 设 $\boldsymbol{a}=(1,2.5,3,4,5)$，$\boldsymbol{b}=(2,4,4,20,1)$，求 $\boldsymbol{a}+\boldsymbol{b},\boldsymbol{a}-\boldsymbol{b},3\boldsymbol{a}$ 及对应元素的积和商。（代码：ch6 向量与编码\6.1 向量的概念与运算\例 6-4。）

```
1. import numpy as np
2.
3. a = np.array([1, 2.5, 3, 4, 5], dtype=np.float64)
4. print('a=',a)
5. b = np.array([2, 4, 4, 20, 1])
6. print('b=',b)
7. print('a+b=',a+b)
8. print('a-b=',a-b)
```

```
9. print('3*a=',3*a)
10. print('a*b=',a*b)
11. print('a/b=',a/b)
```

运行结果：

```
a= [1.   2.5    3.      4.      5. ]
b= [ 2   4      4      20       1]
a+b= [   3.     6.5     7.    24.       6. ]
a-b= [ -1.    -1.5    -1.   -16.       4. ]
3*a= [   3.     7.5     9.    12.      15. ]
a*b= [   2.    10.      12.   80.       5.]
a/b= [   0.5    0.625   0.75   0.2      5.    ]
```

**【例 6-5】** 设 $\boldsymbol{a}=(2,3,4,5),\boldsymbol{b}=(3,2,2,3)$，求 $\boldsymbol{a}$ 中每个元素的平方及与 $\boldsymbol{b}$ 对应元素的商的整数部分幂。（代码：ch6 向量与编码\6.1 向量的概念与运算\例 6-5。）

```
1. import numpy as np
2.
3. a = np.array([2, 3, 4, 5])
4. b = np.array([3, 2, 2, 3])
5. print("a^2=",a**2)
6. print("a//b=",a//b)
7. print("a**b=",a**b)
```

运行结果：

```
a^2= [ 4   9 16 25]
a//b= [0 1 2 1]
a**b= [   8    9   16 125]
```

# 6.2　向量的范数与相似度

“距离”这个概念在机器学习等领域随处可见。本节介绍两个与“距离”相关的概念：向量的范数与向量的相似度。

## 6.2.1　范数的定义与 NumPy 实现

### 1. 范数的定义

向量的范数表示各种意义下向量到“原点”的距离，即向量的“长度”。二维或三维空间中学习过向量到原点的距离，如二维向量 $\overrightarrow{AB}=(a,b)$ 到原点 $(0,0)$ 的距离为

$$d=\sqrt{a^2+b^2}\text{。} \tag{6-6}$$

其实，这称为“欧氏距离”。除了欧式距离，在不同的应用场景中还会用到“曼哈顿距离”和“夹角余弦距离”等其他形式的距离，由此抽象出范数的概念。

**定义 6-5**　设有 $n$ 维向量 $\boldsymbol{\alpha}=(a_1,a_2,\cdots,a_n)$，定义

（1）0-范数：$\|\boldsymbol{\alpha}\|_0=\boldsymbol{\alpha}$ 中非零元素的个数。

（2）1-范数：$\|\boldsymbol{\alpha}\|_1=\left(|a_1|^1+|a_2|^1+\cdots+|a_n|^1\right)^1=|a_1|+|a_2|+\cdots+|a_n|$。　(6-7)

1-范数实质上为曼哈顿距离。

（3）2-范数：$\|\boldsymbol{\alpha}\|_2=\left(|a_1|^2+|a_2|^2+\cdots+|a_n|^2\right)^{\frac{1}{2}}=\sqrt{a_1^2+a_2^2+\cdots+a_n^2}$。　(6-8)

显然，2-范数可以用来表示欧氏距离。

（4）$p$-范数：$\|\boldsymbol{\alpha}\|_p=\left(|a_1|^p+|a_2|^p+\cdots+|a_n|^p\right)^{\frac{1}{p}}=\sqrt[p]{a_1^p+a_2^p+\cdots+a_n^p}$，　(6-9)

其中 $p\in\boldsymbol{R}$ 且 $p\geqslant 0$。

显然，1-范数、2-范数可以被看成 $p$-范数的特例。

（5）$\infty$-范数：$\|\boldsymbol{\alpha}\|_\infty=\left(|a_1|^\infty+|a_2|^\infty+\cdots+|a_n|^\infty\right)^{\frac{1}{\infty}}$。　(6-10)

可以证明 $\|\boldsymbol{\alpha}\|_\infty=\max|a_i|$，即 $\infty$-范数为向量中绝对值最大的分量的绝对值。

**【例 6-6】** 设五维向量 $\boldsymbol{\alpha}=(3,-2,0,1,-4)$，分别求其 0-范数、1-范数、2-范数和 $\infty$-范数。

解：

（1）0-范数：$\|\boldsymbol{\alpha}\|_0=4$；

（2）1-范数：$\|\boldsymbol{\alpha}\|_1=|3|+|-2|+|0|+|1|+|-4|=10$；

（3）2-范数：$\|\boldsymbol{\alpha}\|_2=\sqrt{3^2+(-2)^2+0^2+1^2+(-4)^2}=\sqrt{30}$；

（4）$\infty$-范数：$\|\boldsymbol{\alpha}\|_\infty=\max\{|3|,|-2|,|0|,|1|,|-4|\}=4$。

### 2. 使用 NumPy 计算向量的范数

Numpy 中的 linalg 模块包含线性代数中的函数方法，其中的 norm()方法可以求解向量的范数。

```
1. np.linalg.norm(x, ord)
```

其中，x 为一个行向量，ord 表示范数的阶，可选，默认 ord=2。

（1）默认 ord=2：表示 2-范数 $L_2$；
（2）ord=0：表示 0-范数 $L_0$，即 x 中非零元素的个数；
（3）ord=1：表示 1-范数 $L_1$；
（4）ord=np.inf：表示∞-范数 $L_\infty$。

**【例 6-7】** 设 $\boldsymbol{X}=(1,\ 2,\ 0,\ 5)$，求 $\boldsymbol{X}$ 的 0-范数、1-范数、2-范数和∞-范数。（代码：ch6 向量与编码\6.2 向量的范数与相似性度量\例 6-7。）

```
1. import numpy as np
2.
3. X = np.array([1, 2, 0, 5])
4. print('X 的 0-范数: ',np.linalg.norm(X, ord=0))
5. print('X 的 1-范数: ',np.linalg.norm(X, ord=1))
6. print('X 的 2-范数: ',np.linalg.norm(X, ord=2))
7. print('X 的 00-范数: ',np.linalg.norm(X, ord=np.inf))
```

运行结果：

```
X 的 0-范数:  3.0
X 的 1-范数:  8.0
X 的 2-范数:  5.477225575051661
X 的 00-范数:  5.0
```

## 6.2.2　向量的相似度

相似度是指比较两个事物的相似程度。一般通过计算事物的特征之间的距离来衡量，如果距离小，那么相似度大；如果距离大，那么相似度小。本节介绍两向量间的欧氏距离、曼哈顿距离、闵可夫斯基距离、夹角余弦和汉明距离。

设有两个 $n$ 维向量 $\boldsymbol{\alpha}=(a_1,a_2,\cdots,a_n)$，$\boldsymbol{\beta}=(b_1,b_2,\cdots,b_n)$。

### 1. 欧氏距离

几何意义上，二维平面上或者三维空间中两点间的直线距离可通过以下方式进行计算。

二维平面上两点 $A(x_1,y_1)$，$B(x_2,y_2)$ 之间的距离：

$$d=\left\|\overrightarrow{OA}-\overrightarrow{OB}\right\|_2=\sqrt{(x_2-x_1)^2+(y_2-y_1)^2}\ 。\tag{6-11}$$

三维空间中两点 $A(x_1,y_1,z_1)$，$B(x_2,y_2,z_1)$ 之间的距离：

$$d=\left\|\overrightarrow{OA}-\overrightarrow{OB}\right\|_2=\sqrt{(x_2-x_1)^2+(y_2-y_1)^2+(z_2-z_1)^2}\ 。\tag{6-12}$$

实质上，这就是向量之间的“欧氏距离”。

两个 $n$ 维向量 $\boldsymbol{\alpha}=(a_1,a_2,\cdots,a_n)$，$\boldsymbol{\beta}=(b_1,b_2,\cdots,b_n)$ 之间的欧氏距离定义为

$$d(\boldsymbol{\alpha},\boldsymbol{\beta})=\|\boldsymbol{\alpha}-\boldsymbol{\beta}\|_2=\sqrt{(b_1-a_1)^2+(b_2-a_2)^2+\cdots+(b_n-a_n)^2} 。\quad (6\text{-}13)$$

**【例 6-8】** 鸢尾花数据集是机器学习中常用的一个数据集。该数据集采集了一些花的花萼长度、花萼宽度、花瓣长度和花瓣宽度等信息（单位：cm）。已知这些花属于山鸢尾、杂色鸢尾和维吉尼亚鸢尾。分别计算花 1 和花 2、花 1 和花 3 的相似度，如表 6-4 所示。

表 6-4　鸢尾花的采集信息　（单位：cm）

| 花　编　号 | 花萼长度 | 花萼宽度 | 花瓣长度 | 花瓣宽度 |
|---|---|---|---|---|
| 山鸢尾花 1 | 4.9 | 3 | 1.4 | 0.2 |
| 维吉尼亚鸢尾花 2 | 4.7 | 3.2 | 1.3 | 0.2 |
| 杂色鸢尾花 3 | 6.9 | 3.1 | 4.9 | 1.5 |

解：山鸢尾花 1、山鸢尾花 2 和杂色鸢尾花 3 的信息分别用向量 $\boldsymbol{\alpha}$、$\boldsymbol{\beta}$、$\boldsymbol{\gamma}$ 表示，则 $\boldsymbol{\alpha}=(4.9,\ 3,\ 1.4,\ 0.2)$，$\boldsymbol{\beta}=(4.7,\ 3.2,\ 1.3,\ 0.2)$，$\boldsymbol{\gamma}=(6.9,\ 3.1,\ 4.9,\ 1.5)$。

花 1 和花 2 之间的欧式距离为

$$\|\boldsymbol{\alpha}-\boldsymbol{\beta}\|_2=\sqrt{(4.9-4.7)^2+(3-3.2)^2+(1.4-1.3)^2+(0.2-0.2)^2}=0.3 。$$

花 1 和花 3 之间的欧式距离为

$$\|\boldsymbol{\beta}-\boldsymbol{\gamma}\|_2=\sqrt{(4.9-6.9)^2+(3-3.1)^2+(1.4-4.9)^2+(0.2-1.5)^2}=4.24 。$$

可见，山鸢尾花 1 和山鸢尾花 2 欧式距离小而相似度大，属于同一品种，而山鸢尾花 1 和杂色鸢尾花 3，欧式距离大而相似度小，属于不同的品种。

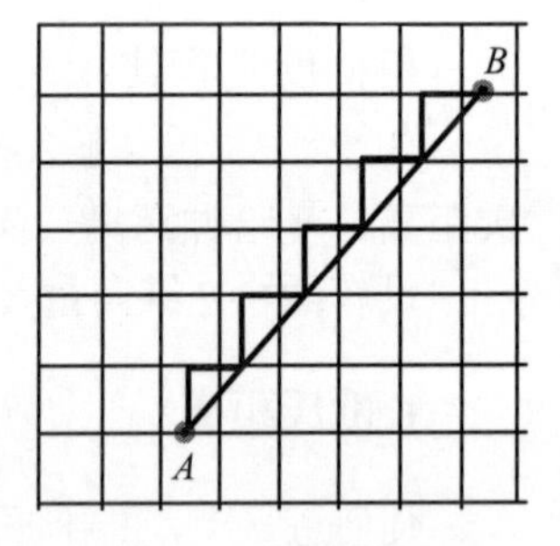


图 6-2　曼哈顿距离

**2. 曼哈顿距离**

曼哈顿距离（Manhattan Distance）是在 19 世纪由赫尔曼 · 闵可夫斯基给出的概念，用以标明几何度量空间中两个点在标准坐标系上的绝对轴距总和。例如图 6-2 中，平面上两点 $A$，$B$，它们之间的欧氏距离即为线段 $AB$ 的长度，图中阶梯形距离长度为曼哈顿距离。

具体定义为，两个 $n$ 维向量 $\boldsymbol{\alpha}=(a_1,a_2,\cdots,a_n)$，$\boldsymbol{\beta}=(b_1,b_2,\cdots,b_n)$ 之间的曼哈顿距离是

$$d(\boldsymbol{\alpha},\boldsymbol{\beta})=\|\boldsymbol{\alpha}-\boldsymbol{\beta}\|_1=|b_1-a_1|+|b_2-a_2|+\cdots+|b_n-a_n| 。\quad (6\text{-}14)$$

### 3. 闵可夫斯基距离

闵可夫斯基距离又称闵氏距离，它不是一种距离，而是一组距离的定义，设两个$n$维向量$\boldsymbol{\alpha}=(a_1,a_2,\cdots,a_n)$，$\boldsymbol{\beta}=(b_1,b_2,\cdots,b_n)$，闵可夫斯基距离定义为

$$d(\boldsymbol{\alpha},\boldsymbol{\beta})=\|\boldsymbol{\alpha}-\boldsymbol{\beta}\|_p=\sqrt[p]{|b_1-a_1|^p+|b_2-a_2|^p+\cdots+|b_n-a_n|^p} \tag{6-15}$$

其中$p$是一个变参数。

当$p=1$时，是曼哈顿距离；

当$p=2$时，是欧氏距离；

当$p\to\infty$时，就是切比雪夫距离。

根据变参数的不同，闵氏距离可以表示不同类型的距离。

### 4. 夹角余弦

几何中夹角余弦可用来衡量两个向量方向的差异，夹角余弦的取值范围为[-1,1]。夹角余弦越大表示两个向量的夹角越小，夹角余弦越小表示两个向量的夹角越大。夹角余弦的概念用来衡量它们之间的相似程度，机器学习中借用这一概念来衡量样本向量之间的差异。

在二维平面中向量$\boldsymbol{\alpha}=(x_1,y_1)$与向量$\boldsymbol{\beta}=(x_2,y_2)$的夹角余弦公式为

$$\cos<\boldsymbol{\alpha},\boldsymbol{\beta}>=\frac{x_1x_2+y_1y_2}{\sqrt{x_1^2+y_1^2}\cdot\sqrt{x_2^2+y_2^2}}。 \tag{6-16}$$

类似地，可定义两个$n$维向量$\boldsymbol{\alpha}=(a_1,a_2,\cdots,a_n)$，$\boldsymbol{\beta}=(b_1,b_2,\cdots,b_n)$的夹角余弦为

$$\cos<\boldsymbol{\alpha},\boldsymbol{\beta}>=\frac{a_1b_1+a_2b_2+\cdots+a_nb_n}{\sqrt{\sum_{i=1}^{n}a_i^2}\cdot\sqrt{\sum_{i=1}^{n}b_i^2}}。 \tag{6-17}$$

### 5. 汉明距离

对于两个$n$维向量$\boldsymbol{\alpha}=(a_1,a_2,\cdots,a_n)$，$\boldsymbol{\beta}=(b_1,b_2,\cdots,b_n)$，其汉明距离定义为其中对应位置元素不同的位数。例如，$\boldsymbol{\alpha}=(1,1,0,0)$，$\boldsymbol{\beta}=(0,1,0,1)$，$r=(1,01,0)$。汉明距离$d(\boldsymbol{\alpha},\boldsymbol{\beta})=2$，$d(\boldsymbol{\alpha},\boldsymbol{\gamma})=2$，$d(\boldsymbol{\beta},\boldsymbol{\gamma})=4$。注意，汉明距离计算中，两个向量的位数要相同。

汉明距离是以理查德·卫斯里·汉明的名字命名的。汉明距离更多的用于信号处理，表明一个信号转换成另一个信号需要的最小操作（替换位）。汉明距离在图像处理领域也有着广泛的应用，是比较二进制图像非常有效的手段。

【例 6-9】 设向量 $\boldsymbol{\alpha}=(-1,0,2,1)$，$\boldsymbol{\beta}=(0,5,2,-4)$，分别求它们之间的欧氏距离、曼哈顿距离、夹角余弦和汉明距离。

解：

（1）欧氏距离：$d(\boldsymbol{\alpha},\boldsymbol{\beta})=\sqrt{(0+1)^2+(5-0)^2+(2-2)^2+(-4-1)^2}=\sqrt{51}$；

（2）曼哈顿距离：$d(\boldsymbol{\alpha},\boldsymbol{\beta})=|0+1|+|5-0|+|2-2|+|-4-1|=11$；

（3）夹角余弦：$\cos<\boldsymbol{\alpha},\boldsymbol{\beta}>=\dfrac{(-1)\times 0+0\times 5+2\times 2+1\times(-4)}{\sqrt{(-1)^2+0^2+2^2+1^2}\sqrt{0^2+5^2+2^2+(-4)^2}}=0$，所以 $\boldsymbol{\alpha}$，$\boldsymbol{\beta}$ 垂直，夹角是 $\dfrac{\pi}{2}$；

（4）汉明距离：$d(\boldsymbol{\alpha},\boldsymbol{\beta})=3$。

### 6.2.3　使用 NumPy 计算向量相似性

在范数的基础上，可以使用 NumPy 计算两个向量之间的相似度，如欧式距离、曼哈顿距离等。

【例 6-10】 设 $\boldsymbol{X}=(1,2,3,4)$，$\boldsymbol{Y}=(1,0,5,1)$，求 $\boldsymbol{X}$ 与 $\boldsymbol{Y}$ 的欧式距离、曼哈顿距离、切比雪夫距离、夹角余弦和汉明距离。（代码：ch6 向量与编码\6.2 向量的范数与相似性度量\例 6-10。）

```
1. import numpy as np
2.
3. X = np.array([1, 2, 3, 4])
4. Y = np.array([1, 0, 5, 1])
5. print('X 和 Y 的欧式距离：',np.linalg.norm(X-Y, ord=2))
6. print('X 和 Y 的曼哈顿距离：',np.linalg.norm(X-Y, ord=1))
7. print('X 和 Y 的切比雪夫距离：',np.linalg.norm(X-Y, ord=np.inf))
8.print('X 和 Y 的夹角余弦：',np.sum(X*Y)/(np.linalg.norm(X)*np.linalg. norm(Y)))
9. print('X 和 Y 的汉明距离：',sum(X!=Y))
```

运行结果：

```
X 和 Y 的欧式距离：4.123105625617661
X 和 Y 的曼哈顿距离：7.0
X 和 Y 的切比雪夫距离：3.0
X 和 Y 的夹角余弦：0.7027283689263065
X 和 Y 的汉明距离：3
```

# 6.3　向量间的线性关系

## 6.3.1　线性组合

在平面向量中，如果两个向量共线，那么它们成比例关系，比如 $\boldsymbol{\alpha}=(-1,3)$ ，$\boldsymbol{\beta}=(2,-6)$ ，$\boldsymbol{\alpha}$ 与 $\boldsymbol{\beta}$ 共线，但是方向相反，且 $\boldsymbol{\beta}=-2\boldsymbol{\alpha}$ 。

多个向量之间也可以存在类似的关系，比如 $\boldsymbol{\alpha}_1=(1,2,0)$ ，$\boldsymbol{\alpha}_2=(3,-1,2)$ ，$\boldsymbol{\alpha}_3=(7,0,4)$ ，显然，$\boldsymbol{\alpha}_3=\boldsymbol{\alpha}_1+2\boldsymbol{\alpha}_2$ 。这称为向量组的线性组合。

**定义 6-6**　设有 $n$ 维向量组 $\boldsymbol{\alpha}_1,\boldsymbol{\alpha}_2,\cdots,\boldsymbol{\alpha}_m,\boldsymbol{\beta}$ ，若存在常数 $k_1,k_2,\cdots,k_m$ 使得

$$\boldsymbol{\beta}=k_1\boldsymbol{\alpha}_1+k_2\boldsymbol{\alpha}_2+\cdots+k_m\boldsymbol{\alpha}_m\text{，}\tag{6-18}$$

则称 $\boldsymbol{\beta}$ 是 $\boldsymbol{\alpha}_1,\boldsymbol{\alpha}_2,\cdots,\boldsymbol{\alpha}_m$ 的**线性组合**，或称向量 $\boldsymbol{\beta}$ 可以由向量组 $\boldsymbol{\alpha}_1,\boldsymbol{\alpha}_2,\cdots,\boldsymbol{\alpha}_m$ 线性表出，其中 $k_1,k_2,\cdots,k_m$ 称为**组合系数或表出系数**。

$n$ 维向量组 $\boldsymbol{\varepsilon}_1=(1,0,\cdots,0)$ ，$\boldsymbol{\varepsilon}_2=(0,1,\cdots,0),\cdots,\boldsymbol{\varepsilon}_n=(0,0,\cdots,1)$ 称为 $n$ 维基本单位向量组。

**【例 6-11】**　证明任一 $n$ 维向量 $\boldsymbol{\alpha}=(a_1,a_2,\cdots,a_n)$ 都可以由 $n$ 维基本单位向量组 $\boldsymbol{\varepsilon}_1,\boldsymbol{\varepsilon}_2,\cdots,\boldsymbol{\varepsilon}_n$ 线性表出。

证明：$\boldsymbol{\alpha}=(a_1,a_2,\cdots,a_n)=a_1\boldsymbol{\varepsilon}_1+a_2\boldsymbol{\varepsilon}_2+\cdots+a_n\boldsymbol{\varepsilon}_n$ 。

**【例 6-12】**　判断向量 $\boldsymbol{\beta}=(3,-4,0)$ 是否可以由向量组 $\boldsymbol{\alpha}_1=(1,0,-1)$，$\boldsymbol{\alpha}_2=(0,2,3)$ ，$\boldsymbol{\alpha}_3=(1,-2,5)$ 线性表出。

解：假设有 3 个数 $k_1,k_2,k_3$ 使得 $\boldsymbol{\beta}=k_1\boldsymbol{\alpha}_1+k_2\boldsymbol{\alpha}_2+k_3\boldsymbol{\alpha}_3$ ，根据向量的运算法则，有

$$\begin{cases} k_1+0\cdot k_2+k_3=3, \\ 0\cdot k_1+2k_2-2k_3=-4, \\ -k_1+3k_2+5k_3=0, \end{cases}$$

解方程组，得

$$\begin{cases} k_1=2, \\ k_2=-1, \\ k_3=1。 \end{cases}$$

所以，$\boldsymbol{\beta}=2\boldsymbol{\alpha}_1-\boldsymbol{\alpha}_2+\boldsymbol{\alpha}_3$ ，即 $\boldsymbol{\beta}$ 可以由向量组 $\boldsymbol{\alpha}_1,\boldsymbol{\alpha}_2,\boldsymbol{\alpha}_3$ 线性表出。

## 6.3.2　线性相关与线性无关

在二维平面或三维空间中，若两个向量 $\boldsymbol{\alpha}_1,\boldsymbol{\alpha}_2$ 共线，即为它们成比例，满足 $\boldsymbol{\alpha}_1=k\boldsymbol{\alpha}_2$ ，

或者 $\boldsymbol{\alpha}_1 - k\boldsymbol{\alpha}_2 = \mathbf{0}$；若 $\alpha_1, \alpha_2$ 不共线，则当且仅当 $k_1 = k_2 = 0$ 时，等式 $k_1\boldsymbol{\alpha}_1 + k_2\boldsymbol{\alpha}_2 = \mathbf{0}$ 成立。这就引出了向量组的线性相关或者无关的概念。

**定义 6-7**　设有向量组 $\boldsymbol{\alpha}_1, \boldsymbol{\alpha}_2, \cdots, \boldsymbol{\alpha}_m$，若存在不全为零的数 $k_1, k_2, \cdots, k_m$ 使得

$$k_1\boldsymbol{\alpha}_1 + k_2\boldsymbol{\alpha}_2 + \cdots + k_m\boldsymbol{\alpha}_m = \mathbf{0}, \tag{6-19}$$

则称向量组 $\boldsymbol{\alpha}_1, \boldsymbol{\alpha}_2, \cdots, \boldsymbol{\alpha}_m$ **线性相关**。

**定义 6-8**　若对于向量组 $\boldsymbol{\alpha}_1, \boldsymbol{\alpha}_2, \cdots, \boldsymbol{\alpha}_m$，当且仅当 $k_1 = k_2 = \cdots = k_m = 0$ 时，等式 $k_1\boldsymbol{\alpha}_1 + k_2\boldsymbol{\alpha}_2 + \cdots + k_m\boldsymbol{\alpha}_m = \mathbf{0}$ 成立，则称向量组 $\boldsymbol{\alpha}_1, \boldsymbol{\alpha}_2, \cdots, \boldsymbol{\alpha}_m$ **线性无关**。

**【例 6-13】** 证明以下结论：

（1）含有零向量的向量组线性相关；

（2）$n$ 维基本单位向量组 $\boldsymbol{\varepsilon}_1, \boldsymbol{\varepsilon}_2, \cdots, \boldsymbol{\varepsilon}_n$ 线性无关。

证明：（1）不妨设向量组 $\boldsymbol{\alpha}_1, \boldsymbol{\alpha}_2, \cdots, \boldsymbol{\alpha}_m$ 中 $\boldsymbol{\alpha}_1 = \mathbf{0}$，则有等式

$$1 \cdot \boldsymbol{\alpha}_1 + 0 \cdot \boldsymbol{\alpha}_2 + \cdots + 0 \cdot \boldsymbol{\alpha}_m = \mathbf{0},$$

即有不全为零的 $m$ 个数 $1, 0, \cdots, 0$ 使得等式成立，向量组 $\boldsymbol{\alpha}_1, \boldsymbol{\alpha}_2, \cdots, \boldsymbol{\alpha}_m$ 线性相关。

（2）设有数组 $k_1, k_2, \cdots, k_n$ 使得 $k_1\boldsymbol{\varepsilon}_1 + k_2\boldsymbol{\varepsilon}_2 + \cdots + k_n\boldsymbol{\varepsilon}_n = \mathbf{0}$，即

$$\begin{aligned} & k_1(1,0,\cdots,0) + k_2(0,1,\cdots,0) + \cdots + k_n(0,0,\cdots,1) \\ = & (k_1, k_2, \cdots, k_n) \\ = & \mathbf{0}, \end{aligned}$$

解得

$$k_1 = k_2 = \cdots = k_n = 0。$$

即当且仅当 $k_1 = k_2 = \cdots = k_n = 0$ 时，等式 $k_1\boldsymbol{\varepsilon}_1 + k_2\boldsymbol{\varepsilon}_2 + \cdots + k_n\boldsymbol{\varepsilon}_n$ 成立，$n$ 维基本单位向量组 $\boldsymbol{\varepsilon}_1, \boldsymbol{\varepsilon}_2, \cdots, \boldsymbol{\varepsilon}_n$ 线性无关。

**【例 6-14】** 讨论向量组 $\boldsymbol{\alpha}_1 = (2,-1,1), \boldsymbol{\alpha}_2 = (3,2,0), \boldsymbol{\alpha}_3 = (5,0,1)$ 的线性相关性。

解：设 $k_1\boldsymbol{\alpha}_1 + k_2\boldsymbol{\alpha}_2 + k_3\boldsymbol{\alpha}_3 = \mathbf{0}$，则有方程组

$$\begin{cases} 2k_1 + 3k_2 + 5k_3 = 0, \\ -k_1 + 2k_2 + 0 = 0, \\ k_1 + 0 \quad + k_3 = 0。 \end{cases}$$

解得

$$k_1 = k_2 = k_3 = 0。$$

所以，$\boldsymbol{\alpha}_1, \boldsymbol{\alpha}_2, \boldsymbol{\alpha}_3$ 线性无关。

**【例 6-15】** 讨论向量组 $\boldsymbol{\alpha}_1 = (2,3,1), \boldsymbol{\alpha}_2 = (1,2,1), \boldsymbol{\alpha}_3 = (7,8,1)$ 的线性相关性。

解：设 $k_1\boldsymbol{\alpha}_1 + k_2\boldsymbol{\alpha}_2 + k_3\boldsymbol{\alpha}_3 = \mathbf{0}$，则有方程组

$$\begin{cases} 2k_1 + k_2 + 7k_3 = 0, \\ 3k_1 + 2k_2 + 8k_3 = 0, \\ k_1 + k_2 + k_3 = 0。 \end{cases}$$

解得

$$\begin{cases} k_1 = -6k_3, \\ k_2 = 5k_3。 \end{cases}$$

所以，当 $k_3 \neq 0$ 时，$k_1 \neq 0$，$k_2 \neq 0$，不妨取 $k_3 = 1$，则 $k_1 = -6$，$k_2 = 5$，即

$$-6\boldsymbol{\alpha}_1 + 5\boldsymbol{\alpha}_2 + \boldsymbol{\alpha}_3 = \mathbf{0}。$$

$\boldsymbol{\alpha}_1, \boldsymbol{\alpha}_2, \boldsymbol{\alpha}_3$ 线性相关。

## 6.4　实战案例：*K*-means 聚类算法解决鸢尾花归类问题

“物以类聚、人以群分”，将事物提取特征后进行归类是人类具有的最朴素的思想。在数据技术中，按照划分的类是否已知，将归类过程分为聚类和分类两种。

聚类就是对大量未知标注的数据集，按照数据内部存在的数据特征将数据集划分为多个不同的类别，使类别内的数据相似度大，类别之间的数据相似度小。聚类属于无监督学习。本节介绍使用 *K*-means 聚类算法求解 Iris 鸢尾花归类问题。

### 6.4.1　鸢尾花数据集 Iris

鸢尾花数据集是常用的分类实验数据集，由 Fisher 于 1936 年收集整理。鸢尾花数据集也称 Iris，是一类包含多重变量的数据集。该数据集包含 150 个数据样本，分为 3 类，每类 50 个数据，每个数据包含 4 个属性。可通过花萼长度、花萼宽度、花瓣长度和花瓣宽度 4 个属性预测鸢尾花属于 Setosa，Versicolour，Virginica 三个种类中的哪一类。其中第一个种类与另外两个种类是线性可分离的，后两个种类之间是非线性可分离的。

该数据集包含了 4 个属性。

（1）Sepal.Length（花萼长度），单位是 cm。

（2）Sepal.Width（花萼宽度），单位是 cm。

（3）Petal.Length（花瓣长度），单位是 cm。

（4）Petal.Width（花瓣宽度），单位是 cm。

种类有 Iris Setosa（山鸢尾）、Iris Versicolour（杂色鸢尾）以及 Iris Virginica（弗吉尼亚鸢尾），如表 6-5 所示。

表 6-5　鸢尾花数据集部分数据

| Sepal · Length/cm | Sepal · Width/cm | Petal · Length/cm | Petal · Width/cm | target |
|---|---|---|---|---|
| 4.9 | 3.1 | 1.5 | 0.1 | 0 |
| 6.3 | 3.4 | 5.6 | 2.4 | 2 |
| 5.1 | 3.8 | 1.5 | 0.3 | 0 |
| 5.5 | 2.6 | 4.4 | 1.2 | 1 |
| 7.7 | 2.6 | 6.9 | 2.3 | 2 |
| 6.1 | 2.6 | 5.6 | 1.4 | 2 |
| 6.5 | 3 | 5.5 | 1.8 | 2 |
| 5.1 | 3.8 | 1.9 | 0.4 | 0 |

### 6.4.2　*K*-means 聚类算法

*K*-means 是聚类算法中最常用的一种，该算法具有简单、容易理解和运算速度快等优点。*K*-means 算法认为类内对象之间的距离近，相似度大；类间对象之间的距离大，相似度小。从而可以采用“距离”作为相似度评价指标，将各个聚类子集内所有数据样本的均值作为该聚类的代表点，然后通过迭代过程优化代表点和划分方式，把数据集划分为不同的类，使得评价聚类性能的准则函数达到最优，形成每个聚类类内紧凑类间独立的结果。但这一方法只适用于连续性数据，不适合处理离散性数据。聚类结果可视化如图 6-3 所示。

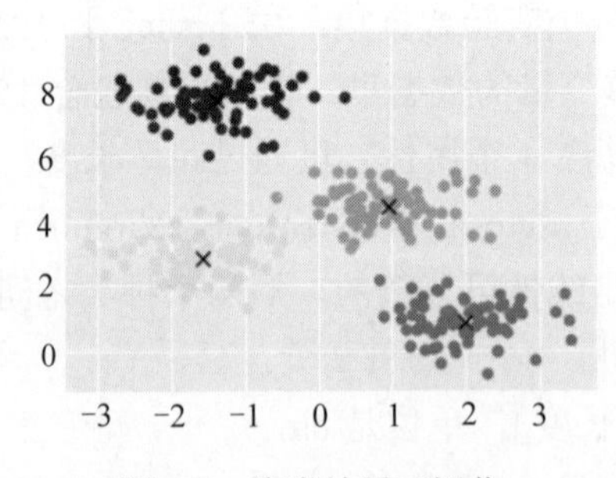


图 6-3　聚类结果可视化

假设数据集为$\{\boldsymbol{X}_1,\boldsymbol{X}_2,\cdots,\boldsymbol{X}_n\}$，每个对象$\boldsymbol{X}_i$有$d$个特征，即$\boldsymbol{X}_i=(x_{i1},x_{i2},\cdots,x_{id})$。*K*-means 聚类的任务是，在给定类别数$k(k\leqslant n)$的条件下，将数据集分成$k$类：

$$\boldsymbol{S}=\{\boldsymbol{S}_1,\boldsymbol{S}_2,\cdots,\boldsymbol{S}_k\},$$

且满足类内距离最小，即每一类中的对象到该类的中心距离最小。

$$\arg\min_{S}\sum_{i=1}^{k}\sum_{X_j\in S_i}\left\|\boldsymbol{X}_j-\boldsymbol{\mu}_i\right\|^2,$$

其中，$\boldsymbol{\mu}_i$ 是第 $i$ 类的聚类中心。

*K*-means 聚类算法的步骤如下。

（1）随机选取 $k$ 个对象作为初始聚类中心；

（2）将数据样本集合中的样本按照最小距离原则分配到最邻近的类中；

（3）根据（2）中的聚类结果，重新计算 $k$ 个类的中心，并作为新的聚类中心；

（4）重复步骤（2）和（3）直到聚类中心不再变化。

利用 sklearn.cluster 包中的 KMeans 库可以很方便地实现 *K*-means 聚类算法。

```
sklearn.cluster.KMeans(n_clusters)
```

参数为

- n_clusters：整形，默认值=8，表示生成的聚类数。

属性为

- cluster_centers_：向量，[n_clusters, n_features] (聚类中心的坐标)。
- labels_：每个点的分类。
- inertia_：浮点型，每个点到其簇的质心的距离之和。

方法为

- fit(X[,y])：计算 *K*-means 聚类。
- predict(X)：给每个样本估计最接近的类。
- score(X[,y])：计算聚类误差。

### 6.4.3　使用 *K*-means 聚类算法求解 Iris 分类问题

使用 sklearn 提供的 load_iris()方法导入数据集，并将特征赋值给矩阵 $\boldsymbol{X}$，真实分类结果赋值给矩阵 $\boldsymbol{Y}$。$\boldsymbol{X}$ 用于聚类，$\boldsymbol{Y}$ 用于与 *K*-means 聚类算法预测的结果对照，评价聚类效果。

使用模型时，先调用 KMeans()方法建立模型，指定聚类数 n_clusters；然后调用 fit()方法使用特征数据 $\boldsymbol{X}$ 训练模型，得到聚类中心(model.cluster_centers_)和聚类结果(model.labels_)；最后，调用 predict()进行预测。

预测完成后，调用 accuracy_score()方法将预测结果 y_pred 与实际的分类 $\boldsymbol{Y}$ 比较，计算准确率。但要注意，模型聚类的标签是算法分配的，与实际的标签可能不同。例如山鸢尾（Iris Setosa）、杂色鸢尾（Iris Versicolour）的实际标签分别为 0 和 1，算法预测后分配的标签可能分别是 1 和 0，所以有时需要交换类别的标签。

**【例 6-16】** 使用 *K*-means 聚类算法对鸢尾花数据集进行聚类分析，指定类别数为 3。（代码：ch6 向量与编码\6.4 实战案例：*K*-means 聚类算法解决鸢尾花归类问题\例 6-16）

```
1. from sklearn.datasets import load_iris
2. from sklearn.cluster import KMeans
3. from sklearn.metrics import accuracy_score
4.
5. # 1 导入数据
6. iris = load_iris()
7. x = iris.data
8. y = iris.target
9. print(x.shape, y.shape)
10.
11. # 2 建立模型
12. model = KMeans(n_clusters=3)          # 建立模型
13. model.fit(x)                          # 训练模型
14. y_pred = model.predict(x)             # 预测得到聚类结果，或用 model.labels_
15. print(model.cluster_centers_)         # 输出各类别的中心
16.
17. # 3 评价准确率
18. print(accuracy_score(y, y_pred))  # 输出准确率
```

运行结果：

```
(150, 4) (150,)
[[5.006      3.428      1.462      0.246     ]
 [5.9016129  2.7483871  4.39354839 1.43387097]
 [6.85       3.07368421 5.74210526 2.07105263]]
0.8933333333333333
```

运行程序后，分类准确率为 89.3%，如图 6-4 所示。

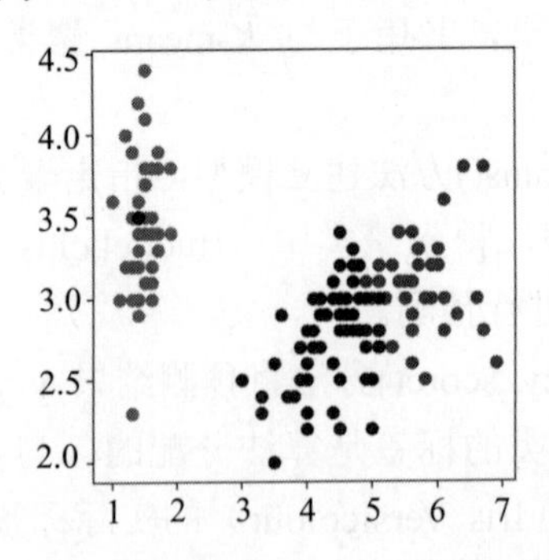


图 6-4　Iris 数据集 *K*-means 算法聚类结果

# 习题 6

1. 设四维向量$\boldsymbol{\alpha}=(1,0,2,-1)$，$\boldsymbol{\beta}=(0,-1,3,2)$，$\boldsymbol{\gamma}=(5,0,1,-3)$，求$2\boldsymbol{\alpha}-\boldsymbol{\beta}+3\boldsymbol{\gamma}$。

2. 求解以下题目中的向量$X$。

（1）$3\boldsymbol{X}+\boldsymbol{\alpha}=\boldsymbol{\beta}$，已知$\boldsymbol{\alpha}=(-3,0,1)$，$\boldsymbol{\beta}=(4,-1,3)$；

（2）$2\boldsymbol{X}+3\boldsymbol{\alpha}=\boldsymbol{\beta}-3\boldsymbol{X}$，已知$\boldsymbol{\alpha}=(0,2,1)$，$\boldsymbol{\beta}=(1,-1,0)$。

3. 设向量$\boldsymbol{\alpha}_1=(2,1,3,0)$，$\boldsymbol{\alpha}_2=(-1,0,4,2)$，求：

（1）$\boldsymbol{\alpha}_1$的各项范数；

（2）$\boldsymbol{\alpha}_1$与$\boldsymbol{\alpha}_2$的曼哈顿距离、欧氏距离和汉明距离。

4. 判断以下向量$\boldsymbol{\beta}$是否可以由$\boldsymbol{\alpha}_1,\boldsymbol{\alpha}_2,\boldsymbol{\alpha}_3$线性表出？若可以，写出线性表示式。

（1）$\boldsymbol{\beta}=(4,0)$；$\boldsymbol{\alpha}_1=(-1,2)$，$\boldsymbol{\alpha}_2=(3,2)$，$\boldsymbol{\alpha}_3=(6,4)$；

（2）$\boldsymbol{\beta}=(1,2,3,4)$；$\boldsymbol{\alpha}_1=(0,-1,2,3)$，$\boldsymbol{\alpha}_2=(2,3,8,10)$，$\boldsymbol{\alpha}_3=(2,3,6,8)$。

5. 判定下列向量组是否线性相关，并说明理由。

（1）$\boldsymbol{\alpha}_1=(-1,2,3)$，$\boldsymbol{\alpha}_2=\left(\frac{1}{2},-1,-\frac{3}{2}\right)$；

（2）$\boldsymbol{\alpha}_1=(1,1,0)$，$\boldsymbol{\alpha}_2=(0,1,1)$，$\boldsymbol{\alpha}_3=(1,0,1)$；

（3）$\boldsymbol{\alpha}_1=(5,2,8)$，$\boldsymbol{\alpha}_2=(2,1,2)$，$\boldsymbol{\alpha}_3=(6,2,12)$；

（4）$\boldsymbol{\alpha}_1=(1,1,3)$，$\boldsymbol{\alpha}_2=(2,4,1)$，$\boldsymbol{\alpha}_3=(1,-1,0)$，$\boldsymbol{\alpha}_4=(1,2,3)$。

6. 问：当$t$为何值时，向量组$\boldsymbol{\alpha}_1=(1,1,0)$，$\boldsymbol{\alpha}_2=(1,3,-1)$，$\boldsymbol{\alpha}_3=(5,3,t)$线性相关？并求出一组相关系数。

7. 设向量组$\boldsymbol{\alpha}_1,\boldsymbol{\alpha}_2,\boldsymbol{\alpha}_3$线性无关，问以下向量组是否线性无关，并说明原因。

（1）$\boldsymbol{\beta}_1=\boldsymbol{\alpha}_1+2\boldsymbol{\alpha}_2+3\boldsymbol{\alpha}_3$，$\boldsymbol{\beta}_2-3\boldsymbol{\alpha}_1-\boldsymbol{\alpha}_2+4\boldsymbol{\alpha}_3$，$\boldsymbol{\beta}_3=\boldsymbol{\alpha}_2+\boldsymbol{\alpha}_3$；

（2）$\boldsymbol{\beta}_1=\boldsymbol{\alpha}_1+\boldsymbol{\alpha}_2$，$\boldsymbol{\beta}_2=\boldsymbol{\alpha}_2+\boldsymbol{\alpha}_3$，$\boldsymbol{\beta}_3=-\boldsymbol{\alpha}_1+\boldsymbol{\alpha}_3$。

# 第 7 章　矩阵与数字图像处理

## 知识图谱：

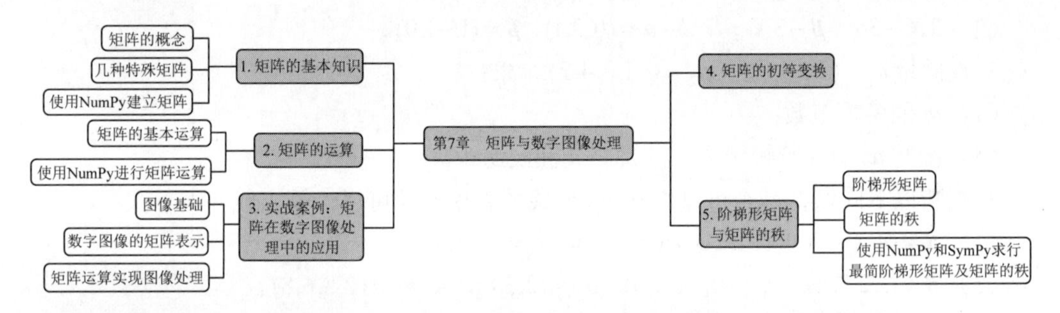


## 学习目标：

（1）理解矩阵的概念，了解常见的几种特殊矩阵；

（2）掌握矩阵的加法、减法、数量乘法、乘法、转置和哈达马积；

（3）掌握使用 NumPy 建立矩阵并实现各种运算的方法；

（4）掌握矩阵初等变换的方法；

（5）理解矩阵秩的概念，掌握矩阵秩的求解方法；

（6）了解矩阵运算与数字图像处理的关系。

## 7.1　矩阵的基本知识

### 7.1.1　矩阵的概念

矩阵是线性代数中的一个重要概念和基本工具，是线性代数的主要研究对象之一，在系统理论、计算机科学、人工智能等领域都有广泛的应用。

**【例 7-1】** 某年某工厂 A、B、C 三种产品上半年的生产量如表 7-1 所示。

**表 7-1　某工厂上半年生产量**

（单位：万件）

| 产　品 | 月　份 | | | | | |
|---|---|---|---|---|---|---|
| | 1 | 2 | 3 | 4 | 5 | 6 |
| A | 1.8 | 2.3 | 1.9 | 2.3 | 2.9 | 2.4 |

续表

| 产　品 | 月　份 | | | | | |
|---|---|---|---|---|---|---|
| | 1 | 2 | 3 | 4 | 5 | 6 |
| B | 4.0 | 2.9 | 3.8 | 4.2 | 5.0 | 3.8 |
| C | 0.1 | 0.3 | 0.3 | 0.2 | 0.4 | 0.1 |

如果规定好产品和月份的顺序，那么产量可以用矩阵来描述：

$$\begin{pmatrix} 1.8 & 2.3 & 1.9 & 2.3 & 2.9 & 2.4 \\ 4.0 & 2.9 & 3.8 & 4.2 & 5.0 & 3.8 \\ 0.1 & 0.3 & 0.3 & 0.2 & 0.4 & 0.1 \end{pmatrix}。$$

**【例 7-2】** 计算机上可以实现颜色绚丽的图像。每像素点的颜色值都包含红色（R）、绿色（G）、蓝色（B）三个分量。所以计算机实现的每幅图像都对应三个颜色分量值，如图 7-1 所示。

（a）原始图像

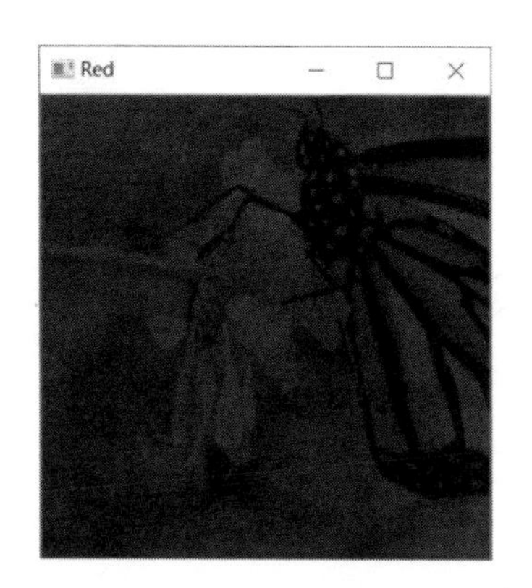


| 221 | 218 | 217 | 198 | 177 | 184 | 172 | 172 | 176 | 147 | 158 | 195 | 168 | 146 | 175 |
|---|---|---|---|---|---|---|---|---|---|---|---|---|---|---|
| 219 | 216 | 207 | 206 | 189 | 159 | 162 | 154 | 204 | 99 | 163 | 217 | 211 | 179 | 196 |
| 207 | 208 | 171 | 192 | 198 | 176 | 245 | 238 | 156 | 40 | 110 | 4 | 17 | 17 | 23 |
| 180 | 185 | 175 | 174 | 168 | 125 | 220 | 205 | 198 | 0 | 35 | 84 | 168 | 164 | 237 |
| 152 | 157 | 158 | 132 | 132 | 143 | 202 | 88 | 213 | 7 | 4 | 162 | 169 | 16 | 101 |
| 150 | 137 | 149 | 118 | 154 | 235 | 31 | 245 | 37 | 169 | 3 | 87 | 8 | 78 | 245 |
| 238 | 196 | 190 | 101 | 214 | 88 | 150 | 206 | 229 | 2 | 6 | 168 | 192 | 174 | 8 |
| 166 | 203 | 178 | 143 | 174 | 175 | 212 | 193 | 217 | 124 | 86 | 20 | 203 | 10 | 25 |
| 191 | 215 | 203 | 210 | 203 | 235 | 173 | 178 | 206 | 9 | 145 | 162 | 140 | 226 | 9 |
| 236 | 226 | 160 | 154 | 186 | 135 | 245 | 205 | 185 | 191 | 144 | 138 | 175 | 153 | 15 |
| 225 | 216 | 163 | 153 | 245 | 126 | 206 | 245 | 126 | 193 | 74 | 3 | 245 | 4 | 182 |
| 222 | 161 | 143 | 159 | 157 | 198 | 186 | 208 | 187 | 115 | 107 | 2 | 241 | 101 | 17 |
| 187 | 156 | 146 | 147 | 145 | 241 | 244 | 149 | 183 | 141 | 118 | 147 | 221 | 3 | 246 |
| 175 | 147 | 159 | 145 | 219 | 236 | 239 | 130 | 135 | 148 | 179 | 157 | 201 | 244 | 245 |
| 172 | 148 | 142 | 160 | 229 | 227 | 243 | 135 | 173 | 186 | 167 | 158 | 149 | 244 | 245 |
| 157 | 156 | 166 | 192 | 195 | 102 | 176 | 147 | 171 | 183 | 173 | 107 | 5 | 4 | 5 |
| 153 | 141 | 178 | 175 | 183 | 108 | 70 | 137 | 173 | 201 | 174 | 148 | 4 | 4 | 18 |
| 177 | 138 | 134 | 134 | 140 | 114 | 110 | 124 | 162 | 186 | 192 | 212 | 182 | 153 | 217 |
| 170 | 138 | 119 | 145 | 138 | 146 | 169 | 143 | 134 | 152 | 163 | 169 | 182 | 215 | 219 |
| 98 | 117 | 113 | 141 | 160 | 157 | 167 | 170 | 168 | 173 | 123 | 146 | 190 | 201 | 236 |

（b）红色分量及矩阵

图 7-1　原始图像与各颜色分量

| 199 | 196 | 198 | 173 | 148 | 157 | 161 | 153 | 153 | 134 | 130 | 159 | 162 | 162 | 201 |
|---|---|---|---|---|---|---|---|---|---|---|---|---|---|---|
| 197 | 197 | 183 | 184 | 167 | 139 | 158 | 136 | 174 | 87 | 132 | 183 | 212 | 200 | 180 |
| 189 | 180 | 152 | 162 | 179 | 166 | 246 | 237 | 131 | 39 | 89 | 4 | 17 | 5 | 6 |
| 161 | 159 | 158 | 147 | 157 | 134 | 223 | 186 | 177 | 0 | 29 | 29 | 33 | 39 | 71 |
| 127 | 138 | 139 | 122 | 134 | 141 | 175 | 86 | 194 | 7 | 5 | 105 | 35 | 8 | 90 |
| 120 | 120 | 125 | 133 | 147 | 210 | 27 | 245 | 33 | 170 | 4 | 28 | 5 | 53 | 95 |
| 245 | 201 | 166 | 114 | 200 | 117 | 161 | 206 | 232 | 1 | 7 | 109 | 90 | 105 | 4 |
| 142 | 188 | 161 | 187 | 231 | 203 | 191 | 189 | 221 | 131 | 88 | 8 | 112 | 5 | 11 |
| 170 | 197 | 198 | 196 | 199 | 241 | 176 | 175 | 199 | 11 | 101 | 110 | 115 | 112 | 0 |
| 227 | 209 | 166 | 159 | 190 | 117 | 245 | 206 | 178 | 193 | 98 | 103 | 90 | 102 | 5 |
| 215 | 197 | 171 | 164 | 245 | 115 | 202 | 245 | 115 | 194 | 50 | 4 | 155 | 4 | 105 |
| 206 | 175 | 164 | 162 | 160 | 192 | 170 | 207 | 179 | 110 | 61 | 3 | 133 | 63 | 16 |
| 162 | 163 | 163 | 153 | 157 | 241 | 244 | 128 | 170 | 137 | 116 | 104 | 127 | 4 | 145 |
| 158 | 161 | 158 | 152 | 221 | 238 | 240 | 103 | 120 | 117 | 215 | 105 | 116 | 126 | 146 |
| 170 | 157 | 150 | 163 | 230 | 226 | 243 | 103 | 146 | 169 | 216 | 100 | 89 | 128 | 146 |
| 149 | 158 | 175 | 171 | 166 | 122 | 164 | 118 | 154 | 165 | 183 | 100 | 5 | 5 | 4 |
| 155 | 150 | 178 | 167 | 182 | 130 | 123 | 157 | 161 | 192 | 166 | 131 | 4 | 5 | 19 |
| 180 | 151 | 153 | 150 | 153 | 137 | 131 | 141 | 181 | 190 | 170 | 182 | 168 | 155 | 223 |
| 161 | 167 | 141 | 165 | 148 | 155 | 182 | 172 | 154 | 161 | 175 | 186 | 183 | 197 | 223 |
| 107 | 143 | 138 | 161 | 165 | 141 | 182 | 218 | 194 | 180 | 169 | 182 | 205 | 196 | 236 |

（c）绿色分量及矩阵

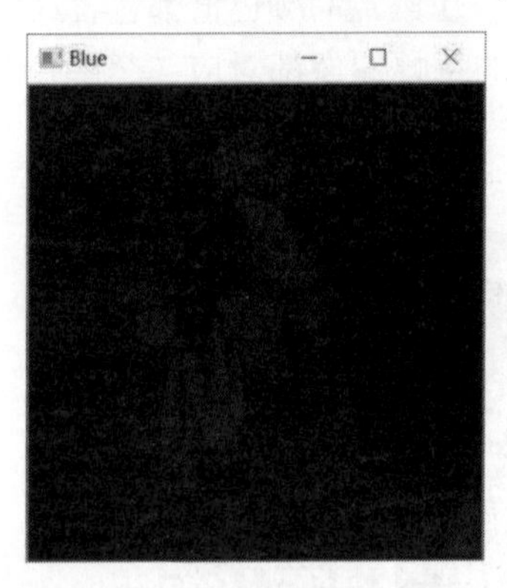


| 189 | 184 | 194 | 160 | 124 | 106 | 89 | 95 | 85 | 94 | 87 | 119 | 98 | 83 | 99 |
|---|---|---|---|---|---|---|---|---|---|---|---|---|---|---|
| 183 | 188 | 171 | 170 | 148 | 97 | 85 | 79 | 120 | 86 | 81 | 145 | 165 | 99 | 93 |
| 163 | 160 | 138 | 133 | 148 | 120 | 251 | 247 | 86 | 49 | 77 | 6 | 34 | 4 | 14 |
| 130 | 126 | 130 | 110 | 113 | 102 | 233 | 142 | 135 | 2 | 32 | 2 | 0 | 1 | 1 |
| 87 | 107 | 81 | 95 | 110 | 109 | 128 | 100 | 153 | 15 | 7 | 33 | 1 | 2 | 90 |
| 85 | 103 | 69 | 92 | 109 | 175 | 12 | 255 | 35 | 178 | 7 | 2 | 7 | 62 | 0 |
| 212 | 155 | 126 | 100 | 169 | 54 | 48 | 199 | 239 | 7 | 11 | 39 | 41 | 35 | 3 |
| 95 | 133 | 121 | 43 | 55 | 77 | 57 | 173 | 228 | 153 | 102 | 1 | 44 | 2 | 2 |
| 116 | 151 | 176 | 184 | 175 | 214 | 52 | 157 | 184 | 17 | 50 | 41 | 91 | 46 | 0 |
| 210 | 175 | 134 | 134 | 167 | 46 | 255 | 223 | 149 | 189 | 37 | 67 | 39 | 35 | 4 |
| 187 | 159 | 124 | 121 | 255 | 41 | 193 | 255 | 71 | 195 | 30 | 8 | 27 | 12 | 39 |
| 170 | 126 | 100 | 112 | 111 | 158 | 136 | 214 | 157 | 60 | 16 | 10 | 32 | 44 | 20 |
| 106 | 113 | 99 | 105 | 93 | 250 | 252 | 90 | 139 | 83 | 87 | 47 | 32 | 9 | 20 |
| 94 | 108 | 109 | 101 | 230 | 245 | 243 | 64 | 73 | 89 | 152 | 29 | 35 | 28 | 10 |
| 117 | 113 | 103 | 126 | 234 | 233 | 253 | 71 | 93 | 123 | 128 | 23 | 50 | 28 | 16 |
| 104 | 105 | 114 | 122 | 147 | 67 | 135 | 83 | 101 | 119 | 119 | 94 | 12 | 10 | 9 |
| 105 | 99 | 123 | 107 | 134 | 78 | 0 | 67 | 103 | 133 | 101 | 79 | 7 | 9 | 26 |
| 112 | 91 | 80 | 97 | 106 | 66 | 61 | 58 | 98 | 110 | 104 | 140 | 113 | 95 | 199 |
| 102 | 77 | 57 | 99 | 97 | 90 | 101 | 87 | 84 | 75 | 91 | 104 | 123 | 153 | 227 |
| 54 | 69 | 54 | 92 | 106 | 85 | 112 | 133 | 91 | 92 | 64 | 86 | 152 | 135 | 245 |

（d）蓝色分量及矩阵

图 7-1　原始图像与各颜色分量（续）

**【例 7-3】** 北京、巴黎、纽约之间的飞机航线距离如图 7-2 所示。

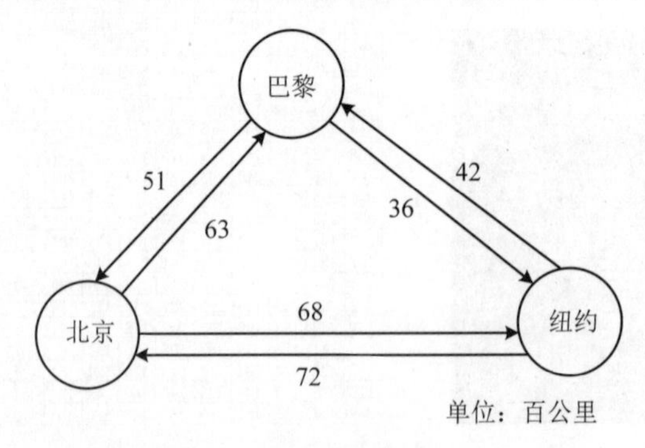


图 7-2　北京、巴黎、纽约之间的飞机航线距离

由于计算机难以直接处理类似图 7-2 所示图形一类的对象，这里将其转换为表格形式，如表 7-2 所示。

表 7-2　北京、巴黎、纽约之间的航线距离表　　（单位：百公里）

| | 北　京 | 巴　黎 | 纽　约 |
|---|---|---|---|
| 北京 | 0 | 63 | 68 |
| 巴黎 | 51 | 0 | 36 |
| 纽约 | 72 | 42 | 0 |

**【例 7-4】** 方程组

$$\begin{cases} k_1+3k_2-7k_3+2k_4=3, \\ 2k_1-\ k_2-\ k_3+3k_4=0, \\ -k_1+2k_2+5k_3-6k_4=1, \\ 4k_1+\ k_2-8k_3-3k_4=-6, \end{cases}$$

其中，系数连同最右侧的常数项按原来的位置可以构成一个表格

$$\begin{pmatrix} 1 & 3 & -7 & 2 & 3 \\ 2 & -1 & -1 & 3 & 0 \\ -1 & 2 & 5 & -6 & 1 \\ 4 & 1 & -8 & -3 & -6 \end{pmatrix}。$$

从前面的几个例子看到，生产统计、计算机图像、航线距离和线性方程组等问题中，都可以把性质相同的一些元素放在一起，表示为由数构成的表格形式。我们把这些由数构成的表格称为“矩阵”。

**定义 7-1**　由 $m\times n$ 个数 $a_{ij}(i=1,2,\cdots,m;\ j=1,2,\cdots,n)$ 排成的 $m$ 行 $n$ 列的矩形图表，称为一个 $m\times n$ 的**矩阵**，记作

$$\begin{pmatrix} a_{11} & \cdots & a_{1n} \\ \vdots & & \vdots \\ a_{m1} & \cdots & a_{mn} \end{pmatrix} 或 \begin{pmatrix} a_{11} & \cdots & a_{1n} \\ \vdots & & \vdots \\ a_{m1} & \cdots & a_{mn} \end{pmatrix}。$$

其中，$a_{ij}$ 是位于第 $i$ 行、第 $j$ 列的**元素**，$i$ 称为**行脚标**，$j$ 称为**列脚标**。

通常，矩阵用大写字母 $\boldsymbol{A}$、$\boldsymbol{B}$、$\boldsymbol{C}$ 表示，有时为了表明矩阵的行数和列数，可记作

$$\boldsymbol{A}_{m\times n} \ 或 \ (a_{ij})_{m\times n} \ 或 \ \boldsymbol{A}=(a_{ij})_{m\times n}。$$

所有元素都是零的矩阵称为**零矩阵**，记作 $\boldsymbol{O}_{m\times n}$ 或 $\boldsymbol{O}$。

当 $m=n$ 时，$\boldsymbol{A}_{n\times n}$ 称为 $\boldsymbol{n}$ **阶方阵**，它由 $n^2$ 个元素构成，成一个正方形数表：

$$\begin{pmatrix} a_{11} & \cdots & a_{1n} \\ \vdots & & \vdots \\ a_{n1} & \cdots & a_{nn} \end{pmatrix}。$$

其中，从左上角到右下角的对角线称为矩阵的**主对角线**，其上的元素是 $a_{11},a_{22},\cdots,a_{nn}$，称为**主对角线元素**。

当对矩阵 $\boldsymbol{A}=(a_{ij})_{m\times n}$ 中所有元素都取相反数时，得到的矩阵称为 $\boldsymbol{A}$ 的**负矩阵**，记作 $-\boldsymbol{A}$，即

$$-\boldsymbol{A}=\begin{bmatrix} -a_{11} & \cdots & -a_{1n} \\ \vdots & & \vdots \\ -a_{m1} & \cdots & -a_{mn} \end{bmatrix}。$$

向量也可以看作矩阵：

当 $m=1$ 时，$\boldsymbol{A}_{1\times n}=(a_{11},a_{12},\cdots,a_{1n})$ 是 $n$ 维行向量，也称为**行矩阵**；

当 $n=1$ 时，$\boldsymbol{A}_{m\times 1}=\begin{pmatrix} a_{11} \\ a_{21} \\ \vdots \\ a_{m1} \end{pmatrix}$ 是 $m$ 维列向量，也称为**列矩阵**。

## 7.1.2　几种特殊矩阵

### 1. 对角矩阵

如果 $n$ 阶方阵 $\boldsymbol{A}$ 中，除主对角线外，其余元素都是 0，称为 $n$ **阶对角矩阵**，即

$$\boldsymbol{A}=\begin{pmatrix} a_{11} & 0 & \cdots & 0 \\ 0 & a_{22} & \cdots & 0 \\ \vdots & \vdots & \ddots & \vdots \\ 0 & 0 & \cdots & a_{nn} \end{pmatrix} \text{或简写为} \boldsymbol{A}=\begin{pmatrix} a_{11} & & & \\ & a_{22} & & \\ & & \ddots & \\ & & & a_{nn} \end{pmatrix}。$$

注意，对角矩阵是方阵。

例如，$\begin{pmatrix} 2 & 0 & 0 & 0 \\ 0 & -3 & 0 & 0 \\ 0 & 0 & 0 & 0 \\ 0 & 0 & 0 & 4 \end{pmatrix}$ 是一个 4 阶对角矩阵，也可写作 $\begin{pmatrix} 2 & & & \\ & -3 & & \\ & & 0 & \\ & & & 4 \end{pmatrix}$。

### 2. 数量矩阵

当 $n$ 阶对角矩阵中主对角线上的元素相同时，称为**数量矩阵**，形式为

$$
\begin{pmatrix} a & & & \\ & a & & \\ & & \ddots & \\ & & & a \end{pmatrix}。
$$

**3. 单位矩阵**

$n$ 阶数量矩阵中，如果主对角线上的元素都是 1，其余元素都是 0，称为 $n$ 阶**单位矩阵**，记为 $\boldsymbol{E}_n$ 或 $\boldsymbol{E}$，即

$$
\boldsymbol{E} = \begin{pmatrix} 1 & 0 & \cdots & 0 \\ 0 & 1 & \cdots & 0 \\ \vdots & \vdots & \ddots & \vdots \\ 0 & 0 & \cdots & 1 \end{pmatrix} \text{ 或 } \boldsymbol{E} = \begin{pmatrix} 1 & & & \\ & 1 & & \\ & & \ddots & \\ & & & 1 \end{pmatrix}。
$$

**4. $n$ 阶上三角矩阵与 $n$ 阶下三角矩阵**

如果 $n$ 阶方阵中，主对角线以下的元素全部为 0，则称为 **$n$ 阶上三角矩阵**，结构为

$$
\begin{pmatrix} a_{11} & a_{12} & \cdots & a_{1n} \\ 0 & a_{22} & \cdots & a_{2n} \\ \vdots & \vdots & \ddots & \vdots \\ 0 & \cdots & 0 & a_{nn} \end{pmatrix}。
$$

如果 $n$ 阶方阵中，主对角线以上的元素全部为零，则称为 **$n$ 阶下三角矩阵**，结构为

$$
\begin{pmatrix} a_{11} & 0 & \cdots & 0 \\ a_{21} & a_{22} & \cdots & 0 \\ \vdots & \vdots & \ddots & \vdots \\ a_{n1} & a_{n2} & \cdots & a_{nn} \end{pmatrix}。
$$

上三角矩阵和下三角矩阵统称为**三角矩阵**。一个方阵既是上三角矩阵，又是下三角矩阵，当且仅当它是对角矩阵。

## 7.1.3　使用 NumPy 建立矩阵

**1. 创建数组**

可以调用 NumPy 的 array()函数创建一个向量或数组。

```
numpy.array(object, dtype = None, copy = True, order = None, subok =
 False, ndmin = 0)
```

其中：

- object 表示数组或嵌套的数列。
- dtype 表示数组元素的数据类型，可选。
- copy 表示对象是否需要复制，可选，默认为 true。
- order 表示创建数组的样式，C 为行方向，F 为列方向，A 为任意方向（默认）。
- subok 表示默认情况下，返回的数组被强制为基类数组。如果为 true，则返回子类。
- ndmin 表示指定生成数组的最小维度。

**【例 7-5】** 使用 NumPy 建立矩阵

$$\begin{pmatrix} 1 & 2 & 3 \\ 4 & 5 & 6 \end{pmatrix}$$

并输出它的形状。（代码：ch7 矩阵与数字图像处理\7.1 矩阵的概念\例 7-5）

```
1. # 创建一个 2*3 数组
2. import numpy as np
3. a=np.array([[1,2,3],[4,5,6]])
4. print("a:\n",a)
5. print("a.shape:\n",a.shape)            # 通过 a.shape 查看 a 的形状
```

运行结果：

```
a:
 [[1 2 3]
 [4 5 6]]
a.shape:
 (2, 3)
```

**【例 7-6】** 使用 NumPy 创建了一个行向量和一个列向量。（代码：ch7 矩阵与数字图像处理\7.1 矩阵的概念\例 7-6）

```
1. # 使用最小维度创建矩阵
2. import numpy as np
3. b=np.array([[1,2,3]])                  # 创建行向量
4. print(b)
5. print(b.shape)
6. c=np.array([[1],[2],[3]])              # 创建列向量
7. print(c)
8. print(c.shape)
```

运行结果：

```
[[1 2 3]]
```

```
(1, 3)

[[1]
 [2]
 [3]]

(3, 1)
```

注意，在创建行向量时，b=np.array([[1,2,3]])中必须有两个方括号。如果只有一个方括号，则表示一个一维数组（既不是行向量，也不是列向量），可以用 reshape 函数将其转换为指定维度的向量。

**【例 7-7】** 创建一个一维数组，然后分别将其转换为行向量和列向量。（代码：ch7 矩阵与数字图像处理\7.1 矩阵的概念\例 7-7）

```
1. # 创建一维数组并转换为行（列）向量
2. import numpy as np
3. x=np.array([1,2,3])          # 创建一维数组
4. print(x)
5. print(x.shape)
6. a=x.reshape((1,3))           # 创建行向量 a
7. print(a.shape)
8. b=x.reshape((3,1))           # 创建列向量 b
9. print(b.shape)
```

运行结果：

```
[1 2 3]
(3,)
(1, 3)
(3, 1)
```

使用 NumPy 创建矩阵时也可以指定最小维度。

**【例 7-8】** 指定最小维度创建矩阵。（代码：ch7 矩阵与数字图像处理\7.1 矩阵的概念\例 7-8）

```
1. # 使用最小维度创建矩阵
2. import numpy as np
3. a=np.array([1,2,3,4,5,6],ndmin=1)   # 创建最小维度为 1 的矩阵
4. print(a)
5. b=np.array([1,2,3,4,5,6],ndmin=2)   # 创建最小维度为 2 的矩阵
6. print(b)
```

运行结果：

```
a:  [1 2 3 4 5 6]
b:  [[1 2 3 4 5 6]]
```

创建矩阵时，可以使用参数 dtype 指定矩阵元素的数据类型。dtype 可以将矩阵元素的数据类型设置为 bool，int8，int32，uint8，uint32，float32，float64，complex 等。

**【例 7-9】** 创建矩阵并指定数据类型。（代码：ch7 矩阵与数字图像处理\7.1 矩阵的概念\例 7-9）

```
1. # 创建矩阵并指定数据类型
2. import numpy as np
3. a = np.array([1,2,3,4,5,6],dtype=np.uint32)
4. b = np.array([[1,2],[3,4]],dtype=np.complex)
5. print("a: ",a)
6. print("b: ",b)
```

运行结果：

```
a:  [1 2 3 4 5 6]
b:  [[1.+0.j 2.+0.j]
     [3.+0.j 4.+0.j]]
```

**2. 创建特殊的数组**

对于一些常用的特殊矩阵，如单位矩阵、零矩阵等，可以调用内置的函数直接创建。

**【例 7-10】** 创建特殊矩阵。（代码：ch7 矩阵与数字图像处理\7.1 矩阵的概念\例 7-10）

```
1. # 创建特殊矩阵
2. import numpy as np
3. a1=np.zeros((2,3))              # 创建一个 2×3 的零矩阵
4. print(a1)
5. b=np.ones((3,4))                # 创建一个 3×4 的矩阵，所有元素都为 1
6. print(b)
7. c=np.eye(3)                     # 创建一个 3 阶的单位矩阵
8. print(c)
9. d=np.full((2,3),9)              # 创建一个 2×3 的常数矩阵，所有元素为 9
10. print(d)
```

运行结果：

```
[[0. 0. 0.]
 [0. 0. 0.]]
```

```
[[1. 1. 1. 1.]
 [1. 1. 1. 1.]
 [1. 1. 1. 1.]]

[[1. 0. 0.]
 [0. 1. 0.]
 [0. 0. 1.]]

[[9 9 9]
 [9 9 9]]
```

zeros_like()，ones_like()，full_like()等函数用于创建与参数数组的形状和类型相同的矩阵。

**【例 7-11】** 创建与指定矩阵形状相同的矩阵。（代码：ch7 矩阵与数字图像处理\7.1 矩阵的概念\例 7-11）

```
1. # 创建与指定矩阵形状相同的矩阵
2. import numpy as np
3.
4. a = np.array([[1,2,3],[4,5,6]])     # 创建一个 2×3 的矩阵 a
5. b=np.zeros_like(a)                  # 创建一个与矩阵 a 形状相同的零矩阵
6. print(b)
7. c=np.ones_like(a)                   # 创建一个与矩阵 a 形状相同的元素都为 1 的矩阵
8. print(c)
9. d=np.full_like(a,7)                 # 创建一个与矩阵 a 形状相同的元素都为 7 的矩阵
10. print(d)
```

运行结果：

```
[[0 0 0]
 [0 0 0]]

[[1 1 1]
 [1 1 1]]

[[7 7 7]
 [7 7 7]]
```

Numpy 还提供了 arange()，linspace()和 logspace()等函数用于构造等差数列和等比数列。其中，arange()函数类似于内置函数 range()，通过指定起始值、终值和步长来创建表示等差数列的一维数组，注意所得到的结果中不包含终值。arange()语法格式为

```
1. np.arange([start, ]stop, [step, ]dtype=None)
```

其中：

- start 表示起始值，可忽略不写，默认从 0 开始。
- stop 表示结束值；生成的元素不包括结束值。
- step 表示步长，可忽略不写，默认为 1。
- dtype 表示设置显示元素的数据类型，默认为 None。

**【例 7-12】** 使用 arange()函数创建等差数列。（代码：ch7 矩阵与数字图像处理\7.1 矩阵的概念\例 7-12）

```
1. # 使用 arange()函数创建等差数列
2. print(np.arange(3) )     # 创建起始值为 0，终值为 3，默认步长为 1 的等差数列
3. print(np.arange(3.0) ) # 创建起始值为 0，终值为 3.0，默认步长为 1.0 的等差数列
4. print(np.arange(3,7) ) # 创建起始值为 3，终值为 7，默认步长为 1 的等差数列
5. print(np.arange(3,8,2))# 创建起始值为 3，终值为 8，步长为 2 的等差数列
```

运行结果：

```
[0 1 2]
[0. 1. 2.]
[3 4 5 6]
[3 5 7]
```

linspace()函数通过指定起始值、终值和元素个数来创建表示等差数列的一维数组，可以通过 endpoint 参数指定是否包含终值，默认值为 True，即包含终值。语法格式为

```
1. numpy.linspace(start,stop[, num=50[, endpoint=True[, retstep=False
[, dtype=None]]]])
```

其中：

- start 表示起始值。
- stop 表示终值。
- num 表示元素个数，默认为 50。
- endpoint 表示是否包含 stop 数值，默认为 True，包含 stop 值；否则为 False。
- retstep 表示返回值形式，默认为 False，返回等差数列组；若为 True，则返回结果(array(['samples', 'step']))。
- dtype 表示返回结果的数据类型，默认无，若无，则参考输入数据类型。

logspace()函数与 linspace()函数类似，但 logspace()函数所创建的数组是等比数列。语法格式为

```
1. numpy.logscale(start, stop, num, endpoint, base, dtype)
```

其中：

- start 表示起始值是 base ** start。
- stop 表示终止值是 base ** stop。
- num 表示范围内的数值数量，默认为 50。
- endpoint 如果为 True，表示终止值包含在输出数组中。
- base 表示对数空间的底数，默认为 10。
- dtype 表示输出数组的数据类型，如果没有提供，则取决于其他参数。

**【例 7-13】** 使用 linspace()和 logspace()函数创建等差数列和等比数列。（代码：ch7 矩阵与数字图像处理\7.1 矩阵的概念\例 7-13）

```
1. # 使用 linspace()和 logspace()函数创建等差数列和等比数列
2. a = np.linspace(10,20,9)   # 创建初始值为 10，终值为 20，包含 9 个点的等差数列，
                             # 包含终值 20
3. print(a)
4. b = np.linspace(10,20,5,endpoint=False)   # 创建初始值为 10，终值为 20，包含
                                              5 个点的等差数列，不包含终值 20
5. print(b)
6. c = np.linspace(10,20,5,retstep=True)     # 创建初始值为 10，终值为 20，包含
                                              5 个点的等差数列
7. print(c)                                  #返回数组和步长
8. d = np.logspace(0,4,5)   # 创建初始值为 10**0，终值为 10**4，默认底数为 10，
                              包含 5 个点的等比数列
9. print(d)
10. e = np.logspace(0,4,5,base=2)   # 创建初始值为 10**0，终值为 10**4，
                                      底数为 2，包含 5 个点的等比数列
11. print(e)
```

运行结果：

```
[10.   11.25 12.5  13.75 15.   16.25 17.5  18.75 20.  ]
[10. 12. 14. 16. 18.]
(array([10. , 12.5, 15. , 17.5, 20. ]), 2.5)
[1.e+00 1.e+01 1.e+02 1.e+03 1.e+04]
[ 1.  2.  4.  8.  16.]
```

### 3. 查看矩阵属性

建立矩阵后，可以使用 dtype、size 等命令查看矩阵的属性。

【例 7-14】 查看矩阵的属性。（代码：ch7 矩阵与数字图像处理\7.1 矩阵的概念\例 7-14）

```
1. # 查看矩阵的属性
2. import numpy as np
3. x=np.eye(5)
4. print("数组元素数据类型：",x.dtype)   # 打印数组元素数据类型
5. print("数组元素总数：",x.size)        # 打印数组尺寸，即数组元素总数
6. print("数组形状：",x.shape)           # 打印数组形状
7. print("数组的维度数目",x.ndim)        # 打印数组的维度数目
8. print("数组每个元素占用的内存大小",x.itemsize) # 数组每个元素占用的内存大小，
                                                  以字节为单位
9. print("数组占用的总内存大小",x.nbytes) # 数组占用的总内存大小，以字节为单位
```

运行结果：

```
数组元素数据类型：float64
数组元素总数：25
数组形状：(5, 5)
数组的维度数目 2
数组每个元素占用的内存大小 8
数组占用的总内存大小 200
```

## 7.2　矩阵的运算

矩阵的运算包括加法、数乘、乘法等，只有对矩阵定义了一些有意义的计算后，才能使它成为进行理论研究和解决实际问题的有力工具。

### 7.2.1　矩阵的基本运算

**1. 矩阵的加法**

**定义 7-2**　设 $\boldsymbol{A}_{m\times n}=\begin{pmatrix} a_{11} & \cdots & a_{1n} \\ \vdots & & \vdots \\ a_{m1} & \cdots & a_{mn} \end{pmatrix}$，$\boldsymbol{B}_{m\times n}=\begin{pmatrix} b_{11} & \cdots & b_{1n} \\ \vdots & & \vdots \\ b_{m1} & \cdots & b_{mn} \end{pmatrix}$，则矩阵

$$\boldsymbol{C}_{m\times n}=\begin{pmatrix} a_{11}+b_{11} & \cdots & a_{1n}+b_{1n} \\ \vdots & & \vdots \\ a_{m1}+b_{m1} & \cdots & a_{mn}+b_{mn} \end{pmatrix} \tag{7-1}$$

称为 $\boldsymbol{A}_{m\times n}$ 和 $\boldsymbol{B}_{m\times n}$ 的和，记作 $\boldsymbol{C}_{m\times n}=\boldsymbol{A}_{m\times n}+\boldsymbol{B}_{m\times n}$，如图 7-3 所示。

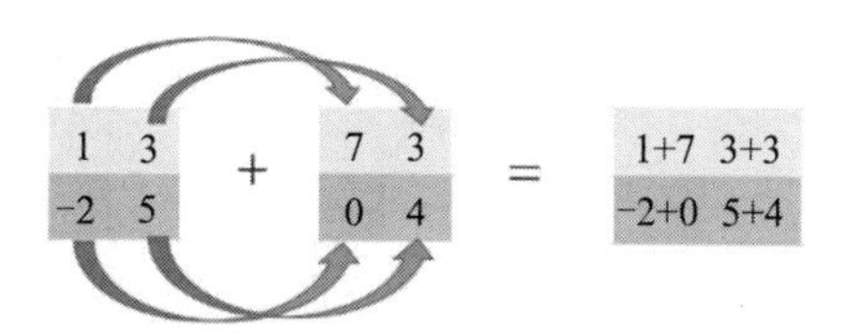


图 7-3　矩阵的加法

根据负矩阵的概念，可以定义矩阵的减法：

$$\boldsymbol{A}_{m\times n}-\boldsymbol{B}_{m\times n}=\boldsymbol{A}_{m\times n}+\left(-\boldsymbol{B}_{m\times n}\right)=\begin{pmatrix} a_{11}-b_{11} & \cdots & a_{1n}-b_{1n} \\ \vdots & & \vdots \\ a_{m1}-b_{m1} & \cdots & a_{mn}-b_{mn} \end{pmatrix} \tag{7-2}$$

**【例 7-15】** 设 $\boldsymbol{A}=\begin{pmatrix} -1 & 2 & 5 \\ 3 & -2 & 7 \end{pmatrix}$，$\boldsymbol{B}=\begin{pmatrix} 3 & 0 & -5 \\ 4 & 2 & 1 \end{pmatrix}$，求 $\boldsymbol{A}+\boldsymbol{B}$ 和 $\boldsymbol{A}-\boldsymbol{B}$ 。

解：$\boldsymbol{A}+\boldsymbol{B}=\begin{pmatrix} -1+3 & 2+0 & 5+(-5) \\ 3+4 & -2+2 & 7+1 \end{pmatrix}=\begin{pmatrix} 2 & 2 & 0 \\ 7 & 0 & 8 \end{pmatrix}$，

$\boldsymbol{A}-\boldsymbol{B}=\begin{pmatrix} -1-3 & 2-0 & 5-(-5) \\ 3-4 & -2-2 & 7-1 \end{pmatrix}=\begin{pmatrix} -4 & 2 & 10 \\ -1 & -4 & 6 \end{pmatrix}$。

矩阵的加减法即对应元素之间的加减，所以矩阵的加法有以下运算性质。

设 $\boldsymbol{A}$，$\boldsymbol{B}$，$\boldsymbol{C}$ 都是 $m\times n$ 矩阵，$\boldsymbol{O}$ 是 $m\times n$ 零矩阵，则

（1）**交换律** $\boldsymbol{A}+\boldsymbol{B}=\boldsymbol{B}+\boldsymbol{A}$；（7-3）

（2）**结合律** $(\boldsymbol{A}+\boldsymbol{B})+\boldsymbol{C}=\boldsymbol{A}+(\boldsymbol{B}+\boldsymbol{C})$；（7-4）

（3）$\boldsymbol{A}+\boldsymbol{O}=\boldsymbol{O}+\boldsymbol{A}=\boldsymbol{A}$ 。（7-5）

### 2. 矩阵的数量乘法

**定义 7-3**　设矩阵 $\boldsymbol{A}_{m\times n}=\begin{pmatrix} a_{11} & \cdots & a_{1n} \\ \vdots & & \vdots \\ a_{m1} & \cdots & a_{mn} \end{pmatrix}$，$k$ 为任意数，定义

$$k\boldsymbol{A}_{m\times n}=\begin{pmatrix} ka_{11} & \cdots & ka_{1n} \\ \vdots & & \vdots \\ ka_{m1} & \cdots & ka_{mn} \end{pmatrix} \tag{7-6}$$

称为 $k$ 与 $\boldsymbol{A}_{m\times n}$ 的**数量乘积**，简称**数乘**，如图 7-4 所示。

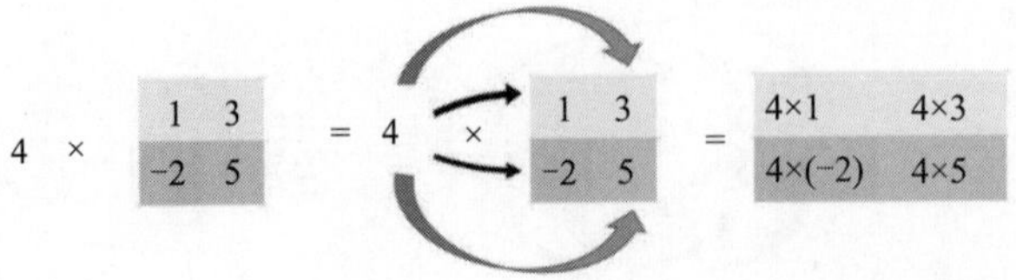

$$4\times\begin{pmatrix}1 & 3\\ -2 & 5\end{pmatrix}=4\times\begin{pmatrix}1 & 3\\ -2 & 5\end{pmatrix}=\begin{pmatrix}4\times1 & 4\times3\\ 4\times(-2) & 4\times5\end{pmatrix}$$

图 7-4　矩阵的数乘

**【例 7-16】** 设

$$\boldsymbol{A}=\begin{pmatrix}1 & -3 & 2 & 0\\ -4 & 2 & -1 & 1\\ 3 & 5 & -3 & 4\end{pmatrix},\ \boldsymbol{B}=\begin{pmatrix}-1 & -4 & 2 & 0\\ 0 & 3 & -6 & 1\\ -5 & 2 & 0 & -4\end{pmatrix},$$

求矩阵 $\boldsymbol{X}$ 使得 $3\boldsymbol{A}-2\boldsymbol{X}=\boldsymbol{B}$。

解：

$$\boldsymbol{X}=\frac{1}{2}(3\boldsymbol{A}-\boldsymbol{B})=\frac{1}{2}\left(\begin{pmatrix}3 & -9 & 6 & 0\\ -12 & 6 & -3 & 3\\ 9 & 15 & -9 & 12\end{pmatrix}-\begin{pmatrix}-1 & -4 & 2 & 0\\ 0 & 3 & -6 & 1\\ -5 & 2 & 0 & -4\end{pmatrix}\right)$$

$$=\frac{1}{2}\begin{pmatrix}4 & -5 & 4 & 0\\ -12 & 3 & 3 & 2\\ 14 & 13 & -9 & 16\end{pmatrix}$$

$$=\begin{pmatrix}2 & -\frac{5}{2} & 2 & 0\\ -6 & \frac{3}{2} & \frac{3}{2} & 1\\ 7 & \frac{13}{2} & \frac{-9}{2} & 8\end{pmatrix}。$$

根据矩阵数乘的定义，可得出以下运算规律。

设 $\boldsymbol{A}$，$\boldsymbol{B}$ 是任意矩阵，$k$，$l$ 是任意常数，则

（1）**结合律**　$(kl)\boldsymbol{A}=k(l\boldsymbol{A})=kl\boldsymbol{A}$；　　（7-7）

（2）**分配律**　$(k+l)\boldsymbol{A}=k\boldsymbol{A}+l\boldsymbol{A}$，$k(\boldsymbol{A}+\boldsymbol{B})=k\boldsymbol{A}+k\boldsymbol{B}$。　　（7-8）

### 3. 矩阵的乘法

**定义 7-4**　设矩阵 $\boldsymbol{A}=(a_{ij})_{m\times s}$，$\boldsymbol{B}=(b_{ij})_{s\times n}$，则由元素

$$c_{ij}=a_{i1}b_{1j}+a_{i2}b_{2j}+\cdots+a_{is}b_{sj}\quad(i=1,2,\cdots,m;\ j=1,2,\cdots,n)$$

构成的 $m\times n$ 矩阵 $\boldsymbol{C}=(c_{ij})_{m\times n}$ 称为矩阵 $\boldsymbol{A}$ 与 $\boldsymbol{B}$ 的乘积，记作 $\boldsymbol{C}=\boldsymbol{AB}$。

【例 7-17】 已知矩阵 $\boldsymbol{A}=\begin{pmatrix}1 & 0 & -1\\ 2 & 1 & 3\end{pmatrix}$，　$\boldsymbol{B}=\begin{pmatrix}0 & 3 & 2 & 1\\ -2 & -1 & 0 & -1\\ 1 & 4 & -3 & 2\end{pmatrix}$，求 $\boldsymbol{AB}$ 。

解：

$$\boldsymbol{AB}=\begin{pmatrix}1 & 0 & -1\\ 2 & 1 & 3\end{pmatrix}\begin{pmatrix}0 & 3 & 2\\ -2 & -1 & 0\\ 1 & 4 & -3\end{pmatrix}$$

$$=\begin{pmatrix}1\times 0+0\times(-2)+(-1)\times 1 & 1\times 3+0\times(-1)+(-1)\times 4 & 1\times 2+0\times 0+(-1)\times(-3)\\ 2\times 0+1\times(-2)+3\times 1 & 2\times 3+1\times(-1)+3\times 4 & 2\times 2+1\times 0+3\times(-3)\end{pmatrix}$$

$$=\begin{pmatrix}-1 & -1 & 5\\ 1 & 17 & -5\end{pmatrix}。$$

根据矩阵乘法的定义可知，例 7-17 中 $\boldsymbol{BA}$ 是没有意义的。

关于矩阵的乘法，需要注意以下几点。

（1）矩阵 $\boldsymbol{A}$ 与 $\boldsymbol{B}$ 可以相乘 $\Longleftrightarrow$ $\boldsymbol{A}$ 的列数=$\boldsymbol{B}$ 的行数；

（2）矩阵乘法不满足交换律，即一般情况下，$\boldsymbol{AB}\neq\boldsymbol{BA}$ 。

【例 7-18】 设

$$\boldsymbol{A}=\begin{pmatrix}a_1\\ a_2\\ \vdots\\ a_n\end{pmatrix},\quad \boldsymbol{B}=(b_1,\ b_2,\ \cdots,\ b_n),$$

分别求 $\boldsymbol{AB}$ 和 $\boldsymbol{BA}$ 。

解：$\boldsymbol{AB}=\begin{pmatrix}a_1\\ a_2\\ \vdots\\ a_n\end{pmatrix}(b_1,\ b_2,\ \cdots,\ b_n)=\begin{pmatrix}a_1b_1 & \cdots & a_1b_n\\ \vdots & & \vdots\\ a_nb_1 & \cdots & a_nb_n\end{pmatrix}$，

$$\boldsymbol{BA}=(b_1,\ b_2,\ \cdots,\ b_n)\begin{pmatrix}a_1\\ a_2\\ \vdots\\ a_n\end{pmatrix}=(b_1a_1+b_2a_2+\cdots+b_na_n)=b_1a_1+b_2a_2+\cdots+b_na_n。$$

所以，$\boldsymbol{AB}\neq\boldsymbol{BA}$ 。

（3）$\boldsymbol{AB}=\boldsymbol{O}\ \not\Rightarrow\ \boldsymbol{A}=\boldsymbol{O}$ 或者 $\boldsymbol{B}=\boldsymbol{O}$ 。

【例 7-19】设 $A=\begin{pmatrix}1 & 1\\ -1 & -1\end{pmatrix}$，　$B=\begin{pmatrix}-1 & 1\\ 1 & -1\end{pmatrix}$，求 $AB$。

解：$AB=\begin{pmatrix}1 & 1\\ -1 & -1\end{pmatrix}\begin{pmatrix}-1 & 1\\ 1 & -1\end{pmatrix}=\begin{pmatrix}0 & 0\\ 0 & 0\end{pmatrix}$。

例 7-19 中，$A\neq O$，$B\neq O$ 但是 $AB=O$。

（4）矩阵乘法不满足消去律，即

$$AB=AC \text{ 或 } BA=CA\text{，且 } A\neq O \nRightarrow B=C\text{。}$$

根据矩阵乘法的定义，可以得到以下性质（证明略）。

（1）结合律：$(AB)C=A(BC)$；　(7-9)

（2）分配律：$A(B+C)=AB+AC$，$(A+B)C=AC+BC$；　(7-10)

（3）对任意常数 $k$，有 $k(AB)=(kA)B=A(kB)$；　(7-11)

（4）$E_m$，$E_n$ 为单位矩阵，对任意矩阵 $A_{m\times n}$ 有

$$E_mA_{m\times n}=A_{m\times n}E_n=A_{m\times n}\text{，} \tag{7-12}$$

特别地，若 $A$ 为方阵，则 $E_nA_{n\times n}=A_{n\times n}E_n=A_{n\times n}$。　(7-13)

与数字的幂类似，也可以定义方阵的幂。

**定义 7-5**　设 $A$ 为 $n$ 阶方阵，定义：

$$A^k=\underbrace{AA\cdots A}_{k\text{个}A\text{相乘}} \tag{7-14}$$

称为方阵 $A$ 的 $k$ 次幂，并且规定 $A^0=E$。

由于矩阵的乘法满足结合律，于是

$$A^kA^l=A^{k+l}，(A^k)^l=A^{kl}\qquad (k,l\text{为非负整数})\text{。} \tag{7-15}$$

由于矩阵的乘法不满足交换律，所以

$$(AB)^k\neq A^kB^k\text{。} \tag{7-16}$$

### 4. 矩阵的转置

**定义 7-6**　设矩阵

$$A=\begin{pmatrix}a_{11} & \cdots & a_{1n}\\ \vdots & & \vdots\\ a_{m1} & \cdots & a_{mn}\end{pmatrix}，$$

把矩阵的行与列互换得到的 $n\times m$ 矩阵，称为 $A$ 的**转置矩阵**（图 7-5），记作 $A^{\mathrm{T}}$，即

$$\boldsymbol{A}^{\mathrm{T}}=\begin{pmatrix} a_{11} & \cdots & a_{m1} \\ \vdots & & \vdots \\ a_{1n} & \cdots & a_{mn} \end{pmatrix}。\tag{7-17}$$

例如，$\boldsymbol{A}=\begin{pmatrix} 1 & 0 & -1 \\ 2 & 1 & 3 \end{pmatrix}$，则 $\boldsymbol{A}^{\mathrm{T}}=\begin{pmatrix} 1 & 2 \\ 0 & 1 \\ -1 & 3 \end{pmatrix}$；再如图 7-5 中所示的矩阵转置。

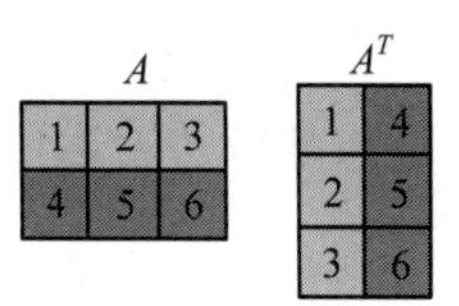

图 7-5　矩阵的转置

显然，$\boldsymbol{A}$ 与 $\boldsymbol{A}^{\mathrm{T}}$ 互为转置矩阵。同样，行、列向量互为转置向量。由于列向量的书写不方便，所以经常把列向量写作行向量的转置：

$$\begin{pmatrix} a_1 \\ a_2 \\ \vdots \\ a_n \end{pmatrix}=(a_1,a_2,\cdots,a_n)^{\mathrm{T}}。\tag{7-18}$$

矩阵转置的运算规律：

（1）$\left(\boldsymbol{A}^{\mathrm{T}}\right)^{\mathrm{T}}=\boldsymbol{A}$；　　（7-19）

（2）$\left(\boldsymbol{A}+\boldsymbol{B}\right)^{\mathrm{T}}=\boldsymbol{A}^{\mathrm{T}}+\boldsymbol{B}^{\mathrm{T}}$；　　（7-20）

（3）$\left(k\boldsymbol{A}\right)^{\mathrm{T}}=k\boldsymbol{A}^{\mathrm{T}}$，$k$ 为实数；　　（7-21）

（4）$\left(\boldsymbol{AB}\right)^{\mathrm{T}}=\boldsymbol{B}^{\mathrm{T}}\boldsymbol{A}^{\mathrm{T}}$，$(\boldsymbol{A}_1\boldsymbol{A}_2\cdots\boldsymbol{A}_k)^{\mathrm{T}}=\boldsymbol{A}_k^{\mathrm{T}}\boldsymbol{A}_{k-1}^{\mathrm{T}}\cdots\boldsymbol{A}_1^{\mathrm{T}}$。　　（7-22）

**【例 7-20】** 设 $\boldsymbol{A}=\begin{pmatrix} -1 & 3 & 1 \\ -2 & 0 & 1 \\ 1 & 2 & 0 \end{pmatrix}$，$\boldsymbol{B}=\begin{pmatrix} -1 & 1 & -2 \\ -1 & -2 & 0 \\ 0 & 1 & 1 \end{pmatrix}$，求 $(\boldsymbol{AB})^{\mathrm{T}}$，$\boldsymbol{B}^{\mathrm{T}}\boldsymbol{A}^{\mathrm{T}}$，$\boldsymbol{A}^{\mathrm{T}}\boldsymbol{B}^{\mathrm{T}}$。

解：$\boldsymbol{AB}=\begin{pmatrix} -2 & -6 & 3 \\ 2 & -1 & 5 \\ -3 & -3 & -2 \end{pmatrix}$，所以 $\left(\boldsymbol{AB}\right)^{\mathrm{T}}=\begin{pmatrix} -2 & 2 & -3 \\ -6 & -1 & -3 \\ 3 & 5 & -2 \end{pmatrix}$；

$$\boldsymbol{A}^{\mathrm{T}}=\begin{pmatrix} -1 & -2 & 1 \\ 3 & 0 & 2 \\ 1 & 1 & 0 \end{pmatrix}，\boldsymbol{B}^{\mathrm{T}}=\begin{pmatrix} -1 & -1 & 0 \\ 1 & -2 & 1 \\ -2 & 0 & 1 \end{pmatrix}，$$

所以

$$A^{\mathrm{T}}B^{\mathrm{T}}=\begin{pmatrix}-3 & 5 & -1\\ -7 & -3 & 2\\ 0 & -3 & 1\end{pmatrix},\quad B^{\mathrm{T}}A^{\mathrm{T}}=\begin{pmatrix}-2 & 2 & -3\\ -6 & -1 & -3\\ 3 & 5 & -2\end{pmatrix}。$$

由例 7-20 知，$(AB)^{\mathrm{T}}=B^{\mathrm{T}}A^{\mathrm{T}}\neq A^{\mathrm{T}}B^{\mathrm{T}}$。（7-23）

**5. 矩阵的哈达马积**

普通意义上的矩阵乘积比较复杂，在某些应用中还需要用到同阶矩阵的对应元素的乘积，称之为矩阵的“哈达马积”(Hadamard product)。

**定义 7-7** 设两个 $m\times n$ 矩阵 $A=(a_{ij})_{m\times n}$，$B=(b_{ij})_{m\times n}$，称矩阵 $C=(a_{ij}\times b_{ij})_{m\times n}$ 为 $A$ 和 $B$ 的哈达马积，记作 $C=A*B$。

**【例 7-21】** 设 $A=\begin{pmatrix}3 & 1 & -2\\ 0 & -1 & 4\end{pmatrix}$，$B=\begin{pmatrix}1 & 0 & -5\\ 3 & -4 & 2\end{pmatrix}$，求 $A*B$。

解：$A*B=\begin{pmatrix}3\times1 & 1\times0 & -2\times(-5)\\ 0\times3 & -1\times(-4) & 4\times2\end{pmatrix}=\begin{pmatrix}3 & 0 & 10\\ 0 & 4 & 8\end{pmatrix}$。

根据哈达马积的定义，可以得出以下运算规律。

（1）交换律：$A*B=B*A$；（7-24）

（2）结合律：$(A*B)*C=A*(B*C)$；（7-25）

（3）分配率：$A*(B+C)=A*B+A*C$；$(A+B)*C=A*C+B*C$。（7-26）

注意：

（1）计算两个矩阵的哈达马积，两矩阵必须同型；

（2）$A*B=0 \not\Rightarrow A=0$ 或者 $B=0$，例如，$A=\begin{pmatrix}0 & 0\\ -2 & 1\end{pmatrix}\neq 0$，$B=\begin{pmatrix}-1 & 1\\ 0 & 0\end{pmatrix}\neq 0$，但是 $A*B=\begin{pmatrix}0 & 0\\ 0 & 0\end{pmatrix}$。

## 7.2.2 使用 NumPy 进行矩阵运算

使用 Numpy 可以方便地实现矩阵的各种运算。

**1. 矩阵运算**

NumPy 中的常见矩阵运算如表 7-3 所示。

表 7-3　NumPy 中的常见矩阵运算

| 运　　算 | 等价函数 | 含　　义 |
| --- | --- | --- |
| A+B | np.add() | 矩阵加法 |
| A-B | np.subtract(A,B) | 矩阵减法 |
| A@B | np.dot(A,B)<br>A.dot(B) | 矩阵乘法 |
| A.T | A.transpose() | 矩阵转置 |
| 2*A | np.dot(2,A)<br>A.dot(2) | 数与矩阵乘法 |

**【例 7-22】** 矩阵的基本运算。（代码：ch7 矩阵与数字图像处理\7.2 矩阵的运算\例 7-22）

```
# 矩阵的运算
1. import numpy as np
2. A=np.array([[1,2],[3,4]])
3. print(A)
4. B=np.array([[2,1],[0,5]])
5. print(B)
6. print(A+B)
7. print(np.dot(A,B))
8. print(A.T)
9. print(2*A)
```

运行结果：

```
[[1 2]
 [3 4]]

[[2 1]
 [0 5]]

[[3 3]
 [3 9]]

[[ 2 11]
 [ 6 23]]

[[1 3]
 [2 4]]

[[2 4]
 [6 8]]
```

### 2. 对应元素之间的运算

除了数学中定义的矩阵运算外，为了便于使用，NumPy 中还定义了矩阵对应元素的运算，如表 7-4 所示。

表 7-4　NumPy 中矩阵对应元素的运算

| 运　算 | 含　义 |
|---|---|
| **X*Y** 或 np.multiply(x,y) | 对应元素相乘（哈达马积） |
| X/Y 或 np.true_divede(x,y) | 对应元素相除 |
| X//Y 或 np.floor_divide(x,y) | 对应元素相除后，返回值取整 |
| X**Y 或 np.power(x,y) | 对应元素进行幂运算 |
| X**2 | 对矩阵 x 的每个元素进行幂运算 |
| X%Y 或 np.remainder(x,y) | 对应元素相除后取余数 |

**【例 7-23】** 矩阵对应元素的运算。（代码：ch7 矩阵与数字图像处理\7.2 矩阵的运算\例 7-23）

```
# 矩阵对应元素的运算
1. import numpy as np
2. X=np.arraY([[1,2,3],[4,5,6]])
3. print(X)
4. print('-'*20)
5. Y=np.array([[2,1,3],[2,5,3]])
6. print(Y)
7. print('-'*20)
8. print(X+Y)
9. print('-'*20)
10. print(X*Y)
11. print('-'*20)
12. print(X/Y)
13. print('-'*20)
14. print(X//Y)
15. print('-'*20)
16. print(X**Y)
17. print('-'*20)
18. print(X%Y)
```

运行结果：

```
[[1 2 3]
 [4 5 6]]
--------------------
[[2 1 3]
```

```
 [2 5 3]]
--------------------
[[ 3  3  6]
 [ 6 10  9]]
--------------------
[[ 2  2  9]
 [ 8 25 18]]
--------------------
[[0.5 2.  1. ]
 [2.  1.  2. ]]
--------------------
[[0 2 1]
 [2 1 2]]
--------------------
[[   1    2   27]
 [  16 3125  216]]
--------------------
[[1 0 0]
 [0 0 0]]
```

# 7.3　实战案例：矩阵在数字图像处理中的应用

## 7.3.1　图像基础

心理学研究表明，人类获取的信息 83%来自视觉。20 世纪 50 年代以来，基于计算机的数字图像处理技术发展迅速，在安防、医学、产品检测等众多领域得到了广泛应用。那么，什么是数字图像呢？

数字图像，又称“数码图像”或“数位图像”，是以二维数字组形式表示的二维图像。根据数字图像在计算机中表示方法的不同，分为二值图像、灰度图像和 RGB 图像等，如图 7-6 所示。

（a）二值图像

（b）灰度图像

（c）彩色图像

图 7-6　各种数字图像

数字图像处理（Digital Image Processing，DIP）又称“计算机图像处理”，它是指将图像信号转换成数字信号并利用计算机对其进行处理的过程，如图 7-7～图 7-9 所示。

（a）原始图像

（b）提取图像轮廓

图 7-7　图像轮廓检测

（a）原始图像

（b）分割后的图像

图 7-8　图像分割[①]

（a）原始图像（有雾气）

（b）增强后的图像

图 7-9　图像增强[②]

① Zhao H , Shi J , Qi X , et al. Pyramid scence parsing network[C]// 2017 IEEE Conference on Computer Vision and Pattern Recognition (CVPR). IEEE, 2017.

② 谢有庆，何涛，邱捷. 基于分数阶微分的电力系统有雾图像增强研究[J/OL]. 广东电力，2020，27（9）1-9[2020-10-12]. http://kns.cnki.net/kcms/detail/44.1420.TM. 20201009. 0934.036.html.

## 7.3.2　数字图像的矩阵表示

在计算机中，一个二维图像通常用一个 $M \times N$ 的矩阵表示，其中 $M$ 表示图像的行数，$N$ 表示图像的列数。矩阵的每个元素对应图像的 1 像素，元素的值表示像素的灰度值或者颜色值。在不同的图像类型中，元素的取值范围也不同。

**1. 二值图像**

在二值图像中，像素的值取 0 或者 1，其中 0 表示黑色，1 表示白色。二值图像一般用来描述文字或者简单图形，占用空间少，但是颜色区分度小，只能描述轮廓，如图 7-10 所示。

（a）原始二值图像

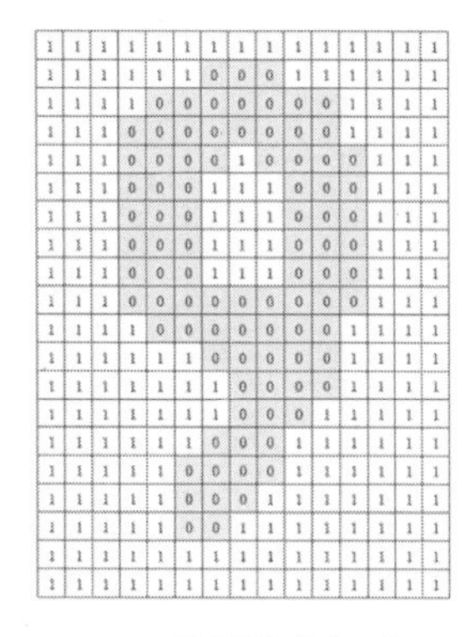

（b）二值图像的矩阵

图 7-10　数字“9”的二值图像及对应矩阵

**2. 灰度图像**

灰度图像的像素值取值范围为 0～255，其中 0 表示黑色，255 表示白色，1～254 表示不同的深浅灰色。相比二值图像，灰度图像增加了颜色的种类，但是缺乏色彩，如图 7-11 所示。

**3. RGB 图像**

也称为“真彩色图像”，一幅 RGB 图像由 3 个大小相同的二维数组构成，分别代表各像素中 R（红色）、G（绿色）、B（蓝色）的亮度值。每种颜色的取值范围为$[0,255]$，如图 7-12 和图 7-13 所示。

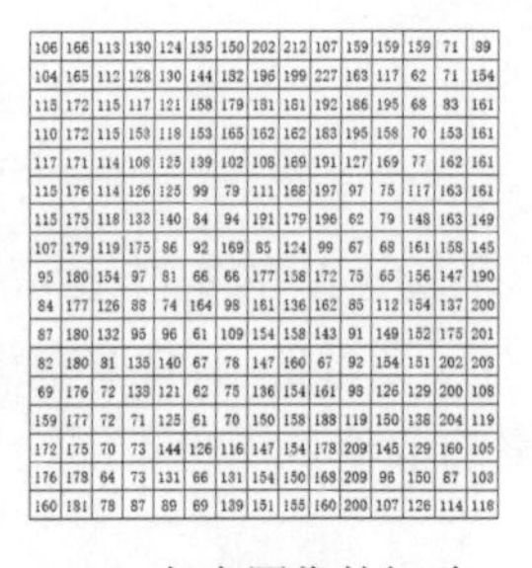

| 106 | 166 | 113 | 130 | 124 | 135 | 150 | 202 | 212 | 107 | 159 | 159 | 159 | 71 | 89 |
|---|---|---|---|---|---|---|---|---|---|---|---|---|---|---|
| 104 | 165 | 112 | 128 | 130 | 144 | 182 | 196 | 199 | 227 | 163 | 117 | 62 | 71 | 154 |
| 115 | 172 | 115 | 117 | 121 | 158 | 179 | 181 | 181 | 192 | 186 | 195 | 68 | 83 | 161 |
| 110 | 172 | 115 | 159 | 118 | 153 | 165 | 162 | 162 | 183 | 195 | 158 | 70 | 153 | 161 |
| 117 | 171 | 114 | 108 | 125 | 139 | 102 | 108 | 169 | 191 | 127 | 169 | 77 | 162 | 161 |
| 115 | 176 | 114 | 126 | 125 | 99 | 79 | 111 | 168 | 197 | 97 | 75 | 117 | 163 | 161 |
| 115 | 175 | 118 | 133 | 140 | 84 | 94 | 191 | 179 | 196 | 62 | 79 | 148 | 163 | 149 |
| 107 | 179 | 119 | 175 | 86 | 92 | 169 | 85 | 124 | 99 | 67 | 68 | 161 | 158 | 145 |
| 95 | 180 | 154 | 97 | 81 | 66 | 66 | 177 | 158 | 172 | 75 | 65 | 156 | 147 | 190 |
| 84 | 177 | 126 | 88 | 74 | 164 | 98 | 161 | 136 | 162 | 85 | 112 | 154 | 137 | 200 |
| 87 | 180 | 132 | 95 | 96 | 61 | 109 | 154 | 158 | 143 | 91 | 149 | 152 | 175 | 201 |
| 82 | 180 | 81 | 135 | 140 | 67 | 78 | 147 | 160 | 67 | 92 | 154 | 151 | 202 | 203 |
| 69 | 176 | 72 | 138 | 121 | 62 | 75 | 136 | 154 | 161 | 98 | 126 | 129 | 200 | 108 |
| 159 | 177 | 72 | 71 | 125 | 61 | 70 | 150 | 158 | 188 | 119 | 150 | 138 | 204 | 119 |
| 172 | 175 | 70 | 73 | 144 | 126 | 116 | 147 | 154 | 178 | 209 | 145 | 129 | 160 | 105 |
| 176 | 178 | 64 | 73 | 131 | 66 | 131 | 154 | 150 | 168 | 209 | 96 | 150 | 87 | 103 |
| 160 | 181 | 78 | 87 | 89 | 69 | 139 | 151 | 155 | 160 | 200 | 107 | 126 | 114 | 118 |

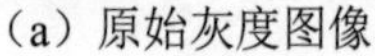

（a）原始灰度图像　（b）灰度图像的矩阵

图 7-11　灰度图像及对应矩阵

图 7-12　彩色图像

| 11 | 15 | 8 | 195 | 196 | 198 | 253 | 254 | 252 | 252 | 252 | 251 | 252 | 254 | 252 |
|---|---|---|---|---|---|---|---|---|---|---|---|---|---|---|
| 11 | 28 | 8 | 195 | 218 | 195 | 245 | 241 | 253 | 252 | 240 | 252 | 244 | 237 | 253 |
| 9 | 25 | 15 | 191 | 210 | 151 | 237 | 237 | 221 | 240 | 237 | 245 | 237 | 237 | 251 |
| 12 | 25 | 15 | 198 | 207 | 183 | 253 | 241 | 240 | 253 | 236 | 252 | 253 | 221 | 252 |
| 8 | 12 | 12 | 203 | 201 | 202 | 221 | 220 | 218 | 39 | 38 | 42 | 239 | 238 | 243 |
| 0 | 32 | 1 | 198 | 222 | 195 | 244 | 238 | 243 | 11 | 27 | 13 | 229 | 231 | 230 |
| 0 | 33 | 11 | 199 | 213 | 183 | 245 | 244 | 243 | 24 | 25 | 10 | 230 | 231 | 231 |
| 1 | 33 | 9 | 197 | 204 | 161 | 226 | 241 | 217 | 24 | 18 | 13 | 231 | 232 | 232 |
| 0 | 7 | 5 | 201 | 176 | 196 | 239 | 207 | 236 | 15 | 15 | 8 | 232 | 232 | 233 |
| 0 | 0 | 2 | 253 | 253 | 253 | 253 | 254 | 247 | 229 | 231 | 231 | 232 | 233 | 234 |
| 1 | 33 | 3 | 249 | 242 | 254 | 243 | 240 | 253 | 230 | 231 | 232 | 233 | 234 | 235 |
| 0 | 32 | 8 | 244 | 235 | 196 | 241 | 236 | 226 | 231 | 232 | 233 | 234 | 235 | 236 |
| 0 | 26 | 12 | 252 | 240 | 225 | 253 | 244 | 239 | 231 | 233 | 234 | 235 | 237 | 238 |
| 122 | 126 | 127 | 251 | 251 | 255 | 232 | 234 | 232 | 232 | 233 | 234 | 236 | 236 | 239 |
| 195 | 220 | 193 | 240 | 243 | 242 | 226 | 230 | 231 | 233 | 234 | 235 | 237 | 238 | 239 |
| 192 | 214 | 165 | 222 | 244 | 232 | 229 | 232 | 232 | 233 | 235 | 237 | 237 | 239 | 240 |
| 197 | 208 | 148 | 237 | 244 | 194 | 230 | 231 | 233 | 234 | 236 | 238 | 238 | 240 | 241 |
| 197 | 175 | 191 | 240 | 198 | 240 | 230 | 232 | 233 | 235 | 236 | 237 | 239 | 240 | 242 |
| 197 | 194 | 198 | 226 | 229 | 229 | 231 | 232 | 234 | 235 | 236 | 239 | 240 | 241 | 241 |
| 195 | 216 | 195 | 224 | 228 | 229 | 231 | 232 | 234 | 236 | 237 | 239 | 240 | 242 | 243 |

（a）红色分量矩阵

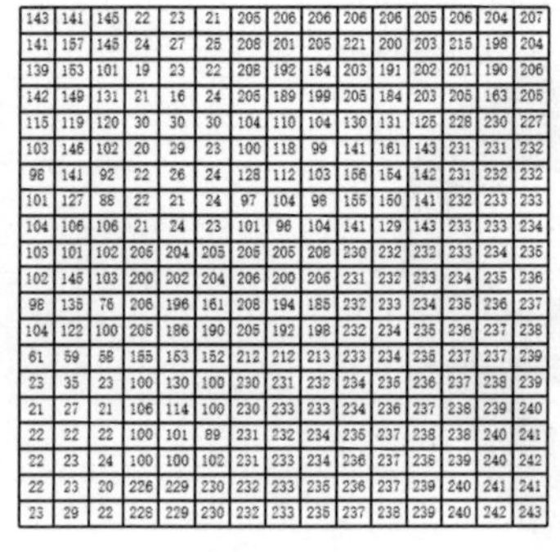

| 143 | 141 | 145 | 22 | 23 | 21 | 205 | 206 | 206 | 206 | 206 | 205 | 206 | 204 | 207 |
|---|---|---|---|---|---|---|---|---|---|---|---|---|---|---|
| 141 | 157 | 145 | 24 | 27 | 25 | 208 | 201 | 205 | 221 | 200 | 203 | 215 | 198 | 204 |
| 139 | 153 | 101 | 19 | 23 | 22 | 208 | 192 | 184 | 203 | 191 | 202 | 201 | 190 | 206 |
| 142 | 149 | 131 | 21 | 16 | 24 | 205 | 189 | 199 | 205 | 184 | 203 | 205 | 163 | 205 |
| 115 | 119 | 120 | 30 | 30 | 30 | 104 | 110 | 104 | 130 | 131 | 125 | 228 | 230 | 227 |
| 103 | 146 | 102 | 20 | 29 | 23 | 100 | 118 | 99 | 141 | 161 | 143 | 231 | 231 | 232 |
| 98 | 141 | 92 | 22 | 26 | 24 | 128 | 112 | 103 | 156 | 154 | 142 | 231 | 232 | 232 |
| 101 | 127 | 88 | 22 | 21 | 24 | 97 | 104 | 98 | 155 | 150 | 141 | 232 | 233 | 233 |
| 104 | 106 | 106 | 21 | 24 | 23 | 101 | 96 | 104 | 141 | 129 | 143 | 233 | 233 | 234 |
| 103 | 101 | 102 | 205 | 204 | 205 | 205 | 205 | 208 | 230 | 232 | 232 | 233 | 234 | 235 |
| 102 | 145 | 103 | 200 | 202 | 204 | 206 | 200 | 206 | 231 | 232 | 233 | 234 | 235 | 236 |
| 98 | 135 | 76 | 206 | 196 | 161 | 208 | 194 | 185 | 232 | 233 | 234 | 235 | 236 | 237 |
| 104 | 122 | 100 | 205 | 186 | 190 | 205 | 192 | 198 | 232 | 234 | 235 | 236 | 237 | 238 |
| 61 | 59 | 58 | 155 | 153 | 152 | 212 | 212 | 213 | 233 | 234 | 235 | 237 | 237 | 239 |
| 23 | 35 | 23 | 100 | 130 | 100 | 230 | 231 | 232 | 234 | 235 | 236 | 237 | 238 | 239 |
| 21 | 27 | 21 | 106 | 114 | 100 | 230 | 233 | 233 | 234 | 236 | 237 | 238 | 239 | 240 |
| 22 | 22 | 22 | 100 | 101 | 89 | 231 | 232 | 234 | 235 | 237 | 238 | 238 | 240 | 241 |
| 22 | 23 | 24 | 100 | 100 | 102 | 231 | 233 | 234 | 236 | 237 | 238 | 239 | 240 | 242 |
| 22 | 23 | 20 | 226 | 229 | 230 | 232 | 233 | 235 | 236 | 237 | 239 | 240 | 241 | 241 |
| 23 | 29 | 22 | 228 | 229 | 230 | 232 | 233 | 235 | 237 | 238 | 239 | 240 | 242 | 243 |

（b）绿色分量矩阵

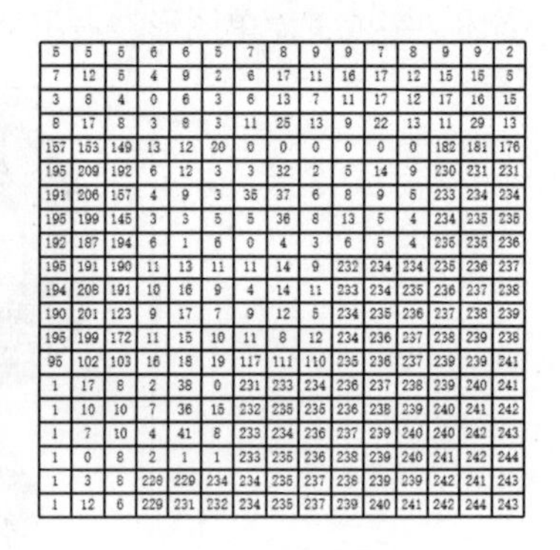

| 5 | 5 | 5 | 6 | 6 | 5 | 7 | 8 | 9 | 9 | 7 | 8 | 9 | 9 | 2 |
|---|---|---|---|---|---|---|---|---|---|---|---|---|---|---|
| 7 | 12 | 5 | 4 | 9 | 2 | 6 | 17 | 11 | 16 | 17 | 12 | 15 | 15 | 5 |
| 3 | 8 | 4 | 0 | 6 | 3 | 6 | 13 | 7 | 11 | 17 | 12 | 17 | 16 | 15 |
| 8 | 17 | 8 | 3 | 8 | 3 | 11 | 25 | 13 | 9 | 22 | 13 | 11 | 29 | 13 |
| 157 | 153 | 149 | 13 | 12 | 20 | 0 | 0 | 0 | 0 | 0 | 0 | 182 | 181 | 176 |
| 195 | 209 | 192 | 6 | 12 | 3 | 3 | 32 | 2 | 5 | 14 | 9 | 230 | 231 | 231 |
| 191 | 206 | 157 | 4 | 9 | 3 | 35 | 37 | 6 | 8 | 9 | 5 | 233 | 234 | 234 |
| 195 | 199 | 145 | 3 | 3 | 5 | 5 | 36 | 8 | 13 | 5 | 4 | 234 | 235 | 235 |
| 192 | 187 | 194 | 6 | 1 | 6 | 0 | 4 | 3 | 6 | 5 | 4 | 235 | 235 | 236 |
| 195 | 191 | 190 | 11 | 13 | 11 | 11 | 14 | 9 | 232 | 234 | 234 | 235 | 236 | 237 |
| 194 | 208 | 191 | 10 | 16 | 9 | 4 | 14 | 11 | 233 | 234 | 235 | 236 | 237 | 238 |
| 190 | 201 | 123 | 9 | 17 | 7 | 9 | 12 | 5 | 234 | 235 | 236 | 237 | 238 | 239 |
| 195 | 199 | 172 | 11 | 15 | 10 | 11 | 8 | 12 | 234 | 236 | 237 | 238 | 239 | 238 |
| 95 | 102 | 103 | 16 | 18 | 19 | 117 | 111 | 110 | 235 | 236 | 237 | 239 | 239 | 241 |
| 1 | 17 | 8 | 2 | 38 | 0 | 231 | 233 | 234 | 236 | 237 | 238 | 239 | 240 | 241 |
| 1 | 10 | 10 | 7 | 36 | 15 | 232 | 235 | 235 | 236 | 238 | 239 | 240 | 241 | 242 |
| 1 | 7 | 10 | 4 | 41 | 8 | 233 | 234 | 236 | 237 | 239 | 240 | 240 | 242 | 243 |
| 1 | 0 | 8 | 2 | 1 | 1 | 233 | 235 | 236 | 238 | 239 | 240 | 241 | 242 | 244 |
| 1 | 3 | 8 | 228 | 229 | 234 | 234 | 235 | 237 | 238 | 239 | 239 | 242 | 241 | 243 |
| 1 | 12 | 6 | 229 | 231 | 232 | 234 | 235 | 237 | 239 | 240 | 241 | 242 | 244 | 243 |

（c）蓝色分量矩阵

图 7-13　真彩色图像的颜色矩阵

### 7.3.3　矩阵运算实现图像处理

由于数字图像用矩阵表示，对图像的各种处理就表现为对图像矩阵进行各种运算。

#### 1. 矩阵加法实现图像叠加效果

将两个矩阵相加，即对应点像素的值相加，可以实现两幅图像的叠加（若对应点像素值的和超过 255，则以 255 为除数进行取余运算）。

**【例 7-24】** 两个矩阵相加实现图像叠加效果，如图 7-14 所示。（代码：ch7 矩阵与数字图像处理\7.3 实战案例：矩阵在数字图像处理中的应用\例 7-24）

```
1. import cv2
2.
3. img1 = cv2.imread(r'figures/eagle.png')   # 读取图片 1
4. cv2.imshow('img1',img1)                   # 显示图片 1
5. img2 = cv2.imread(r'figures/frag.png')    # 读取图片 2
```

```
6. cv2.imshow('img2',img2)       # 显示图片 2
7. result=(img1+img2)%255        # 将两张图片矩阵相加，结果变换在[0,255]的范围内
8. cv2.imshow('img1+img2',result) # 显示矩阵相加后的图片
9. cv2.waitKey(0)                 # 设置 waitKey(0) ，代表按任意键可继续
10. cv2.destroyAllWindows()       # 关闭窗口
```

运行结果：

图 7-14　矩阵加法实现图像叠加效果

## 2. 矩阵减法实现底片效果与图像分离效果

将矩阵的每个对应点像素值用 255 去减，则会实现底片的效果。而用混合图像减去背景，还可以实现图像分离效果。

**【例 7-25】** 矩阵减法实现底片效果与图像分离效果，如图 7-15 和图 7-16 所示。（代码：ch7 矩阵与数字图像处理\7.3 实战案例：矩阵在数字图像处理中的应用\例 7-25）

```
1. import cv2
2.
3. img = cv2.imread(r'figures/eagle.png')      # 读取图片
4. cv2.imshow('original image',img)            # 显示图片
5. cv2.imshow('255-img',255-img)               # 显示 255 减去图像矩阵后的效果
6.
7. img1 = cv2.imread('figures/img1.png')       # 读取图像
8. img2 = cv2.imread('figures/img2.png')       # 读取图像
9. cv2.imshow('img1',img1)                     # 显示图片
10. cv2.imshow('img2',img2)                    # 显示图片
11. cv2.imshow("img1-img2",img1-img2) # 显示两个图像矩阵相减后对应的图像
12. cv2.waitKey(0)                   # 设置 waitKey(0) ，代表按任意键可继续
13. cv2.destroyAllWindows()                    # 关闭窗口
```

运行结果：

图 7-15　矩阵减法实现底片效果

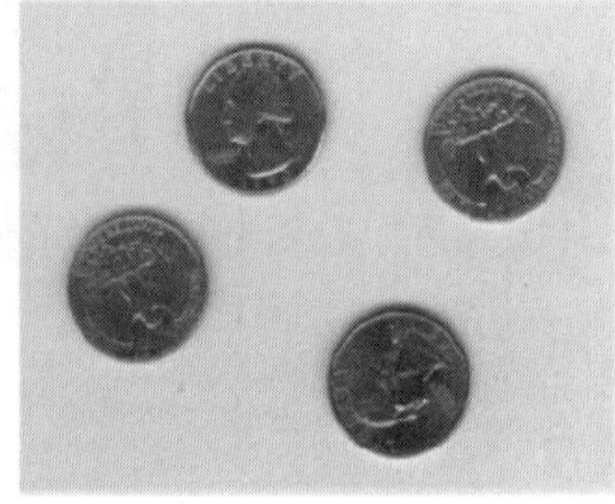

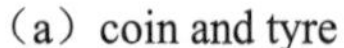

（a）coin and tyre　　（b）coin　　（c）tyre

图 7-16　矩阵减法实现图像分离效果

### 3. 数与矩阵相乘改变图像亮度

将矩阵乘以一个常数可以增大像素值，从而提高图像的亮度。这一效果也可以通过对图像的每像素值加上同一个常数实现。

**【例 7-26】** 数与矩阵相乘改变图像亮度，如图 7-17 所示。（代码：ch7 矩阵与数字图像处理\7.3 实战案例：矩阵在数字图像处理中的应用\例 7-26）

```
1. import cv2
2.
3. img = cv2.imread('figures/dark.png') # 读取图像
4. cv2.imshow('original image',img)     # 显示原图像
5. cv2.imshow('result',img*2)           # 将原图像的矩阵乘以常数 2
6. cv2.waitKey(0)                       # 设置 waitKey(0) ，代表按任意键可继续
7. cv2.destroyAllWindows()              # 关闭窗口
```

运行结果：

图 7-17　数与矩阵相乘改变图像亮度

**4. 图像翻转**

矩阵的转置可以实现矩阵中行与列互换，对应图像也具有同样的效果。

**【例 7-27】** 利用矩阵转置运算实现图像翻转，如图 7-18 所示。（代码：ch7 矩阵与数字图像处理\7.3 实战案例：矩阵在数字图像处理中的应用\例 7-27）

图 7-18　矩阵转置实现图片翻转效果

```
1. # 导入 opencv 模块
2. import cv2
3. # 以灰度图像的形式打开图片文件
4. img = cv2.imread('figures/bridge.jpg',cv2.IMREAD_GRAYSCALE)
5. cv2.imshow('original image',img)            # 显示原图像
```

```
6. print(img.shape)                                # 显示原图像的规格
7. cv2.imshow(r'transposed image',img.T)     # 显示转置后的图像
8. cv2.waitKey(0)                         # 设置 waitKey(0) ，代表按任意键可继续
9. cv2.destroyAllWindows()                         # 关闭窗口
```

运行结果：

```
(400, 400)
```

## 7.4 矩阵的初等变换

在利用矩阵解决问题的过程中，例如求解线性方程组，需要对矩阵做一些变换，从而得到最终结论。归结起来，对矩阵的变换有三种类型，称为矩阵的初等变换。

**定义 7-8** 对一个矩阵 $\boldsymbol{A}=(a_{ij})_{m\times n}$ 实施以下三种类型的变换，称为矩阵的**初等行（列）变换**，统称为矩阵的**初等变换**：

（1）互换 $\boldsymbol{A}$ 中两行（列）；

（2）用一个非零常数 $k$ 乘 $\boldsymbol{A}$ 的某一行（列）；

（3）用一个常数 $k$ 乘 $\boldsymbol{A}$ 的某一行（列），加到另一行（列）上。

由于经过初等变换后两个矩阵不相等，因而用箭头"→"进行连接，而不能用"="。

下面以初等行变换为例进行解释。

设 $\boldsymbol{A}=\begin{pmatrix} a_{11} & \cdots & a_{1n} \\ \vdots & & \vdots \\ a_{m1} & \cdots & a_{mn} \end{pmatrix}=\begin{pmatrix} \alpha_1 \\ \alpha_2 \\ \vdots \\ \alpha_m \end{pmatrix}$，其中 $\boldsymbol{\alpha}_i=(a_{i1},a_{i2},\cdots,a_{in})$，$i=1,2,\cdots,m$ 。

（1）互换 $\boldsymbol{A}$ 中的 $i,j$ 两行：

$$\boldsymbol{A}=\begin{pmatrix} \vdots \\ \alpha_i \\ \vdots \\ \alpha_j \\ \vdots \end{pmatrix} \to \boldsymbol{B}=\begin{pmatrix} \vdots \\ \alpha_j \\ \vdots \\ \alpha_i \\ \vdots \end{pmatrix};$$

（2）用一个非零常数 $k$ 乘 $\boldsymbol{A}$ 的第 $i$ 行：

$$\boldsymbol{A}=\begin{pmatrix} \vdots \\ \alpha_i \\ \vdots \end{pmatrix} \to \boldsymbol{B}=\begin{pmatrix} \vdots \\ k\alpha_i \\ \vdots \end{pmatrix},\ k\neq 0;$$

（3）用常数 $k$ 乘 $\boldsymbol{A}$ 的第 $j$ 行，加到第 $i$ 行上：

$$\boldsymbol{A}=\begin{pmatrix}\vdots\\ \alpha_i\\ \vdots\\ \alpha_j\\ \vdots\end{pmatrix}\to\boldsymbol{B}=\begin{pmatrix}\vdots\\ k\alpha_j+\alpha_i\\ \vdots\\ \alpha_j\\ \vdots\end{pmatrix}。$$

例如，$\boldsymbol{A}=\begin{pmatrix}1&0&7&1\\2&-1&0&5\\3&0&-3&2\end{pmatrix}$：

（1）互换 $\boldsymbol{A}$ 中第 1,3 行：

$$\begin{pmatrix}3&0&-3&2\\2&-1&0&5\\1&0&7&1\end{pmatrix},$$

（2）用 $-2$ 乘 $\boldsymbol{A}$ 的第 2 行：

$$\begin{pmatrix}1&0&7&1\\-4&2&0&-10\\3&0&-3&2\end{pmatrix}$$

（3）用常数 $-2$ 乘 $\boldsymbol{A}$ 的第 1 行，加到第 2 行上：

$$\begin{pmatrix}1&0&7&1\\0&-1&-14&3\\3&0&-3&2\end{pmatrix}$$

以上是初等行变换，初等列变换类似。

## 7.5　阶梯形矩阵与矩阵的秩

### 7.5.1　阶梯形矩阵

在计算向量之间的相关性、求解线性方程组等过程中，都需要将矩阵化为简单的形式，通常化为“行阶梯形矩阵”或“最简行阶梯形矩阵”。

**定义 7-9**　满足下列两个条件的 $m\times n$ 矩阵称为**阶梯形矩阵**：

（1）若矩阵中有零行（元素全为 0 的行），则所有零行都在非零行下方；

（2）各非零行中从左边数起，第一个非零元素的列指标 $j$ 随着行指标 $i$ 的递增而严格增大。

$m\times n$ 型阶梯形矩阵的结构如图 7-19 所示。

$$\begin{pmatrix} 0 & \cdots & 0 & a_{1j_1} & \cdots & a_{1j(m-1)} & a_{1jm} & \cdots & a_{1j(n-1)} & a_{1jn} & \cdots & a_{1jx} \\ 0 & \cdots & 0 & 0 & \cdots & 0 & a_{2jm} & \cdots & a_{2j(n-1)} & a_{2jn} & \cdots & a_{2jx} \\ \vdots & & \vdots & \vdots & & \vdots & \vdots & & \vdots & \vdots & & \vdots \\ 0 & \cdots & 0 & 0 & \cdots & 0 & 0 & \cdots & a_{rj_{n-1}} & a_{rjn} & \cdots & a_{rjx} \\ 0 & \cdots & 0 & 0 & \cdots & 0 & 0 & \cdots & 0 & 0 & \cdots & 0 \\ \vdots & & \vdots & \vdots & & \vdots & \vdots & & \vdots & \vdots & & \vdots \\ 0 & \cdots & 0 & 0 & \cdots & 0 & 0 & \cdots & 0 & 0 & \cdots & 0 \end{pmatrix}$$

图 7-19　阶梯形矩阵

其中，$\prod_{i=1}^{r} a_{ij_i} \neq 0,\ 1 \leqslant j_1 < j_2 < \cdots < j_r \leqslant n$ 。

例如，$\boldsymbol{A}=\begin{pmatrix} -2 & 1 & 0 \\ 0 & 1 & 3 \\ 0 & 0 & 2 \end{pmatrix}$，　$\boldsymbol{B}=\begin{pmatrix} 1 & -1 & 0 & 2 \\ 0 & 0 & 4 & -3 \\ 0 & 0 & 0 & 0 \end{pmatrix}$ 都是阶梯形矩阵。

在求解线性方程组等过程中，需要进一步简化阶梯形矩阵。

**定义 7-10**　如果 $\boldsymbol{A}$ 是行阶梯形矩阵，且满足：

（1）所有非零行的第一个非零元素为 1；

（2）非零行的第一个非零元素 1 所在列的其余元素为 0；

则称这样的矩阵 $\boldsymbol{A}$ 为**行最简阶梯形矩阵**。

例如，以下两个矩阵为行最简阶梯形矩阵。

$$\boldsymbol{A}_1=\begin{pmatrix} 1 & 0 & -1 & 0 & 4 \\ 0 & 1 & -1 & 0 & 3 \\ 0 & 0 & 0 & 1 & -3 \\ 0 & 0 & 0 & 0 & 0 \end{pmatrix},\ \boldsymbol{A}_2=\begin{pmatrix} 1 & 0 & 8 & 0 & 7 \\ 0 & 1 & 6 & 0 & 1 \\ 0 & 0 & 0 & 1 & 9 \\ 0 & 0 & 0 & 0 & 0 \end{pmatrix}。$$

将一般矩阵化为行最简阶梯形矩阵的方法与求阶梯形矩阵的方法类似，只需再把阶梯形矩阵的每行第一个非零元素化为 1，且将其所在列的其余元素化为 0。

**【例 7-28】** 将矩阵 $\boldsymbol{A}$ 化为行最简阶梯形矩阵。

$$\boldsymbol{A}=\begin{pmatrix} 1 & 1 & -1 & 1 \\ 1 & 2 & -1 & 2 \\ 1 & -1 & 2 & -1 \\ -3 & 2 & 3 & 2 \end{pmatrix}。$$

解：

$$A=\begin{pmatrix}1&1&-1&1\\1&2&-1&2\\1&-1&2&-1\\-3&2&3&2\end{pmatrix}\xrightarrow[3r_1+r_4]{\substack{(-1)r_1+r_2\\(-1)r_1+r_3}}\begin{pmatrix}1&1&-1&1\\0&1&0&1\\0&-2&3&-2\\0&5&0&5\end{pmatrix}\xrightarrow[(-5)r_2+r_4]{\substack{(-1)r_2+r_1\\2r_2+r_3}}\begin{pmatrix}1&0&-1&0\\0&1&0&1\\0&0&3&0\\0&0&0&0\end{pmatrix}$$

$$\xrightarrow{\frac{1}{3}r_3}\begin{pmatrix}1&0&-1&0\\0&1&0&1\\0&0&1&0\\0&0&0&0\end{pmatrix}\xrightarrow{r_3+r_1}\begin{pmatrix}1&0&0&0\\0&1&0&1\\0&0&1&0\\0&0&0&0\end{pmatrix},$$

所以，矩阵 $\boldsymbol{A}$ 的行最简阶梯形矩阵为 $\begin{pmatrix}1&0&0&0\\0&1&0&1\\0&0&1&0\\0&0&0&0\end{pmatrix}$。

## 7.5.2　矩阵的秩

矩阵的秩是矩阵固有的性质，以线性方程组为例，将方程组变量的系数和右端常数项按原有的顺序排放，组成一个矩阵。

$$\begin{cases}x_1-x_2-3x_3+x_4=1\\x_1-x_2+2x_3-x_4=3\\4x_1-4x_2+3x_3-2x_4=10\\2x_1-2x_2-11x_3+4x_4=0\end{cases}\Rightarrow\begin{pmatrix}1&-1&-3&1&1\\1&-1&2&-1&3\\4&-4&3&-2&10\\2&-2&-11&4&0\end{pmatrix};$$

将其化简：

$$\begin{cases}x_1-x_2-3x_3+x_4=1\\5x_3-2x_4=2\\15x_3-6x_4=6\\-5x_3+2x_4=-2\end{cases}\Rightarrow\begin{pmatrix}1&-1&-3&1&1\\0&0&5&-2&2\\0&0&15&-6&6\\0&0&-5&2&-2\end{pmatrix}$$

$$\begin{cases}x_1-x_2-3x_3+x_4=1\\5x_3-2x_4=2\\0=0\\0=0\end{cases}\Rightarrow\begin{pmatrix}1&-1&-3&1&1\\0&0&5&-2&2\\0&0&0&0&0\\0&0&0&0&0\end{pmatrix}$$

可以发现，虽然原方程组有 4 个方程，但是经过化简后，真正有用的方程只有两个，其余的方程都可以用这两个方程表示。再如，平面中的点有无数个，但任意一个点 $(a,b)$ 都可以用两个向量 $(1,0)$ 和 $(0,1)$ 表示为 $(a,b)=a(1,0)+b(0,1)$。这里把这一思想抽象化，得到矩阵“秩”的概念。

**定义 7-11**　矩阵 $\boldsymbol{A}$ 化为（最简）行阶梯形矩阵后，非零行的行数称为矩阵 $\boldsymbol{A}$ 的秩，记为 $\mathrm{r}(\boldsymbol{A})$。

**定理 7-1**　初等变换不改变矩阵的秩。

定理 7-1 给出了求矩阵秩的具体方法：利用初等变换将矩阵 $\boldsymbol{A}$ 化为（最简）行阶梯形矩阵 $\tilde{\boldsymbol{A}}$。矩阵 $\boldsymbol{A}$ 与矩阵 $\tilde{\boldsymbol{A}}$ 的秩相等。而矩阵 $\tilde{\boldsymbol{A}}$ 的秩即为 $\tilde{\boldsymbol{A}}$ 中非零行的行数。

**【例 7-29】** 设矩阵 $\boldsymbol{A}=\begin{pmatrix}2 & 1 & -1 & 2\\ 1 & 3 & -3 & 4\\ 4 & 2 & -2 & 4\\ 2 & 1 & -3 & 5\end{pmatrix}$，求 $\mathrm{r}(\boldsymbol{A})$。

解：
$$\boldsymbol{A}=\begin{pmatrix}2 & 1 & -1 & 2\\ 1 & 3 & -3 & 4\\ 4 & 2 & -2 & 4\\ 2 & 1 & -3 & 5\end{pmatrix}\xrightarrow{r_1\leftrightarrow r_2}\begin{pmatrix}1 & 3 & -3 & 4\\ 2 & 1 & -1 & 2\\ 4 & 2 & -2 & 4\\ 2 & 1 & -3 & 5\end{pmatrix}\xrightarrow[r_4-2r_1]{\substack{r_2-2r_1\\ r_3-4r_1}}\begin{pmatrix}1 & 3 & -3 & 4\\ 0 & -5 & 5 & -6\\ 0 & -10 & 10 & -12\\ 0 & -5 & 3 & -3\end{pmatrix}$$
$$\xrightarrow[r_4-r_2]{r_3-2r_2}\begin{pmatrix}1 & 3 & -3 & 4\\ 0 & -5 & 5 & -6\\ 0 & 0 & 0 & 0\\ 0 & 0 & -2 & 3\end{pmatrix}\xrightarrow{r_3\leftrightarrow r_4}\begin{pmatrix}1 & 3 & -3 & 4\\ 0 & -5 & 5 & -6\\ 0 & 0 & -2 & 3\\ 0 & 0 & 0 & 0\end{pmatrix},$$

所以，$\mathrm{r}(\boldsymbol{A})=3$。

### 7.5.3　使用 NumPy 和 SymPy 求行最简阶梯形矩阵及矩阵的秩

使用 NumPy 中的 linalg.matrix_rank()函数可以直接求出矩阵的秩。使用 SymPy 中的 Matrix.rref()方法可以求矩阵的行最简阶梯形矩阵，但使用之前需要用 sympy.Matrix()将 numpy 矩阵转化为 Matrix 对象。求矩阵 $\boldsymbol{A}$ 的秩的步骤如下。

（1）使用 numpy 建立矩阵 $\boldsymbol{A}$；

（2）使用 sympy.Matrix()将其转化为 sympy 的 Matrix 对象 A_mat；

（3）调用 A_mat.rref()得到 $\boldsymbol{A}$ 的行最简阶梯形矩阵 A_rref 和矩阵的秩。

**【例 7-30】** 求矩阵 $\boldsymbol{A}$ 的行最简阶梯形矩阵并求 $\boldsymbol{A}$ 的秩。

$$\boldsymbol{A}=\begin{pmatrix}1 & -1 & -3 & 1 & 1\\ 1 & -1 & 2 & -1 & 3\\ 4 & -4 & 3 & -2 & 10\\ 2 & -2 & -11 & 4 & 0\end{pmatrix}。$$

（代码：ch7 矩阵与数字图像处理\7.5 矩阵的秩\例 7-30）

```
1. import numpy as np
2. from sympy import Matrix
3.
4. A arr = np.array([[1,-1,-3,1,1], [1,-1,2,-1,3],[4,-4,3,-2,10],[2,-2,
-11,4,0]])
5. A mat = Matrix(A arr)
6. A rref, out = A mat.rref()
7. print("矩阵A arr 的最简行阶梯形矩阵：",A rref)
8. print("矩阵A_arr 的秩：",len(out))
```

运行结果：

```
矩阵 A_arr 的最简行阶梯形矩阵：Matrix([[1, -1, 0, -1/5, 11/5], [0, 0, 1, -2/5,
2/5], [0, 0, 0, 0, 0], [0, 0, 0, 0, 0]])
矩阵 A_arr 的秩：2
```

即矩阵 $\boldsymbol{A}$ 的行最简阶梯形矩阵为

$$\begin{pmatrix}1 & -1 & 0 & -\frac{1}{5} & \frac{11}{5}\\ 0 & 0 & 1 & -\frac{2}{5} & \frac{2}{5}\\ 0 & 0 & 0 & 0 & 0\\ 0 & 0 & 0 & 0 & 0\end{pmatrix},$$

所以矩阵 $\boldsymbol{A}$ 的秩为 2。

# 习题 7

1. 计算：

$$2\begin{pmatrix}0 & -3 & 2\\ 6 & -4 & 1\end{pmatrix}-\frac{1}{3}\begin{pmatrix}1 & 0 & 3\\ 6 & 1 & 9\end{pmatrix}。$$

2. 设

$$\boldsymbol{A}=\begin{pmatrix}1 & 0 & -2\\ 3 & 6 & 4\\ 2 & 0 & 5\end{pmatrix},\quad \boldsymbol{B}=\begin{pmatrix}-1 & 3 & 0\\ -4 & 0 & 2\\ 3 & 1 & -6\end{pmatrix},$$

求出满足 $\boldsymbol{A}-2\boldsymbol{X}=3\boldsymbol{B}$ 的矩阵 $\boldsymbol{X}$。

3. 设

$$\boldsymbol{A}=\begin{pmatrix}1 & -1 & 0\\ 0 & 0 & 3\\ -2 & 2 & 0\\ 3 & -1 & 4\end{pmatrix},\ \boldsymbol{B}=\begin{pmatrix}0 & -3 & 0\\ -2 & 2 & 1\\ 1 & -1 & 0\end{pmatrix},$$

求 $\boldsymbol{AB}$。

4. 设

$$\boldsymbol{A}=\begin{pmatrix}1 & -1 & 2\\ 0 & -1 & 4\\ -2 & 3 & 0\end{pmatrix},\ \boldsymbol{B}=\begin{pmatrix}0 & 2 & 1\\ -1 & 1 & 0\\ 3 & 2 & -3\end{pmatrix},$$

试求：

（1）$\boldsymbol{AB}$，$\boldsymbol{BA}$；

（2）$(\boldsymbol{AB})^{\mathrm{T}}$，$\boldsymbol{A}^{\mathrm{T}}\boldsymbol{B}^{\mathrm{T}}$，$\boldsymbol{B}^{\mathrm{T}}\boldsymbol{A}^{\mathrm{T}}$；

（3）$\boldsymbol{A}*\boldsymbol{B}$。

5. 利用矩阵的初等变换，求出下列矩阵的秩：

（1）$\boldsymbol{A}=\begin{pmatrix}2 & -3 & 0 & 1\\ 1 & 0 & -2 & 5\\ 0 & 3 & 1 & 4\end{pmatrix}$；（2）$\boldsymbol{A}=\begin{pmatrix}-1 & 1 & 0 & -1 & 3\\ 2 & -1 & 3 & 0 & 0\\ 0 & 4 & -2 & 1 & 2\\ -3 & 5 & 4 & 2 & -1\\ 4 & 0 & 1 & -2 & 0\end{pmatrix}$。

6. 求下列向量组的秩：

（1）$\boldsymbol{\alpha}_1=(3,1,1)$，$\boldsymbol{\alpha}_2=(1,0,-2)$，$\boldsymbol{\alpha}_3=(4,-3,0)$，$\boldsymbol{\alpha}_4=(0,3,-2)$；

（2）$\boldsymbol{\alpha}_1=(3,-1,1,-4,2)$，$\boldsymbol{\alpha}_2=(1,1,-2,0,-1)$，$\boldsymbol{\alpha}_3=(0,-3,0,2,-1)$，$\boldsymbol{\alpha}_4=(0,1,-2,1,-3)$。

7. 设二维向量 $\boldsymbol{\alpha}=(-1,2)$，求经过以下两种变换所得的新向量 $\boldsymbol{\beta}$ 与 $\boldsymbol{\gamma}$：

（1）将 $\boldsymbol{\alpha}$ 终点左移 2 个单位，上移 1 个单位，然后再逆时针旋转 $\dfrac{\pi}{2}$，求得到的新向量 $\boldsymbol{\beta}$；

（2）将 $\boldsymbol{\alpha}$ 逆时针旋转 $\dfrac{\pi}{3}$，然后放大 3 倍，最后向右向上都平移 2 个单位，求得到的新向量 $\boldsymbol{\gamma}$。

# 第8章 行 列 式

**知识图谱：**

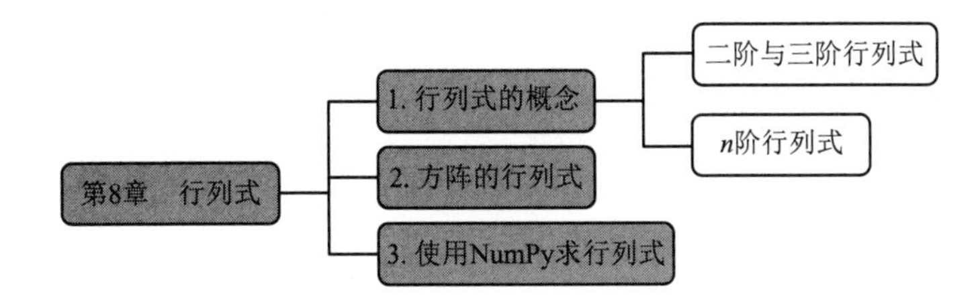


**学习目标：**

（1）理解二阶、三阶和 $n$ 阶行列式的概念；

（2）了解方阵的行列式；

（3）掌握使用 NumPy 求行列式的方法。

## 8.1 行列式的概念

为了对矩阵及线性方程组的有关问题做深入研究，本章介绍行列式。

### 8.1.1 二阶与三阶行列式

行列式的概念起源于线性方程组的求解，它是由解二元、三元线性方程组引出的，所以这里先来看求解二元线性方程组的过程。

考查含有两个未知量 $x_1$，$x_2$ 的二元线性方程组：

$$\begin{cases} a_{11}x_1 + a_{12}x_2 = b_1, & (1) \\ a_{21}x_1 + a_{22}x_2 = b_2。 & (2) \end{cases}$$

利用消元法求此方程组，$(1)\times a_{22}-(2)\times a_{12}$，消去 $x_2$ 得到

$$(a_{11}a_{22}-a_{12}a_{21})x_1 = b_1a_{22}-b_2a_{12},$$

类似地，消去 $x_1$ 得到

$$(a_{11}a_{22}-a_{12}a_{21})x_2 = b_2a_{11}-b_1a_{21}。$$

当 $(a_{11}a_{22}-a_{12}a_{21})\neq 0$ 时，方程组的解为

$$\begin{cases} x_1 = \dfrac{b_1 a_{22} - b_2 a_{12}}{a_{11}a_{22} - a_{12}a_{21}}, \\ x_2 = \dfrac{b_2 a_{11} - b_1 a_{21}}{a_{11}a_{22} - a_{12}a_{21}}。 \end{cases}$$

为了便于记忆上述方程组的解，这里引入符号：

$$D = \begin{vmatrix} a_{11} & a_{12} \\ a_{21} & a_{22} \end{vmatrix} = a_{11}a_{22} - a_{12}a_{21},$$

称为**二阶行列式**。计算方法为主对角线上两个元素的乘积减去次对角线上元素的乘积，如图 8-1 所示。

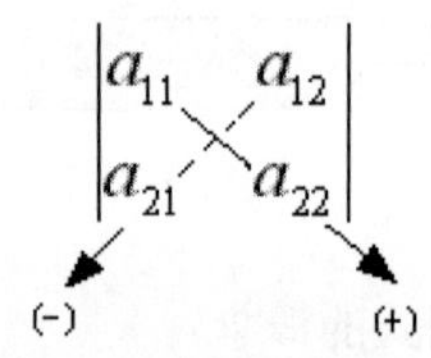


图 8-1　二阶行列式对角线法则

于是以上方程组的解可以用二阶行列式表示为

$$x_1 = \frac{\begin{vmatrix} b_1 & a_{12} \\ b_2 & a_{22} \end{vmatrix}}{\begin{vmatrix} a_{11} & a_{12} \\ a_{21} & a_{22} \end{vmatrix}},\quad x_2 = \frac{\begin{vmatrix} a_{11} & b_1 \\ a_{21} & b_2 \end{vmatrix}}{\begin{vmatrix} a_{11} & a_{12} \\ a_{21} & a_{22} \end{vmatrix}}。$$

**【例 8-1】** 求解二元线性方程组

$$\begin{cases} 2x_1 - 3x_2 = 7, \\ x_1 + 2x_2 = -3。 \end{cases}$$

解：公式中分母的行列式为

$$\begin{vmatrix} 2 & -3 \\ 1 & 2 \end{vmatrix} = 2 \times 2 - (-3) \times 1 = 7。$$

又 $x_1$，$x_2$ 的分子分别为

$$\begin{vmatrix} 7 & -3 \\ -3 & 2 \end{vmatrix} = 7 \times 2 - (-3) \times (-3) = 5,$$

$$\begin{vmatrix} 2 & 7 \\ 1 & -3 \end{vmatrix} = 2 \times (-3) - 7 \times 1 = -13,$$

所以，

$$\begin{cases} x_1 = \dfrac{5}{7}\ , \\ x_2 = -\dfrac{13}{7}。\end{cases}$$

类似地，可以定义三阶行列式，规定

$$D = \begin{vmatrix} a_{11} & a_{12} & a_{13} \\ a_{21} & a_{22} & a_{23} \\ a_{31} & a_{32} & a_{33} \end{vmatrix} = a_{11}a_{22}a_{33} + a_{12}a_{23}a_{31} + a_{13}a_{21}a_{32} - a_{11}a_{23}a_{32} - a_{12}a_{21}a_{33} - a_{13}a_{22}a_{31}。$$

三阶行列式也有对角线法则，如图 8-2 所示。

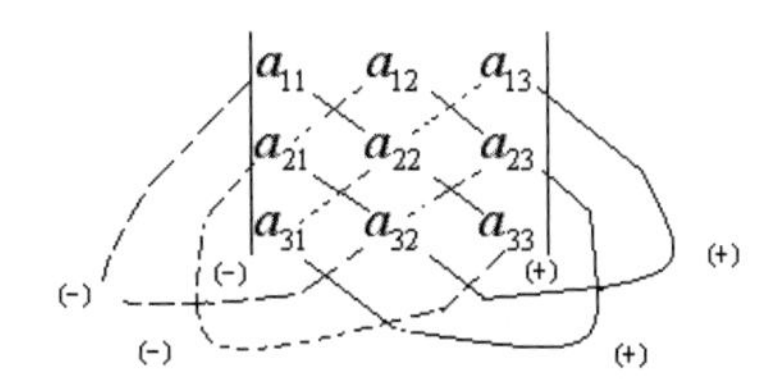


图 8-2　三阶行列式对角线法则

**【例 8-2】** 计算行列式 $D = \begin{vmatrix} 1 & 2 & -4 \\ -2 & 2 & 1 \\ -3 & 4 & -2 \end{vmatrix}$。

解：由三阶行列式的对角线法则得

$$\begin{aligned} D = \begin{vmatrix} 1 & 2 & -4 \\ -2 & 2 & 1 \\ -3 & 4 & -2 \end{vmatrix} &= 1\times 2\times(-2) + 2\times 1\times(-3) + (-4)\times(-2)\times 4 \\ &\quad -1\times 1\times 4 - 2\times(-2)\times(-2) - (-4)\times 2\times(-3) \\ &= -4 - 6 + 32 - 4 - 8 - 24 = -14。\end{aligned}$$

为了将二阶、三阶行列式推广到 $n$ 阶行列式，先来分析三阶行列式的结构特点。

$$\begin{aligned} D &= \begin{vmatrix} a_{11} & a_{12} & a_{13} \\ a_{21} & a_{22} & a_{23} \\ a_{31} & a_{32} & a_{33} \end{vmatrix} \\ &= a_{11}a_{22}a_{33} + a_{12}a_{23}a_{31} + a_{13}a_{21}a_{32} - a_{11}a_{23}a_{32} - a_{12}a_{21}a_{33} - a_{13}a_{22}a_{31} \\ &= a_{11}\left(a_{22}a_{33} - a_{23}a_{32}\right) - a_{12}\left(a_{21}a_{33} - a_{23}a_{31}\right) + a_{13}\left(a_{21}a_{32} - a_{22}a_{31}\right) \end{aligned}$$

$$=a_{11}\begin{vmatrix}a_{22} & a_{23}\\a_{32} & a_{33}\end{vmatrix}-a_{12}\begin{vmatrix}a_{21} & a_{23}\\a_{31} & a_{33}\end{vmatrix}+a_{13}\begin{vmatrix}a_{21} & a_{22}\\a_{31} & a_{32}\end{vmatrix}。$$

由上面的分析可以看出，三阶行列式等于它的第一行元素$a_{11}$，$a_{12}$，$a_{13}$分别乘二阶行列式的代数和。其中与$a_{1j}\left(j=1,2,3\right)$相乘的行列式是在$D$中去掉第1行、第$j$列后剩下的元素构成的二阶行列式，并且带有符号$(-1)^{1+j}\left(j=1,2,3\right)$。

这一规律在二阶行列式中同样成立，这里规定由一个数组成的一阶行列式就是这个数本身，如$|a|=a$，需要注意数的行列式与绝对值的区别。于是

$$\begin{vmatrix}a_{11} & a_{12}\\a_{21} & a_{22}\end{vmatrix}=a_{11}|a_{22}|-a_{12}|a_{21}|。\tag{8-1}$$

## 8.1.2　*n* 阶行列式

$n$阶行列式的结构为

$$D_n=\begin{vmatrix}a_{11} & \cdots & a_{1n}\\\vdots & & \vdots\\a_{n1} & \cdots & a_{nn}\end{vmatrix},$$

具有$n$行$n$列，由$n^2$个元素构成。

$n$阶行列式与$n$阶方阵的结构类似，不过表示符号不同，意义也不同，$n$阶方阵是数字的排列符号，$n$阶行列式表示一个数字。$D_n$通常也简记为$\left|a_{ij}\right|_n$。

在定义$n$阶行列式的展开式之前，首先介绍行列式的余子式与代数余子式。

**定义 8-1**　设$n$阶行列式$D_n=\left|a_{ij}\right|_n$，去掉元素$a_{ij}$所在的第$i$行、第$j$列的元素，剩下的$(n-1)^2$个元素不改变它们的相对位置构成的$n-1$阶行列式，称为元素$a_{ij}$的**余子式**，记作$M_{ij}$。令$A_{ij}=(-1)^{i+j}M_{ij}$，称$A_{ij}$为元素$a_{ij}$的**代数余子式**，其中$i,j=1,2,\cdots,n$。

由此可见，三阶行列式$\left|a_{ij}\right|_3$可以简单写成

$$\begin{vmatrix}a_{11} & a_{12} & a_{13}\\a_{21} & a_{22} & a_{23}\\a_{31} & a_{32} & a_{33}\end{vmatrix}=a_{11}\begin{vmatrix}a_{22} & a_{23}\\a_{32} & a_{33}\end{vmatrix}-a_{12}\begin{vmatrix}a_{21} & a_{23}\\a_{31} & a_{33}\end{vmatrix}+a_{13}\begin{vmatrix}a_{21} & a_{22}\\a_{31} & a_{32}\end{vmatrix}$$

$$=a_{11}A_{11}+a_{12}A_{12}+a_{13}A_{13}。\tag{8-2}$$

借助对三阶行列式的计算分析，可以推广得到$n$阶行列式的定义。

**定义 8-2**　**$n$阶行列式**$D_n=\left|a_{ij}\right|_n$按第一行的展开式为

$$D_n=a_{11}A_{11}+a_{12}A_{12}+\cdots+a_{1n}A_{1n}。\tag{8-3}$$

其中 $A_{1j}\left(j=1,2,\cdots,n\right)$ 是第 1 行、第 $j$ 列元素的代数余子式。

运用定义 8-2 可以将 $n$ 阶行列式降阶为 $n$ 个 $n-1$ 阶行列式进行计算。

**【例 8-3】** 计算 4 阶行列式

$$D=\begin{vmatrix}1 & 0 & 0 & -2\\-1 & 2 & 0 & 0\\0 & 1 & 3 & 0\\1 & 1 & -1 & 4\end{vmatrix}。$$

解：行列式按第一行展开：

$$\begin{aligned}D&=1\times A_{11}+0\times A_{12}+0\times A_{13}+(-2)\times A_{14}\\&=1\times(-1)^{1+1}\times\begin{vmatrix}2 & 0 & 0\\1 & 3 & 0\\1 & -1 & 4\end{vmatrix}+0\times(-1)^{1+2}\times\begin{vmatrix}-1 & 0 & 0\\0 & 3 & 0\\1 & -1 & 4\end{vmatrix}\\&\quad+0\times(-1)^{1+3}\times\begin{vmatrix}-1 & 2 & 0\\0 & 1 & 0\\1 & 1 & 4\end{vmatrix}+(-2)\times(-1)^{1+4}\times\begin{vmatrix}-1 & 2 & 0\\0 & 1 & 3\\1 & 1 & -1\end{vmatrix}\\&=2\times\begin{vmatrix}3 & 0\\-1 & 4\end{vmatrix}+2\times\left[(-1)\times\begin{vmatrix}1 & 3\\1 & -1\end{vmatrix}-2\times\begin{vmatrix}0 & 3\\1 & -1\end{vmatrix}\right]\\&=44。\end{aligned}$$

在例 8-3 的计算过程中，依次降阶，两次使用了行列式按第一行展开式的定义，将一个四阶行列式逐渐降为二阶行列式进行计算，普通 $n$ 阶行列式的计算思路相同，依次降阶。

在计算行列式时，还需要如下的展开定理。

**定理 8-1** $n$ 阶行列式 $D_n=\left|a_{ij}\right|_n$ 等于其任一行（列）的各元素与其对应的代数余子式的乘积之和，即

$$D_n=a_{i1}A_{i1}+a_{i2}A_{i2}+\cdots+a_{in}A_{in}\quad（i=1,2,\cdots,n）\qquad（8-4）$$

或

$$D_n=a_{1j}A_{1j}+a_{2j}A_{2j}+\cdots+a_{nj}A_{nj}\quad（j=1,2,\cdots,n）。\qquad（8-5）$$

**推论 8-1** $n$ 阶行列式 $D_n=\left|a_{ij}\right|_n$ 中任一行（列）的各元素与另一行（列）对应的代数余子式的乘积之和等于零，即

$$a_{i1}A_{s1}+a_{i2}A_{s2}+\cdots+a_{in}A_{sn}=0\quad(i\neq s)\qquad（8-6）$$

或

$$a_{1j}A_{1t}+a_{2j}A_{2t}+\cdots+a_{nj}A_{nt}=0\quad(j\neq t)。\qquad（8-7）$$

定理 8-1 说明在行列式的计算中，可以按照它的任一行或列展开。于是

（1）按照第一行展开，下三角行列式的值为

$$\begin{vmatrix} a_{11} & 0 & \cdots & 0 \\ a_{12} & a_{22} & \cdots & 0 \\ \vdots & \vdots & & \vdots \\ a_{1n} & a_{2n} & \cdots & a_{nn} \end{vmatrix} = a_{11}a_{22}\cdots a_{nn}; \tag{8-8}$$

（2）按照第一列展开，上三角行列式的值为

$$\begin{vmatrix} a_{11} & a_{12} & \cdots & a_{1n} \\ 0 & a_{22} & \cdots & a_{2n} \\ \vdots & \vdots & & \vdots \\ 0 & 0 & \cdots & a_{nn} \end{vmatrix} = a_{11}a_{22}\cdots a_{nn}; \tag{8-9}$$

（3）无论是按照第一行还是第一列展开，都可以得到对角行列式的值为

$$\begin{vmatrix} a_{11} & 0 & \cdots & 0 \\ 0 & a_{22} & \cdots & 0 \\ 0 & 0 & \cdots & 0 \\ \vdots & \vdots & \ddots & \vdots \\ 0 & 0 & \cdots & a_{nn} \end{vmatrix} = a_{11}a_{22}\cdots a_{nn}。 \tag{8-10}$$

## 8.2　方阵的行列式

**定义 8-3**　由 $n$ 阶方阵 $\boldsymbol{A}=(a_{ij})_{n\times n}$ 的元素按原来位置构成的行列式，称为 $\boldsymbol{A}$ 的行列式，记为 $|\boldsymbol{A}|$ 或 $\det(\boldsymbol{A})$。

于是，上三角、下三角矩阵的行列式等于主对角线上元素的乘积，特别地

$$|\boldsymbol{E}_n|=1,\quad |a\boldsymbol{E}_n|=a^n。 \tag{8-11}$$

设 $\boldsymbol{A}$，$\boldsymbol{B}$ 是 $n$ 阶方阵，$k$ 是常数，则 $n$ 阶方阵的行列式具有如下性质。

（1）$|\boldsymbol{A}^{\mathrm{T}}|=|\boldsymbol{A}|$；　　(8-12)

（2）$|k\boldsymbol{A}|=k^n|\boldsymbol{A}|$；　　(8-13)

（3）$|\boldsymbol{AB}|=|\boldsymbol{A}|\cdot|\boldsymbol{B}|$（行列式乘法法则）。　　(8-14)

**【例 8-4】** 设 $\boldsymbol{A}=\begin{pmatrix}1 & -1\\ 3 & 1\end{pmatrix}$，$\boldsymbol{B}=\begin{pmatrix}-2 & 1\\ 4 & 0\end{pmatrix}$，验证 $|\boldsymbol{AB}|=|\boldsymbol{BA}|=|\boldsymbol{A}|\cdot|\boldsymbol{B}|$。

解：$\boldsymbol{AB}=\begin{pmatrix}-6 & 1\\ -2 & 3\end{pmatrix}$，　　$\boldsymbol{BA}=\begin{pmatrix}1 & 3\\ 4 & -4\end{pmatrix}$，

所以

$$|\boldsymbol{AB}|=|\boldsymbol{BA}|=-16,\quad |\boldsymbol{A}|\bullet|\boldsymbol{B}|=4\times(-4)=-16\text{。}$$

**定理 8-2**　对于 $n$ 阶方阵 $\boldsymbol{A}=(a_{ij})_{n\times n}$ ，$\mathrm{r}(\boldsymbol{A})=n\Leftrightarrow|\boldsymbol{A}|\neq 0$ 。

例如，$\boldsymbol{A}=\begin{pmatrix}1 & 0 & 2\\ -1 & 3 & 0\\ 4 & 2 & -3\end{pmatrix}$。

对 $\boldsymbol{A}$ 进行初等变换：

$$\boldsymbol{A}=\begin{pmatrix}1 & 0 & 2\\ -1 & 3 & 0\\ 4 & 2 & -3\end{pmatrix}\to\begin{pmatrix}1 & 0 & 2\\ 0 & 3 & 2\\ 0 & 2 & -11\end{pmatrix}\to\begin{pmatrix}1 & 0 & 2\\ 0 & 3 & 2\\ 0 & 0 & -\dfrac{37}{3}\end{pmatrix}\text{。}$$

所以，$\mathrm{r}(\boldsymbol{A})=3$ 。

又

$$|\boldsymbol{A}|=\begin{vmatrix}1 & 0 & 2\\ -1 & 3 & 0\\ 4 & 2 & -3\end{vmatrix}=\begin{vmatrix}1 & 0 & 2\\ 0 & 3 & 2\\ 0 & 2 & -11\end{vmatrix}=\begin{vmatrix}1 & 0 & 2\\ 0 & 3 & 2\\ 0 & 0 & -\dfrac{37}{3}\end{vmatrix}=1\times 3\times\left(-\frac{37}{3}\right)=-37\neq 0\text{。}$$

于是验证定理 8-2 成立。

**推论 8-2**　对于 $n$ 阶方阵 $\boldsymbol{A}=(a_{ij})_{n\times n}$ ，$\mathrm{r}(\boldsymbol{A})<n\Leftrightarrow|\boldsymbol{A}|=0$ 。

## 8.3　使用 NumPy 求行列式

numpy.linalg 模块包含线性代数的函数。使用这个模块，可以计算逆矩阵、求特征值、解线性方程组以及求解行列式等。

NumPy 中求解行列式的命令为 numpy.linalg.det()。

```
1. numpy.linalg.det(A)
```

其中 $\boldsymbol{A}$ 为矩阵，返回值为 $\boldsymbol{A}$ 的行列式。

【例 8-5】 使用 NumPy 求下列矩阵的行列式。

（1） $\boldsymbol{A}=\begin{pmatrix}2 & -3\\1 & 2\end{pmatrix}$；

（2） $\boldsymbol{B}=\begin{pmatrix}1 & 0 & 0 & -2\\-1 & 2 & 0 & 0\\0 & 1 & 3 & 0\\1 & 1 & -1 & 4\end{pmatrix}$。

```
1. import numpy as np
2.
3. A = np.array([[2, -3],[1, 2]])
4. print('|A|=',np.linalg.det(A))
5.
6. B = np.array([[1, 0, 0, -2], [-1, 2, 0, 0], [0, 1, 3, 0], [1, 1, -1, 4]])
7. print('|B|=',np.linalg.det(B))
8. print('|B|误差为:',44-np.linalg.det(B))
```

运行结果：

```
|A|= 7.000000000000001
|B|= 43.99999999999999
|B|误差为: 7.105427357601002e-15
```

由于浮点数运算存在精度损失，运算结果与准确结果存在误差，但误差很小，在可以接受的范围内，绝大多数情况下可以忽略。

# 习题 8

1. 利用三阶行列式的定义计算下列行列式：

（1） $\begin{vmatrix}1 & -3 & 0\\2 & 1 & 2\\-3 & 0 & -1\end{vmatrix}$，　　（2） $\begin{vmatrix}0 & 3 & 1\\4 & -1 & 0\\-3 & 1 & -1\end{vmatrix}$。

2. 举例说明以下等式未必成立：

$$\begin{vmatrix}a_1+a_2 & b_1+b_2\\c_1+c_2 & d_1+d_2\end{vmatrix}=\begin{vmatrix}a_1 & b_1\\c_1 & d_1\end{vmatrix}+\begin{vmatrix}a_2 & b_2\\c_2 & d_2\end{vmatrix}。$$

3. 设矩阵

$$A=\begin{pmatrix}2 & 3 & 0\\ 0 & -1 & 2\\ 3 & 4 & 0\end{pmatrix},\qquad B=\begin{pmatrix}3 & -1 & 2\\ 5 & 0 & 1\\ 0 & 2 & -3\end{pmatrix},$$

试验证$|\boldsymbol{AB}|=|\boldsymbol{A}||\boldsymbol{B}|$。

4. 计算下列行列式的值：

（1）$\begin{vmatrix}1 & 3 & 2\\ 2 & 1 & 3\\ 3 & 2 & 1\end{vmatrix}$；

（2）$\begin{vmatrix}0 & 1 & 1 & 1\\ 1 & 0 & 1 & 1\\ 1 & 1 & 0 & 1\\ 1 & 1 & 1 & 0\end{vmatrix}$；

（3）$\begin{vmatrix}1 & 2 & -1 & 2\\ 3 & 0 & 1 & 4\\ 1 & -2 & 0 & 3\\ -2 & -4 & 1 & 6\end{vmatrix}$；

（4）$\begin{vmatrix}1 & -1 & 2 & 1\\ 0 & -2 & 0 & -1\\ 2 & 1 & 0 & 2\\ -3 & 0 & 2 & 3\end{vmatrix}$。

# 第 9 章　线性方程组

**知识图谱：**

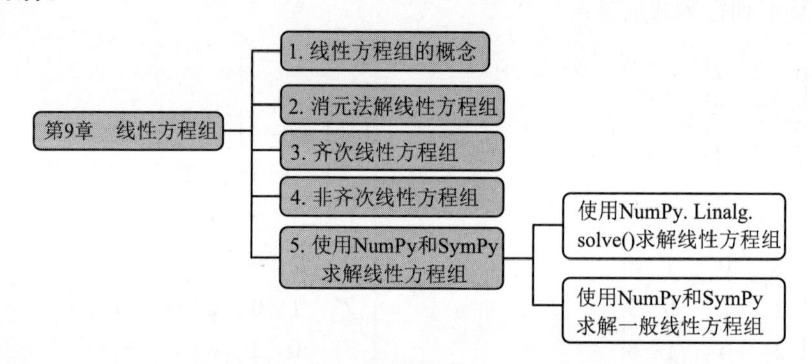


**学习目标：**

（1）了解线性方程组、齐次和非齐次线性方程组的概念；
（2）掌握齐次线性方程组和非齐次线性方程组的求解方法；
（3）掌握使用 NumPy 和 SymPy 求解线性方程组方法。

## 9.1　线性方程组的概念

计算机科学、经济管理等领域的很多问题，通常都可以归结为线性方程组的问题，我们将对线性方程组的解做深入讨论。

本节介绍两种线性方程组的解法，分别是克莱姆法则和消元法。其中，使用克莱姆法则求解线性方程组有一定局限性，而消元法则适用于一般的线性方程组。

首先给出线性方程组的一般形式：

$$\begin{cases} a_{11}x_1 + a_{12}x_2 + \cdots + a_{1n}x_n = b_1, \\ a_{21}x_1 + a_{22}x_2 + \cdots + a_{2n}x_n = b_2, \\ \cdots\cdots\cdots\cdots \\ a_{m1}x_1 + a_{m2}x_2 + \cdots + a_{mn}x_n = b_m。 \end{cases} \tag{9-1}$$

这是一个含有 $m$ 个方程，$n$ 个未知量的线性方程组，通常作如下简单标记：

$$A=\begin{pmatrix} a_{11} & a_{12} & \cdots & a_{1n} \\ a_{21} & a_{22} & \cdots & a_{2n} \\ \vdots & \vdots & & \vdots \\ a_{m1} & a_{m2} & \cdots & a_{mn} \end{pmatrix},\quad X=\begin{pmatrix} x_1 \\ x_2 \\ \vdots \\ x_n \end{pmatrix},\quad b=\begin{pmatrix} b_1 \\ b_2 \\ \vdots \\ b_m \end{pmatrix},$$

则方程组（9-1）可以写成矩阵形式

$$AX=b\ 。$$

其中，矩阵 $A$ 称为**系数矩阵**，$X$ 称为**未知量矩阵**，$b$ 称为**常数项矩阵**。

把方程组（9-1）的系数矩阵 $A$ 和常数项矩阵 $b$ 放在一起构成的矩阵 $\overline{A}$ 称为方程组（9-1）的**增广矩阵**，即

$$\overline{A}=(A,b)=\begin{pmatrix} a_{11} & a_{12} & \cdots & a_{1n} & b_1 \\ a_{21} & a_{22} & \cdots & a_{2n} & b_2 \\ \vdots & \vdots & & \vdots & \vdots \\ a_{m1} & a_{m2} & \cdots & a_{mn} & b_m \end{pmatrix}。$$

若 $x_1=c_1,x_2=c_2,\cdots,x_n=c_n$ 使得方程组（9-1）成立，则有下列等式：

$$\begin{pmatrix} a_{11} & a_{12} & \cdots & a_{1n} \\ a_{21} & a_{22} & \cdots & a_{2n} \\ \vdots & \vdots & & \vdots \\ a_{m1} & a_{m2} & \cdots & a_{mn} \end{pmatrix}\begin{pmatrix} c_1 \\ c_2 \\ \vdots \\ c_n \end{pmatrix}=\begin{pmatrix} b_1 \\ b_2 \\ \vdots \\ b_m \end{pmatrix}, \tag{9-2}$$

记 $c^{\mathrm{T}}=(c_1,c_2,\cdots,c_n)$，于是

$$Ac=b\ 。$$

称有序数组 $c^{\mathrm{T}}=(c_1,c_2,\cdots,c_n)$ 为方程组的一个解或解向量，方程组（9-1）所有解构成的集合，称为**解集合**或解集。如果两个方程组的解集相同，则称这两个方程组同解。

对于一般的线性方程组，通常会讨论以下 3 个问题。

（1）方程组在什么条件下有解？

（2）若方程组有解，则解的个数是多少？

（3）若方程组有多个解（无穷多解），该如何表示所有解？

## 9.2　消元法解线性方程组

对于一般的线性方程组，如果方程个数与未知量个数不相等，或者即使它们相等，但系数行列式等于 0，则需要做进一步的讨论。其实，中学学过的消元法求解二元、三元

线性方程组的方法，就适用于求解所有类型的线性方程组。

通过下例引入消元法的过程。

**【例 9-1】** 求解线性方程组

$$\begin{cases} 2x_1 + 6x_2 + 7x_3 = 7, \\ -x_1 + 3x_2 + x_3 = -5, \\ x_1 + x_2 + 2x_3 = 4, \\ 3x_1 + x_2 - 3x_3 = -1。 \end{cases} \tag{9-3}$$

解：将方程组（9-3）中的第一、第三 2 个方程的位置互换，得

$$\begin{cases} x_1 + x_2 + 2x_3 = 4, \\ -x_1 + 3x_2 + x_3 = -5, \\ 2x_1 + 6x_2 + 7x_3 = 7, \\ 3x_1 + x_2 - 3x_3 = -1。 \end{cases} \tag{9-4}$$

将方程组（9-4）中的第二、第三、第四 3 个方程分别加上第一个方程的$1$，$(-2)$，$(-3)$倍，消去此 3 个方程中的$x_1$，得到

$$\begin{cases} x_1 + x_2 + 2x_3 = 4, \\ 4x_2 + 3x_3 = -1, \\ 4x_2 + 3x_3 = -1, \\ -2x_2 - 9x_3 = -13。 \end{cases} \tag{9-5}$$

将方程组（9-5）中的第二个方程乘以 $-1$ 加到第三个方程上，将第四个方程乘以 $-1$，得

$$\begin{cases} x_1 + x_2 + 2x_3 = 4, \\ 4x_2 + 3x_3 = -1, \\ 0 + 0 = 0, \\ 2x_2 + 9x_3 = 13。 \end{cases} \tag{9-6}$$

将方程组（9-6）中的第三、第四 2 个方程位置互换，得

$$\begin{cases} x_1 + x_2 + 2x_3 = 4, \\ 4x_2 + 3x_3 = -1, \\ 2x_2 + 9x_3 = 13, \\ 0 = 0。 \end{cases} \tag{9-7}$$

将方程组（9-7）中的第二个方程的$\left(-\frac{1}{2}\right)$倍加到第三个方程上，消去$x_2$，得

$$\begin{cases} x_1 & +x_2 & +2x_3 & =4, \\ & 4x_2 & +3x_3 & =-1, \\ & & \dfrac{15}{2}x_3 & =\dfrac{27}{2}, \\ & & 0 & =0。 \end{cases} \tag{9-8}$$

因为方程组（9-8）与原线性方程组（9-3）同解，从方程组（9-3）～方程组（9-8）这个化简过程叫作“消元法”。至此，方程组的解可以很容易地求出。

接下来的求解过程，为下面的方程组（9-8）～方程组（9-10）的变换。

将方程组（9-8）中的第三个方程两边乘以 $\dfrac{2}{15}$，然后将其乘以 $(-3)$ 加到第二个方程上，得

$$\begin{cases} x_1 & +x_2 & +2x_3 & =4, \\ & 4x_2 & & =-\dfrac{32}{5}, \\ & & x_3 & =\dfrac{9}{5}, \\ & & 0 & =0。 \end{cases} \tag{9-9}$$

将方程组（9-9）中的第二个方程乘以 $\dfrac{1}{4}$，然后将第一个方程分别加上第二、第三个方程的 $(-1)$、$(-2)$ 倍，得

$$\begin{cases} x_1 & & & =2。 \\ & x_2 & & =-\dfrac{8}{5}, \\ & & x_3 & =\dfrac{9}{5}, \\ & & 0 & =0。 \end{cases} \tag{9-10}$$

于是，方程组（9-3）的求解完成。

在例 9-1 的求解过程中，对原线性方程组做了以下 3 种变换：

（1）交换两个方程的位置；

（2）将某个方程的两边同时乘以一个非零常数；

（3）将一个方程的 $k$ 倍加到另一个方程上（其中 $k$ 为常数）。

这 3 种变换称为**线性方程组的初等变换**。

实质上，在例 9-1 的消元过程中只是对各变量的系数以及常数项进行了运算，于是方程组（9-3）的求解过程可以用“增广矩阵”的初等变换得到：

$$\overline{A}=\begin{pmatrix}2&6&7&7\\-1&3&1&-5\\1&1&2&4\\3&1&-3&-1\end{pmatrix}\xrightarrow{r_1\leftrightarrow r_3}\begin{pmatrix}1&1&2&4\\-1&3&1&-5\\2&6&7&7\\3&1&-3&-1\end{pmatrix}$$

$$\xrightarrow[r_4-3r_1]{\substack{r_2+r_1\\r_3-2r_1}}\begin{pmatrix}1&1&2&4\\0&4&3&-1\\0&4&3&-1\\0&-2&-9&-13\end{pmatrix}\xrightarrow[-r_4]{r_3-r_2}\begin{pmatrix}1&1&2&4\\0&4&3&-1\\0&0&0&0\\0&2&9&13\end{pmatrix}$$

$$\xrightarrow{r_3\leftrightarrow r_4}\begin{pmatrix}1&1&2&4\\0&4&3&-1\\0&2&9&13\\0&0&0&0\end{pmatrix}\xrightarrow{r_3-\frac{1}{2}r_2}\begin{pmatrix}1&1&2&4\\0&4&3&-1\\0&0&\frac{15}{2}&\frac{27}{2}\\0&0&0&0\end{pmatrix}$$

$$\xrightarrow[r_2-3r_3]{\frac{2}{15}r_3}\begin{pmatrix}1&1&2&4\\0&4&0&-\frac{32}{5}\\0&0&1&\frac{9}{5}\\0&0&0&0\end{pmatrix}\xrightarrow[\substack{r_1-r_2\\r_1-2r_3}]{\frac{1}{4}r_2}\begin{pmatrix}1&0&0&2\\0&1&0&-\frac{8}{5}\\0&0&1&\frac{9}{5}\\0&0&0&0\end{pmatrix}。$$

由此可得线性方程组（9-3）的解：

$$\begin{cases}x_1=2,\\x_2=-\dfrac{8}{5},\\x_3=\dfrac{9}{5}。\end{cases}$$

由此可见，在求解线性方程组时，为简单明了，只需要写出方程组的增广矩阵，然后对其进行初等变换即可。对方程组的增广矩阵施以初等行变换，相当于把原方程组变换成一个同解的新方程组。

下面介绍用消元法求解线性方程组的一般步骤。设方程组含有 $m$ 个方程、$n$ 个未知量。

首先，写出线性方程组（9-1）的增广矩阵 $\overline{A}=(A\ \ b)$，不妨设 $\overline{A}$ 中 $a_{11}\neq 0$（若 $a_{11}=0$，可通过交换 $\overline{A}$ 的两行使 $a_{11}\neq 0$）。

将 $\overline{\boldsymbol{A}}$ 中第一行的 $-\dfrac{a_{i1}}{a_{11}}$ 倍加到第 $i$ 行上 $(i=1,2,\cdots,m)$，于是 $\overline{\boldsymbol{A}}$ 化为

$$\begin{pmatrix} a_{11} & a_{12} & \cdots & a_{1n} & b_1 \\ 0 & a'_{22} & \cdots & a'_{2n} & b'_2 \\ \vdots & \vdots & & \vdots & \vdots \\ 0 & a'_{m2} & \cdots & a'_{mn} & b'_m \end{pmatrix}。$$

若 $a'_{22}\neq 0$，则对由上面这个矩阵的第 2 行到第 $m$ 行，第 2 列到第 $n$ 列构成的 $(m-1)\times n$ 矩阵重复上述变换，若 $a'_{22}=0$，则将第 2 行与后面某一行交换，使得矩阵中第 2 行、第 2 列的元素不为 0，直到 $\overline{\boldsymbol{A}}$ 化为阶梯形矩阵为止。

$$\overline{\boldsymbol{A}}\to\cdots\to\begin{pmatrix} \overline{a}_{11} & \overline{a}_{12} & \cdots & \overline{a}_{1r} & \overline{a}_{1,r+1} & \cdots & \overline{a}_{1n} & d_1 \\ 0 & \overline{a}_{22} & \cdots & \overline{a}_{2r} & \overline{a}_{2,r+1} & \cdots & \overline{a}_{2n} & d_2 \\ \vdots & \vdots & & \vdots & \vdots & & \vdots & \vdots \\ 0 & 0 & \cdots & \overline{a}_{rr} & \overline{a}_{r,r+1} & \cdots & \overline{a}_{rn} & d_r \\ 0 & 0 & \cdots & 0 & 0 & \cdots & 0 & d_{r+1} \\ 0 & 0 & \cdots & 0 & 0 & \cdots & 0 & 0 \\ \vdots & \vdots & & \vdots & \vdots & & \vdots & \vdots \\ 0 & 0 & \cdots & 0 & 0 & \cdots & 0 & 0 \end{pmatrix}。\tag{9-11}$$

其中 $\overline{a}_{ii}\neq 0(i=1,2,\cdots,r)$，它所对应的线性方程组为

$$\begin{cases} \overline{a}_{11}x_1+\overline{a}_{12}x_2+\cdots+\overline{a}_{1r}x_r+\overline{a}_{1,r+1}x_{r+1}+\cdots+\overline{a}_{1n}x_n=d_1, \\ \qquad\overline{a}_{22}x_2+\cdots+\overline{a}_{2r}x_r+\overline{a}_{2,r+1}x_{r+1}+\cdots+\overline{a}_{2n}x_n=d_2, \\ \qquad\cdots\ \cdots\ \cdots\ \cdots \\ \qquad\overline{a}_{rr}x_r+\overline{a}_{r,r+1}x_{r+1}+\cdots+\overline{a}_{rn}x_n=d_r, \\ \qquad 0=d_{r+1}。 \end{cases}\tag{9-12}$$

由于方程组（9-12）与原方程组（9-1）同解，所以只需考查方程组（9-12）的解的情况。

（1）若 $d_{r+1}\neq 0$，则方程组（9-12）中的第 $r+1$ 个方程“$0=d_{r+1}$”是一个矛盾式，于是方程组（9-12）无解，从而原方程组（9-1）也无解。

注意，此时 $\mathrm{r}(\boldsymbol{A})=r$，$\mathrm{r}(\overline{\boldsymbol{A}})=r+1$，有 $\mathrm{r}(\boldsymbol{A})\neq\mathrm{r}(\overline{\boldsymbol{A}})$。

（2）若 $d_{r+1}=0$，则方程组（9-12）有解，于是原方程组（9-1）也有解，此时 $\mathrm{r}(\boldsymbol{A})=\mathrm{r}(\overline{\boldsymbol{A}})=r$，可分成两种情况：

① 若 $r=n$，则方程组（9-11）相当于

$$\begin{cases}\bar{a}_{11}x_1+\bar{a}_{12}x_2+\cdots+\bar{a}_{1n}x_n=d_1,\\ \qquad\bar{a}_{22}x_2+\cdots+\bar{a}_{2n}x_n=d_2,\\ \qquad\cdots\cdots\cdots\cdots\\ \qquad\qquad\bar{a}_{nn}x_n=d_n。\end{cases}$$

由下向上依次回代，便可求出方程组（9-1）的解，且为唯一解。

② 若 $r<n$，则将矩阵（9-11）从下到上逐次施以初等行变换，得到以下阶梯形矩阵

$$\bar{\boldsymbol{A}}\to\cdots\to\begin{pmatrix}1&0&\cdots&0&a'_{1,r+1}&\cdots&a'_{1n}&d'_1\\0&1&\cdots&0&a'_{2,r+1}&\cdots&a'_{2n}&d'_2\\\vdots&\vdots&&\vdots&\vdots&&\vdots&\vdots\\0&0&\cdots&1&a'_{r,r+1}&\cdots&a'_{rn}&d'_r\\0&0&\cdots&0&0&\cdots&0&0\\0&0&\cdots&0&0&\cdots&0&0\\\vdots&\vdots&&\vdots&\vdots&&\vdots&\vdots\\0&0&\cdots&0&0&\cdots&0&0\end{pmatrix}\tag{9-13}$$

矩阵（9-13）对应的方程组可记为

$$\begin{cases}x_1=d'_1-a'_{1,r+1}x_{r+1}-\cdots-a'_{1n}x_n,\\x_2=d'_2-a'_{2,r+1}x_{r+1}-\cdots-a'_{2n}x_n,\\\qquad\cdots\cdots\cdots\cdots\\x_r=d'_r-a'_{r,r+1}x_{r+1}-\cdots-a'_{rn}x_n。\end{cases}\tag{9-14}$$

其中，$x_{r+1},x_{r+2},\cdots,x_n$ 这 $(n-r)$ 个未知量称为**自由未知量**。此时，任意取定 $x_{r+1},x_{r+2},\cdots,x_n$ 的一组值，就可相应地确定 $x_1,x_2,\cdots,x_r$ 的值，从而得到方程组（9-1）的一个解。由于自由未知量可以任意取值，因此原方程组（9-1）有无穷多个解。

如果令 $x_{r+1}=c_1$，$x_{r+2}=c_2,\cdots,x_n=c_{n-r}$，根据方程组（9-14），可以直接得到原方程组的解：

$$\begin{cases}x_1=d'_1-a'_{1,r+1}c_1-\cdots-a'_{1n}c_{n-r},\\x_2=d'_2-a'_{2,r+1}c_1-\cdots-a'_{2n}c_{n-r},\\\qquad\cdots\cdots\cdots\cdots\\x_r=d'_r-a'_{r,r+1}c_1-\cdots-a'_{rn}c_{n-r},\\\qquad x_{r+1}=c_1,\\\qquad\cdots\cdots\cdots\cdots\\\qquad x_n=c_{n-r}。\end{cases}$$

这样表示的解是方程组（9-1）的全部解，称为它的**通解**。

通过上面用消元法对线性方程组的求解分析，可以得到下面关于方程组解的判定定理。

**定理 9-1**　关于 $n$ 元线性方程组 $\boldsymbol{Ax}=\boldsymbol{b}$：

（1）无解 $\Leftrightarrow \mathrm{r}(\boldsymbol{A})\neq \mathrm{r}(\boldsymbol{A}\quad \boldsymbol{b})$；

（2）有唯一解 $\Leftrightarrow \mathrm{r}(\boldsymbol{A})=\mathrm{r}(\boldsymbol{A}\quad \boldsymbol{b})=n$；

（3）有无穷多解 $\Leftrightarrow \mathrm{r}(\boldsymbol{A})=\mathrm{r}(\boldsymbol{A}\quad \boldsymbol{b})<n$。

**【例 9-2】**　解线性方程组

$$\begin{cases} x_1-2x_2+x_3+x_4=1, \\ x_1-2x_2+x_3-x_4=-1, \\ x_1-2x_2+x_3-5x_4=-5。\end{cases}$$

解：对增广矩阵施以初等行变换化为阶梯形矩阵，

$$(\boldsymbol{A}\quad \boldsymbol{b})=\begin{pmatrix} 1 & -2 & 1 & 1 & 1 \\ 1 & -2 & 1 & -1 & -1 \\ 1 & -2 & 1 & -5 & -5 \end{pmatrix}\xrightarrow[r_3-r_1]{r_2-r_1}\begin{pmatrix} 1 & -2 & 1 & 1 & 1 \\ 0 & 0 & 0 & -2 & -2 \\ 0 & 0 & 0 & -6 & -6 \end{pmatrix}$$

$$\xrightarrow[r_2\times\left(-\frac{1}{2}\right)]{r_3-3r_2}\begin{pmatrix} 1 & -2 & 1 & 1 & 1 \\ 0 & 0 & 0 & 1 & 1 \\ 0 & 0 & 0 & 0 & 0 \end{pmatrix}。$$

于是，$\mathrm{r}(\boldsymbol{A})=\mathrm{r}(\boldsymbol{A}\quad \boldsymbol{b})=2$，方程组有无穷多个解。再将阶梯形矩阵进一步化简：

$$\xrightarrow{r_1-r_2}\begin{pmatrix} 1 & -2 & 1 & 0 & 0 \\ 0 & 0 & 0 & 1 & 1 \\ 0 & 0 & 0 & 0 & 0 \end{pmatrix},$$

选择每一行第一个非零元所对应的未知量为非自由未知量，其余的为自由未知量，即 $x_2$，$x_3$ 为自由未知量，则原方程组化为

$$\begin{cases} x_1=2x_2-x_3, \\ x_4=-1。\end{cases}$$

令 $x_2=c_1$，$x_3=c_2$，则原方程组的全部解为

$$\begin{cases} x_1=2c_1-c_2, \\ x_2=c_1, \\ x_3=c_2, \\ x_4=-1。\end{cases}$$

（其中 $c_1$，$c_2$ 为任意常数）

【例 9-3】　解线性方程组

$$\begin{cases} 3x_1-4x_2+16x_3+7x_4=5, \\ -2x_1+x_2+x_3-3x_4=0, \\ x_1-x_2+3x_3+2x_4=4。 \end{cases}$$

解：对增广矩阵施以初等行变换，使其化成阶梯形矩阵。

$$(\boldsymbol{A}\quad\boldsymbol{b})=\begin{pmatrix} 3 & -4 & 16 & 7 & 5 \\ -2 & 1 & 1 & -3 & 0 \\ 1 & -1 & 3 & 2 & 4 \end{pmatrix}\xrightarrow{r_1\leftrightarrow r_3}\begin{pmatrix} 1 & -1 & 3 & 2 & 4 \\ -2 & 1 & 1 & -3 & 0 \\ 3 & -4 & 16 & 7 & 5 \end{pmatrix}$$

$$\xrightarrow[r_3-3r_1]{r_2+2r_1}\begin{pmatrix} 1 & -1 & 3 & 2 & 4 \\ 0 & -1 & 7 & 1 & 8 \\ 0 & -1 & 7 & 1 & -7 \end{pmatrix}\xrightarrow{r_3-r_2}\begin{pmatrix} 1 & -1 & 3 & 2 & 4 \\ 0 & -1 & 7 & 1 & 8 \\ 0 & 0 & 0 & 0 & -15 \end{pmatrix}。$$

显然，$\mathrm{r}(\boldsymbol{A})=2\neq\mathrm{r}(\boldsymbol{A}\quad\boldsymbol{b})=3$，所以原方程组无解。

## 9.3　齐次线性方程组

若方程组（9-1）中所有常数项 $b_i=0(i=1,2,\cdots,m)$，则称该方程组为齐次线性方程组，否则称为非齐次线性方程组。齐次线性方程组的一般形式为

$$\begin{cases} a_{11}x_1+a_{12}x_2+\cdots+a_{1n}x_n=0, \\ a_{21}x_1+a_{22}x_2+\cdots+a_{2n}x_n=0, \\ \cdots\ \cdots\ \cdots\ \cdots \\ a_{m1}x_1+a_{m2}x_2+\cdots+a_{mn}x_n=0。 \end{cases} \tag{9-15}$$

简记为 $\boldsymbol{Ax}=\boldsymbol{0}$。

对于齐次线性方程组，由于 $\mathrm{r}(\boldsymbol{A})=\mathrm{r}(\boldsymbol{A}\quad\boldsymbol{0})$ 永成立，因此齐次线性方程组一定有解。显然，零向量 $\boldsymbol{0}=(0,0,\cdots,0)^{\mathrm{T}}$ 是齐次线性方程组（9-15）的解，称其为“零解”。

根据定理 9-1，齐次线性方程组（9-15）有可能有唯一解（即零解），也有可能有无穷多解（即有非零解）。

**定理 9-2**　对于 $n$ 元齐次线性方程组（9-15）：

（1）仅有零解 $\Leftrightarrow\mathrm{r}(\boldsymbol{A})=n$；

（2）有非零解 $\Leftrightarrow\mathrm{r}(\boldsymbol{A})<n$。

**推论 9-1**　在齐次线性方程组（9.15）中，若方程个数小于未知量个数，即 $m<n$，则方程组（9.15）必有非零解。

**推论 9-2**　当 $m=n$ 时，齐次线性方程组（9.15）有非零解的充分必要条件是 $|\boldsymbol{A}|=0$。

由于齐次线性方程组的增广矩阵最后一列元素全部为 0，所以用消元法化阶梯形矩阵时，最后一列一直不变。于是，今后在解齐次线性方程组时，只需对系数矩阵化简即可，无须对增广矩阵化简。

本节的任务为讨论齐次线性方程组解的结构。先讨论齐次线性方程组 $\boldsymbol{Ax}=\boldsymbol{0}$ 的几个性质。

**性质 9-1**　若 $\xi_1,\xi_2$ 是齐次线性方程组 $\boldsymbol{Ax}=\boldsymbol{0}$ 的解，则 $\xi_1+\xi_2$ 也是该方程组的解。

证明：根据矩阵乘法分配率，由于

$$\boldsymbol{A}\xi_1=\boldsymbol{0},\ \boldsymbol{A}\xi_2=\boldsymbol{0},$$

所以

$$\boldsymbol{A}(\xi_1+\xi_2)=\boldsymbol{A}\xi_1+\boldsymbol{A}\xi_2=\boldsymbol{0}+\boldsymbol{0}=\boldsymbol{0},$$

即 $\xi_1+\xi_2$ 是方程组 $\boldsymbol{Ax}=\boldsymbol{0}$ 的解。

**性质 9-2**　若 $\xi$ 是齐次线性方程组 $\boldsymbol{Ax}=\boldsymbol{0}$ 的解，则 $k\xi$（$k$ 为任意常数）也是该方程组的解。

证明：由已知

$$\boldsymbol{A}\xi=\boldsymbol{0},$$

所以

$$\boldsymbol{A}(k\xi)=k\boldsymbol{A}\xi=\boldsymbol{0},$$

即 $k\xi$ 为齐次线性方程组 $\boldsymbol{Ax}=\boldsymbol{0}$ 的解。

性质 9-1 与性质 9-2 说明，齐次线性方程组解的线性组合依旧为该方程组的解，即

若 $\xi_1,\xi_2,\cdots,\xi_s$ 是齐次线性方程组 $\boldsymbol{Ax}=\boldsymbol{0}$ 的解，$k_1,k_2,\cdots,k_s$ 为任意常数，则 $k_1\xi_1+k_2\xi_2+\cdots+k_s\xi_s$ 也是方程组 $\boldsymbol{Ax}=\boldsymbol{0}$ 的解。

这是齐次线性方程组解的一个重要性质。它说明当线性方程组 $\boldsymbol{Ax}=\boldsymbol{0}$ 有无穷多解时，只需要找到解集的一个包含向量个数最多的线性无关向量组 $\xi_1,\xi_2,\cdots,\xi_s$，那么所有解就可以用这个向量组 $\xi_1,\xi_2,\cdots,\xi_s$ 线性表示。

为此引入一个概念：

**定义 9-1**　齐次线性方程组 $\boldsymbol{Ax}=\boldsymbol{0}$ 解向量组（即解集）的一个包含向量个数最多的线性无关向量组 $\xi_1,\xi_2,\cdots,\xi_s$ 称为该方程组的一个**基础解系**。

由基础解系的定义知，若 $\xi_1,\xi_2,\cdots,\xi_s$ 是齐次线性方程组 $\boldsymbol{Ax}=\boldsymbol{0}$ 的一个基础解系，则它的任意一个解都可以表示为

$$k_1\xi_1+k_2\xi_2+\cdots+k_s\xi_s\ （k_1,k_2,\cdots,k_s\text{ 为任意常数}），$$

称为方程组 $\boldsymbol{Ax}=\boldsymbol{0}$ 的**通解（全部解）**。

**定理 9-3**　对于齐次线性方程组 $\boldsymbol{A}_{m\times n}\boldsymbol{x}=\boldsymbol{0}$，若 $\mathrm{r}(A)<n$，则该方程组一定存在基础解

系，并且它的基础解系恰好含有 $n-\mathrm{r}(\boldsymbol{A})$ 个解向量。

下面讨论求解基础解系以及通解的过程。

设 $\mathrm{r}(\boldsymbol{A})=r<n$，所以对 $\boldsymbol{A}_{m\times n}\boldsymbol{x}=\boldsymbol{0}$ 的系数矩阵施以初等行变换，可以化为如下形式的阶梯形矩阵：

$$\boldsymbol{A}\to\cdots\to\begin{pmatrix}1 & 0 & \cdots & 0 & \hat{a}_{1,r+1} & \cdots & \hat{a}_{1n}\\ 0 & 1 & \cdots & 0 & \hat{a}_{2,r+1} & \cdots & \hat{a}_{2n}\\ \vdots & \vdots & & \vdots & \vdots & & \vdots\\ 0 & 0 & \cdots & 1 & \hat{a}_{r,r+1} & \cdots & \hat{a}_{rn}\\ 0 & 0 & \cdots & 0 & 0 & \cdots & 0\\ \vdots & \vdots & & \vdots & \vdots & & \vdots\\ 0 & 0 & \cdots & 0 & 0 & \cdots & 0\end{pmatrix}。$$

所以原方程组可化为

$$\begin{cases}x_1=-\hat{a}_{1,r+1}x_{r+1}-\hat{a}_{1,r+2}x_{r+2}\cdots-\hat{a}_{1n}x_n,\\ x_2=-\hat{a}_{2,r+1}x_{r+1}-\hat{a}_{2,r+2}x_{r+2}-\cdots-\hat{a}_{2n}x_n,\\ \qquad\cdots\ \cdots\ \cdots\ \cdots\\ x_r=-\hat{a}_{r,r+1}x_{r+1}-\hat{a}_{r,r+2}x_{r+2}\cdots-\hat{a}_{rn}x_n。\end{cases}$$

其中，$x_{r+1},x_{r+2},\cdots,x_n$ 为自由未知量，对它们进行以下 $(n-r)$ 组赋值：

$$\begin{pmatrix}x_{r+1}\\ x_{r+2}\\ \vdots\\ x_n\end{pmatrix}=\begin{pmatrix}1\\ 0\\ \vdots\\ 0\end{pmatrix},\begin{pmatrix}0\\ 1\\ \vdots\\ 0\end{pmatrix},\cdots,\begin{pmatrix}0\\ 0\\ \vdots\\ 1\end{pmatrix}。$$

于是可得到方程组的 $(n-r)$ 个解：

$$\boldsymbol{\xi}_1=\begin{pmatrix}-\hat{a}_{1,r+1}\\ -\hat{a}_{2,r+1}\\ \vdots\\ -\hat{a}_{r,r+1}\\ 1\\ 0\\ \vdots\\ 0\end{pmatrix},\boldsymbol{\xi}_2=\begin{pmatrix}-\hat{a}_{1,r+2}\\ -\hat{a}_{2,r+2}\\ \vdots\\ -\hat{a}_{r,r+2}\\ 0\\ 1\\ \vdots\\ 0\end{pmatrix},\cdots,\boldsymbol{\xi}_{n-r}=\begin{pmatrix}-\hat{a}_{1n}\\ -\hat{a}_{2n}\\ \vdots\\ -\hat{a}_{rn}\\ 0\\ 0\\ \vdots\\ 1\end{pmatrix}。$$

可以证明这 $(n-r)$ 个解便是方程组 $\boldsymbol{A}_{m\times n}\boldsymbol{x}=\boldsymbol{0}$ 的一个基础解系。对于方程组 $\boldsymbol{A}_{m\times n}\boldsymbol{x}=\boldsymbol{0}$ 的任一个解 $\boldsymbol{\xi}$，一定存在一组常数 $k_1,k_2,\cdots,k_{n-r}$ 使得

$$\boldsymbol{\xi}=k_1\boldsymbol{\xi}_1+k_2\boldsymbol{\xi}_2+\cdots+k_{n-r}\boldsymbol{\xi}_{n-r}=k_1\begin{pmatrix}-\hat{a}_{1,r+1}\\-\hat{a}_{2,r+1}\\\vdots\\-\hat{a}_{r,r+1}\\1\\0\\\vdots\\0\end{pmatrix}+k_2\begin{pmatrix}-\hat{a}_{1,r+2}\\-\hat{a}_{2,r+2}\\\vdots\\-\hat{a}_{r,r+2}\\0\\1\\\vdots\\0\end{pmatrix}+\cdots+k_{n-r}\begin{pmatrix}-\hat{a}_{1n}\\-\hat{a}_{2n}\\\vdots\\-\hat{a}_{rn}\\0\\0\\\vdots\\1\end{pmatrix}。$$

**【例 9-4】** 求齐次线性方程组

$$\begin{cases}x_1+2x_2+3x_3-x_4=0,\\2x_1+4x_2+5x_3-3x_4-x_5=0,\\-x_1-2x_2-3x_3+3x_4+4x_5=0。\end{cases}$$

的通解。

解：对方程组的系数矩阵进行初等行变换，化为阶梯形矩阵：

$$\boldsymbol{A}=\begin{pmatrix}1&2&3&-1&0\\2&4&5&-3&-1\\-1&-2&-3&3&4\end{pmatrix}\to\begin{pmatrix}1&2&3&-1&0\\0&0&-1&-1&-1\\0&0&0&2&4\end{pmatrix}$$

$$\to\begin{pmatrix}1&2&3&0&2\\0&0&-1&0&1\\0&0&0&1&2\end{pmatrix}\to\begin{pmatrix}1&2&0&0&5\\0&0&1&0&-1\\0&0&0&1&2\end{pmatrix}。$$

由于 $r(\boldsymbol{A})=3<5$，方程组有两个自由未知量为 $x_2,x_5$，方程组化为

$$\begin{cases}x_1=-2x_2-5x_5,\\x_3=x_5,\\x_4=-2x_5。\end{cases}$$

分别令 $\begin{pmatrix}x_2\\x_5\end{pmatrix}=\begin{pmatrix}1\\0\end{pmatrix},\begin{pmatrix}0\\1\end{pmatrix}$，可得原方程组的一个基础解系：

$$\boldsymbol{\xi}_1=\begin{pmatrix}-2\\1\\0\\0\\0\end{pmatrix},\boldsymbol{\xi}_2=\begin{pmatrix}-5\\0\\1\\-2\\1\end{pmatrix}。$$

所以原方程组的通解为

$$\boldsymbol{\xi}=k_1\boldsymbol{\xi}_1+k_2\boldsymbol{\xi}_2=k_1\begin{pmatrix}-2\\1\\0\\0\\0\end{pmatrix}+k_2\begin{pmatrix}-5\\0\\1\\-2\\1\end{pmatrix} \quad (k_1,k_2\text{为任意常数})。$$

## 9.4 非齐次线性方程组

当线性方程组（9.1）中最后一列的常数项不全为0时，称为非齐次线性方程组，即为

$$\boldsymbol{Ax}=\boldsymbol{b},$$

其中，$\boldsymbol{A}=\left(a_{ij}\right)_{m\times n}$ 为系数矩阵，$\boldsymbol{x}=\left(x_1,x_2,\cdots,x_n\right)^{\mathrm{T}}$ 为未知量，$\boldsymbol{b}=\left(b_1,b_2,\cdots,b_m\right)^{\mathrm{T}}\neq\boldsymbol{0}$ 为常数项。

在非齐次线性方程组 $\boldsymbol{Ax}=\boldsymbol{b}$ 中，如果令常数项全为 0，可得到一个齐次线性方程组 $\boldsymbol{AX}=\boldsymbol{0}$，称为该非齐次线性方程组的导出组。

非齐次线性方程组的解与其导出组的解有紧密联系。

**性质 9-3** 若 $\boldsymbol{\eta}$ 是非齐次线性方程组 $\boldsymbol{Ax}=\boldsymbol{b}$ 的一个解，$\boldsymbol{\xi}$ 是其导出组 $\boldsymbol{Ax}=\boldsymbol{0}$ 的一个解，则 $\boldsymbol{\xi}+\boldsymbol{\eta}$ 是方程组 $\boldsymbol{Ax}=\boldsymbol{b}$ 的解。

证明：由已知

$$\boldsymbol{A\eta}=\boldsymbol{b},\ \boldsymbol{A\xi}=\boldsymbol{0},$$

于是

$$\boldsymbol{A}\left(\boldsymbol{\xi}+\boldsymbol{\eta}\right)=\boldsymbol{A\xi}+\boldsymbol{A\eta}=\boldsymbol{b}+\boldsymbol{0}=\boldsymbol{b},$$

即 $\boldsymbol{\xi}+\boldsymbol{\eta}$ 是方程组 $\boldsymbol{Ax}=\boldsymbol{b}$ 的解。

**性质 9-4** 若 $\boldsymbol{\eta}_1,\boldsymbol{\eta}_2$ 是非齐次线性方程组 $\boldsymbol{Ax}=\boldsymbol{b}$ 的两个解，则 $\boldsymbol{\eta}_1-\boldsymbol{\eta}_2$ 是其导出组 $\boldsymbol{Ax}=\boldsymbol{0}$ 的解。

证明：由已知

$$\boldsymbol{A\eta}_1=\boldsymbol{b},\ \boldsymbol{A\eta}_2=\boldsymbol{b},$$

所以

$$\boldsymbol{A}\left(\boldsymbol{\eta}_1-\boldsymbol{\eta}_2\right)=\boldsymbol{A\eta}_1-\boldsymbol{A\eta}_2=\boldsymbol{b}-\boldsymbol{b}=\boldsymbol{0},$$

即 $(\boldsymbol{\eta}_1-\boldsymbol{\eta}_2)$ 是其导出组 $\boldsymbol{Ax}=\boldsymbol{0}$ 的解。

根据以上性质，可以利用导出组的解表示非齐次线性方程组全部解。

**定理 9-4** 若 $\boldsymbol{\eta}_0$ 是非齐次线性方程组 $\boldsymbol{Ax}=\boldsymbol{b}$ 的一个解（一般称为特解），$\boldsymbol{\xi}$ 是其导出组的通解，则 $\boldsymbol{\eta}_0+\boldsymbol{\xi}$ 是非齐次线性方程组 $\boldsymbol{Ax}=\boldsymbol{b}$ 的通解。

证明略。

根据定理 9-4，求解非齐次线性方程组 $\boldsymbol{Ax}=\boldsymbol{b}$ 的通解分两步：

（1）求出它的一个特解 $\boldsymbol{\eta}_0$；

（2）求出它的导出组 $\boldsymbol{Ax}=\boldsymbol{0}$ 的一个基础解系 $\xi_1,\xi_2,\cdots,\xi_s$，则 $\boldsymbol{Ax}=\boldsymbol{b}$ 的全部解表示为

$$\boldsymbol{x}=\boldsymbol{\eta}_0+k_1\boldsymbol{\xi}_1+k_2\boldsymbol{\xi}_2+\cdots+k_s\boldsymbol{\xi}_s \quad （k_1,k_2,\cdots,k_s \text{为任意常数}）.$$

**【例 9-5】** 求线性方程组 $\begin{cases} x_1+2x_2-\ \ x_3+3x_4+\ \ x_5=2, \\ -x_1-2x_2+\ \ x_3-\ \ x_4+3x_5=4, \\ 2x_1+4x_2-2x_3+6x_4+3x_5=6 \end{cases}$ 的通解。

解：对线性方程组的增广矩阵进行初等行变换，化为阶梯形矩阵。

$$\begin{pmatrix}\boldsymbol{A} & \boldsymbol{b}\end{pmatrix}=\begin{pmatrix}1&2&-1&3&1&2\\-1&-2&1&-1&3&4\\2&4&-2&6&3&6\end{pmatrix}\to\begin{pmatrix}1&2&-1&3&1&2\\0&0&0&2&4&6\\0&0&0&0&1&2\end{pmatrix}$$

$$\to\begin{pmatrix}1&2&-1&3&1&2\\0&0&0&1&2&3\\0&0&0&0&1&2\end{pmatrix}\to\begin{pmatrix}1&2&-1&3&0&0\\0&0&0&1&0&-1\\0&0&0&0&1&2\end{pmatrix}$$

$$\to\begin{pmatrix}1&2&-1&0&0&3\\0&0&0&1&0&-1\\0&0&0&0&1&2\end{pmatrix}。$$

所以方程组有自由未知量 $x_2,x_3$，原方程组的通解方程组为

$$\begin{cases} x_1=3-2x_2+x_3, \\ x_4=-1, \\ x_5=2。 \end{cases}$$

令 $\begin{pmatrix}x_2\\x_3\end{pmatrix}=\begin{pmatrix}0\\0\end{pmatrix}$，可得方程组的一个特解 $\boldsymbol{\eta}_0=(3,0,0,-1,2)^{\mathrm{T}}$。

原方程组导出组的同解方程组为

$$\begin{cases} x_1=-2x_2+x_3, \\ x_4=0, \\ x_5=0。 \end{cases}$$

分别令 $\begin{pmatrix}x_2\\x_3\end{pmatrix}=\begin{pmatrix}1\\0\end{pmatrix},\begin{pmatrix}0\\1\end{pmatrix}$，可得导出组的一个基础解系：

$$\boldsymbol{\xi}_1=\begin{pmatrix}-2\\1\\0\\0\\0\end{pmatrix},\boldsymbol{\xi}_2=\begin{pmatrix}1\\0\\1\\0\\0\end{pmatrix}。$$

所以，该线性方程组的全部解为

$$\boldsymbol{\eta}=\boldsymbol{\eta}_0+k_1\boldsymbol{\xi}_1+k_2\boldsymbol{\xi}_2=\begin{pmatrix}3\\0\\0\\-1\\2\end{pmatrix}+k_1\begin{pmatrix}-2\\1\\0\\0\\0\end{pmatrix}+k_2\begin{pmatrix}1\\0\\1\\0\\0\end{pmatrix}\quad（k_1,k_2\text{为任意常数}）。$$

# 9.5 使用 NumPy 和 SymPy 求解线性方程组

## 9.5.1 使用 numpy.linalg.solve()求解线性方程组

numpy.linalg.solve()用于求解线性方程组，调用格式为

```
1. numpy.linalg.solve(A, b)
```

其中，$\boldsymbol{A}$ 为系数矩阵，$\boldsymbol{b}$ 为等号右端的常数项。返回方程的解。

**【例 9-6】** 求解线性方程组

$$\begin{cases}3x+y=9,\\x+2y=8。\end{cases}$$

（代码：ch9 线性方程组\9.4 使用 NumPy 和 SymPy 求解线性方程组\例 9-6）

```
1. import numpy as np
2.
3. A = np.array([[3,1], [1,2]])
4. b = np.array([9,8])
5. x = np.linalg.solve(A, b)
6. print("方程组的解为：",x)
```

运行结果：

```
方程组的解为：[2. 3.]
```

需要注意的是，numpy.linalg.solve()只能求解有唯一解的方程组。对于有无穷多解的

方程组，则需要结合 SymPy 求解。

### 9.5.2　使用 NumPy 和 SymPy 求解一般线性方程组

如果方程组有无穷多解，Python 无法直接求解。但是可以利用 SymPy 化简增广矩阵为行最简阶梯形矩阵，帮助求解。

求解线性方程组 $\boldsymbol{Ax}=\boldsymbol{b}$ 的步骤如下。

（1）使用 numpy 建立增广矩阵 A_arr；

（2）使用 sympy.Matrix()将其转化为 sympy 的 matrix 对象 A_mat；

（3）调用 A_mat.rref()得到 A_mat 的行最简阶梯形矩阵 A_rref；

（4）根据行最简阶梯形矩阵 A_rref 确定线性方程组的一般解。

**【例 9-7】** 求解线性方程组

$$\begin{cases} x_1 + x_2 - x_3 + 2x_4 = 3, \\ 2x_1 + x_2 - 3x_4 = 1, \\ -2x_1 - 2x_3 + 10x_4 = 4。\end{cases}$$

（代码：ch9 线性方和组\9.4 使用 NumPy 和 SymPy 求解线性方程组\例 9-7）

```
1. import numpy as np
2. from sympy import Matrix
3.
4. A_arr = np.array([[1,1,-1,2,3], [2,1,0,-3,1],[-2,0,-2,10,4]])
5. A_mat = Matrix(A_arr)
6. A_rref, out = A_mat.rref()
7. print(A_rref)
```

运行结果：

```
Matrix([[1, 0, 1, -5, -2], [0, 1, -2, 7, 5], [0, 0, 0, 0, 0]])
```

这就是该方程组增广矩阵的行最简阶梯形：

$$\overline{\boldsymbol{A}} \to \begin{bmatrix} 1 & 0 & 1 & -5 & -2 \\ 0 & 1 & -2 & 7 & 5 \\ 0 & 0 & 0 & 0 & 0 \end{bmatrix}。$$

所以方程组有自由未知量 $x_3, x_4$，原方程组的通解方程组为

$$\begin{cases} x_1 = -x_3 + 5x_4 - 2, \\ x_2 = 2x_3 - 7x_4 + 5。\end{cases}$$

令$\begin{pmatrix} x_3 \\ x_4 \end{pmatrix}=\begin{pmatrix} 0 \\ 0 \end{pmatrix}$，可得方程组的一个特解$\boldsymbol{\eta}_0=(-2,5,0,0)^{\mathrm{T}}$。

原方程组导出组的同解方程组为

$$\begin{cases} x_1 = -x_3+5x_4, \\ x_2 = 2x_3-7x_4。 \end{cases}$$

分别令$\begin{pmatrix} x_3 \\ x_4 \end{pmatrix}=\begin{pmatrix} 1 \\ 0 \end{pmatrix},\begin{pmatrix} 0 \\ 1 \end{pmatrix}$，可得导出方程组的一个基础解系

$$\boldsymbol{\xi}_1=\begin{pmatrix} -1 \\ 2 \\ 1 \\ 0 \end{pmatrix},\boldsymbol{\xi}_2=\begin{pmatrix} 5 \\ 7 \\ 0 \\ 1 \end{pmatrix}。$$

所以，该线性方程组的全部解为

$$\boldsymbol{\eta}=k_1\boldsymbol{\xi}_1+k_2\boldsymbol{\xi}_2+\boldsymbol{\eta}_0=k_1\begin{pmatrix} -1 \\ 2 \\ 1 \\ 0 \end{pmatrix}+k_2\begin{pmatrix} 5 \\ 7 \\ 0 \\ 1 \end{pmatrix}+\begin{pmatrix} -2 \\ 5 \\ 0 \\ 0 \end{pmatrix}\ （k_1,k_2\text{为任意常数}）。$$

## 习题 9

1. 求出以下齐次线性方程组的通解：

（1）$\begin{cases} x_1+2x_2+3x_3=0, \\ 2x_1+5x_2+x_3=0, \\ x_1+x_3=0; \end{cases}$

（2）$\begin{cases} x_1+6x_2-x_3-4x_4=0, \\ 2x_1+12x_2-5x_3-17x_4=0, \\ x_1+6x_2-x_3-4x_4=0; \end{cases}$

（3）$\begin{cases} x_1+x_2+x_3+x_4=0, \\ 2x_1+3x_2+x_3+x_4=0, \\ 2x_1+x_2-x_3=0, \\ x_1+x_2-x_3+2x_4=0; \end{cases}$

（2）$\begin{cases} x_1+2x_2+3x_3-x_4=0, \\ 2x_1+4x_2+5x_3-3x_4-x_5=0, \\ -x_1-2x_2-3x_3+3x_4+4x_5=0。 \end{cases}$

2. 当参数$a$为何值时，以下齐次线性方程组有非零解？若有非零解，则求出其通解。

（1）$\begin{cases} 2x_1-x_2+3x_3=0, \\ x_1-3x_2+4x_3=0, \\ -x_1+2x_2+ax_3=0; \end{cases}$

（2）$\begin{cases} x_1+2x_2+3x_3=0, \\ 2x_1+ax_2+3x_3=0, \\ x_1+9x_3=0。 \end{cases}$

3. 以下非齐次线性方程组是否有解？若有解，请求出其通解。

（1）$\begin{cases} x_1+2x_2-3x_3+x_4=0, \\ 2x_1-3x_2+x_3=0, \\ x_1+9x_2-10x_3+12x_4=11; \end{cases}$　　（2）$\begin{cases} x_1-x_2+3x_3-2x_4=4, \\ x_1-3x_2+2x_3-6x_4=1, \\ x_1+5x_2-x_3+10x_4=6; \end{cases}$

（3）$\begin{cases} x_2+2x_3=7, \\ x_1-2x_2-6x_3=-18, \\ x_1-x_2-2x_3=-5, \\ 2x_1-5x_2-15x_3=-46; \end{cases}$　　（4）$\begin{cases} x_1+x_2+2x_3+3x_4=1, \\ x_1+2x_2+3x_3-x_4=-4, \\ 3x_1-x_2-x_3-2x_4=-4, \\ 2x_1+3x_2-x_3-x_4=-6。 \end{cases}$

4. 当参数 $a$ 为何值时，方程组$\begin{cases} x_1+x_2+x_3=0, \\ 2x_1+x_3=-1, \\ x_1+3x_2+4x_3=a \end{cases}$有解？并求出它的通解。

5. 当参数 $a,b$ 为何值时，线性方程组

$$\begin{cases} x_1+x_2+x_3+x_4=0, \\ x_2+2x_3+2x_4=1, \\ -x_2+(a-3)x_3-2x_4=b, \\ 3x_1+2x_2+x_3+ax_4=-1。 \end{cases}$$

无解？有唯一解？有无穷多解？

# 第 10 章　矩阵的特征值与特征向量

**知识图谱：**

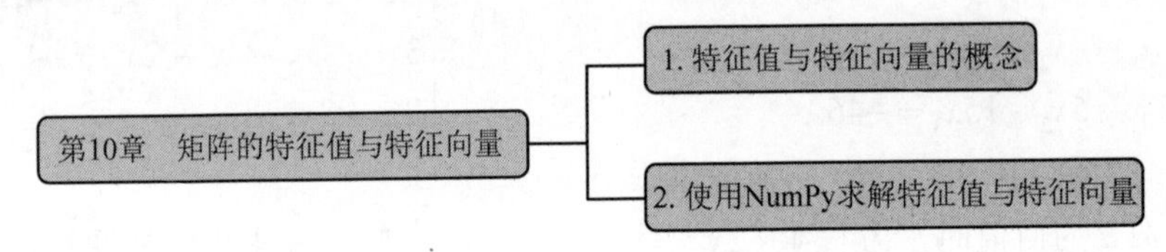


**学习目标：**

（1）理解特征值与特征向量的概念；

（2）掌握特征值与特征向量的求解方法；

（3）熟练掌握使用 NumPy 求解特征值与特征向量的方法。

## 10.1　特征值与特征向量的概念

机器学习、工程计算中的许多问题，都可以归结为矩阵的特征值与特征向量问题。

已知 $n$ 阶方阵与 $n$ 维列向量的乘积仍为 $n$ 维列向量，即

$$\boldsymbol{A}_{n\times n}\boldsymbol{\alpha}=\boldsymbol{\beta},$$

其中 $\boldsymbol{\alpha}$，$\boldsymbol{\beta}$ 都为 $n$ 维列向量。

本节讨论的问题是 $\boldsymbol{\beta}$ 是否与 $\boldsymbol{\alpha}$ 具有线性关系，即何时会有 $\boldsymbol{A}_{n\times n}\boldsymbol{\alpha}=\lambda\boldsymbol{\alpha}$，其中 $\lambda$ 为某一常数。

**定义 10-1** 设 $\boldsymbol{A}$ 是 $n$ 阶方阵，如果对于常数 $\lambda_0$，存在非零列向量 $\boldsymbol{\alpha}$，使得

$$\boldsymbol{A\alpha}=\lambda_0\boldsymbol{\alpha},$$

则称 $\lambda_0$ 是 $\boldsymbol{A}$ 的**特征值**，$\boldsymbol{\alpha}$ 称为 $\boldsymbol{A}$ 的属于特征值 $\lambda_0$ 的**特征向量**。

例如，由于

$$\begin{pmatrix}1&2\\2&1\end{pmatrix}\begin{pmatrix}1\\1\end{pmatrix}=\begin{pmatrix}3\\3\end{pmatrix}=3\begin{pmatrix}1\\1\end{pmatrix},$$

所以 3 是矩阵 $\begin{pmatrix}1&2\\2&1\end{pmatrix}$ 的特征值，$\begin{pmatrix}1\\1\end{pmatrix}$ 是它属于特征值 3 的特征向量。

这里有一个很显然的问题，给定一个 $n$ 阶方阵，它是否一定有特征值？如果特征值存

在，如何求出？如何求出属于所有特征值的所有特征向量？为了方便讨论，我们引入下面的定义。

**定义 10-2**　设 $\boldsymbol{A}$ 是 $n$ 阶方阵，$\lambda$ 是一个常数，矩阵 $\lambda\boldsymbol{E}-\boldsymbol{A}$ 称为 $\boldsymbol{A}$ 的**特征矩阵**，行列式

$$|\lambda\boldsymbol{E}-\boldsymbol{A}|=\begin{vmatrix}\lambda-a_{11} & -a_{12} & \cdots & -a_{1n}\\ -a_{21} & \lambda-a_{22} & \cdots & -a_{2n}\\ \cdots & \cdots & \ddots & \cdots\\ -a_{n1} & -a_{n2} & \cdots & \lambda-a_{nn}\end{vmatrix} \tag{10-1}$$

是一个 $\lambda$ 的 $n$ 次多项式，称为 $\boldsymbol{A}$ 的**特征行列式**，特征方程 $|\lambda\boldsymbol{E}-\boldsymbol{A}|=0$ 称为 $\boldsymbol{A}$ 的**特征方程**。

设 $\boldsymbol{A}$ 是 $n$ 阶方阵，$\lambda_0$ 是 $\boldsymbol{A}$ 的特征值，$\boldsymbol{\alpha}$ 是属于特征值 $\lambda_0$ 的特征向量，则

$$\boldsymbol{A\alpha}=\lambda_0\boldsymbol{\alpha}\text{，即 }(\lambda_0\boldsymbol{E}-\boldsymbol{A})\boldsymbol{\alpha}=\boldsymbol{0}\text{，}$$

表明齐次线性方程组 $(\lambda_0\boldsymbol{E}-\boldsymbol{A})\boldsymbol{\alpha}=\boldsymbol{0}$ 有非零解，从而 $\mathrm{r}(\lambda_0\boldsymbol{E}-\boldsymbol{A})<n$，$|\lambda_0\boldsymbol{E}-\boldsymbol{A}|=0$。所以，如果 $\lambda_0$ 是 $\boldsymbol{A}$ 的特征值，那么 $\lambda_0$ 是特征方程 $|\lambda\boldsymbol{E}-\boldsymbol{A}|=0$ 的根，$\boldsymbol{\alpha}$ 是齐次线性方程组 $(\lambda_0\boldsymbol{E}-\boldsymbol{A})\boldsymbol{x}=\boldsymbol{0}$ 的非零解。

反之，设 $\lambda_0$ 是特征方程 $|\lambda\boldsymbol{E}-\boldsymbol{A}|=0$ 的根，则 $|\lambda_0\boldsymbol{E}-\boldsymbol{A}|=0$，从而 $\mathrm{r}(\lambda_0\boldsymbol{E}-\boldsymbol{A})<n$，于是齐次线性方程组 $(\lambda_0\boldsymbol{E}-\boldsymbol{A})\boldsymbol{x}=\boldsymbol{0}$ 有非零解，设为 $\boldsymbol{\alpha}$，则 $(\lambda_0\boldsymbol{E}-\boldsymbol{A})\boldsymbol{\alpha}=\boldsymbol{0}$，$\boldsymbol{A\alpha}=\lambda_0\boldsymbol{\alpha}$。所以 $\lambda_0$ 是 $\boldsymbol{A}$ 的特征值，$\boldsymbol{\alpha}$ 是属于特征值 $\lambda_0$ 的特征向量。

根据上面的讨论，有以下结论。

**定理 10-1**　设 $\boldsymbol{A}$ 是 $n$ 阶方阵，$\lambda_0$ 是 $\boldsymbol{A}$ 的特征值，$\boldsymbol{\alpha}$ 是属于特征值 $\lambda_0$ 的特征向量，当且仅当 $\lambda_0$ 是特征方程 $|\lambda\boldsymbol{E}-\boldsymbol{A}|=0$ 的根时，$\boldsymbol{\alpha}$ 是齐次线性方程组 $(\lambda_0\boldsymbol{E}-\boldsymbol{A})\boldsymbol{x}=\boldsymbol{0}$ 的非零解。

**【例 10-1】** 求矩阵 $\boldsymbol{A}=\begin{pmatrix}3 & -2\\ 3 & -4\end{pmatrix}$ 的特征值与特征向量。

解：$\boldsymbol{A}$ 的特征多项式为

$$|\lambda\boldsymbol{E}-\boldsymbol{A}|=\begin{vmatrix}\lambda-3 & 2\\ -3 & \lambda+4\end{vmatrix}=(\lambda+3)(\lambda-2)\text{，}$$

令 $|\lambda\boldsymbol{E}-\boldsymbol{A}|=0$，得特征值：$\lambda_1=-3$，$\lambda_2=2$。

当 $\lambda_1=-3$ 时，解齐次线性方程组 $(-3\boldsymbol{E}-\boldsymbol{A})\boldsymbol{x}=\boldsymbol{0}$，即

$$\begin{cases}-6x_1+2x_2=0,\\ -3x_1\ \ +x_2=0,\end{cases}$$

得基础解系 $\begin{pmatrix}1\\ 3\end{pmatrix}$，所以 $k_1\begin{pmatrix}1\\ 3\end{pmatrix}$（$k_1$ 为任意常数）是 $\boldsymbol{A}$ 的属于特征值 $-3$ 的全部特征向量。

当 $\lambda_1=2$ 时，解齐次线性方程组 $(2\boldsymbol{E}-\boldsymbol{A})\boldsymbol{x}=\boldsymbol{0}$，即

$$\begin{cases} -x_1 + 2x_2 = 0, \\ -3x_1 + 6x_2 = 0, \end{cases}$$

得基础解系$\begin{pmatrix} 2 \\ 1 \end{pmatrix}$，所以$k_2\begin{pmatrix} 2 \\ 1 \end{pmatrix}$（$k_2$为任意常数）是$\boldsymbol{A}$的属于特征值2的全部特征向量。

**【例 10-2】** 求矩阵$\boldsymbol{A}=\begin{pmatrix} -1 & 1 & 0 \\ -4 & 3 & 0 \\ 1 & 0 & 2 \end{pmatrix}$的特征值与特征向量。

解：$\boldsymbol{A}$的特征多项式为

$$|\lambda \boldsymbol{E}-\boldsymbol{A}| = \begin{vmatrix} \lambda+1 & -1 & 0 \\ 4 & \lambda-3 & 0 \\ -1 & 0 & \lambda-2 \end{vmatrix} = (\lambda-1)^2(\lambda-2),$$

令$|\lambda \boldsymbol{E}-\boldsymbol{A}|=0$，得特征值：$\lambda_1=\lambda_2=1$，$\lambda_3=2$。

当$\lambda_1=\lambda_2=1$时，解齐次线性方程组$(\boldsymbol{E}-\boldsymbol{A})\boldsymbol{x}=\boldsymbol{0}$，得基础解系$\begin{pmatrix} 1 \\ 2 \\ -1 \end{pmatrix}$，所以$k_1\begin{pmatrix} 1 \\ 2 \\ -1 \end{pmatrix}$（$k_1$为任意常数）是$\boldsymbol{A}$的属于特征值1的全部特征向量。

同理，可得$\boldsymbol{A}$的属于特征值2的全部特征向量：$k_2\begin{pmatrix} 0 \\ 0 \\ 1 \end{pmatrix}$（$k_2$为任意常数）。

关于特征值与特征向量的若干结论如下。

**命题 10-1** 实方阵（所有元素为实数）的特征值有可能是复数，从而特征向量也有可能是复向量（元素中存在复数）。

**命题 10-2** 三角矩阵的特征值就是它的全体对角元素。

例如，设$\boldsymbol{A}=\begin{pmatrix} a_{11} & * & \cdots & * \\ 0 & a_{22} & \cdots & * \\ \vdots & \vdots & \ddots & \vdots \\ 0 & 0 & \cdots & a_{nn} \end{pmatrix}$为上三角矩阵，则

$$|\lambda \boldsymbol{E}-\boldsymbol{A}| = \begin{vmatrix} \lambda-a_{11} & -* & \cdots & -* \\ 0 & \lambda-a_{22} & \cdots & -* \\ \vdots & \vdots & \ddots & \vdots \\ 0 & 0 & \cdots & \lambda-a_{nn} \end{vmatrix} = \prod_{i=1}^{n}(\lambda-a_{ii})。 \tag{10-2}$$

所以特征值为$\boldsymbol{A}$的对角元。

**命题 10-3**　一个向量不可能是属于同一方阵的不同特征值的特征向量。换言之，对于同一个方阵，一个特征向量只能属于它的一个特征值。

**命题 10-4**　对于 $n$ 阶方阵 $\boldsymbol{A}$，属于不相等特征值的特征向量线性无关。

**命题 10-5**　$n$ 阶方阵 $\boldsymbol{A}$ 与它的转置矩阵 $\boldsymbol{A}^{\mathrm{T}}$ 有相同的特征值。

## 10.2　使用 NumPy 求特征值与特征向量

使用 NumPy 中的 linalg.eig()方法可以求矩阵的特征值与特征向量。调用格式为

```
eigvalues, eigvectors = np.linalg.eig(A)
```

其中，A 为矩阵，eigvalues 和 eigvectors 分别为矩阵 $\boldsymbol{A}$ 的特征值与特征向量。

**【例 10-3】** 使用 NumPy 求矩阵 $\boldsymbol{A}=\begin{bmatrix}5 & 0 & 0\\0 & 3 & -2\\0 & -2 & 3\end{bmatrix}$的特征值与特征向量。（代码：ch10 特征值与特征向量\10.2 使用 NumPy 求特征值与特征向量\例 10-3）

```
1. import numpy as np
2.
3. A = np.array([[5,0,0],[0,3,-2],[0,-2,3]])
4. eigvalues, eigvectors = np.linalg.eig(A)
5. print('特征值为: ',eigvalues)
6. print('特征向量为: ',eigvectors)
```

运行结果：

```
特征值为:  [5. 1. 5.]
特征向量为:  [[ 0.          0.          1.        ]
 [-0.70710678  0.70710678  0.        ]
 [ 0.70710678  0.70710678  0.        ]]
```

## 习题 10

求出以下矩阵的特征值与对应的特征向量：

（1）$\boldsymbol{A}=\begin{pmatrix}1 & -3 & 3\\3 & -5 & 3\\6 & -6 & 4\end{pmatrix}$；（2）$\boldsymbol{A}=\begin{pmatrix}7 & 4 & -1\\4 & 7 & -1\\-4 & -4 & 4\end{pmatrix}$。

# 概率统计篇

# 第 11 章　Pandas 基础

**知识图谱：**

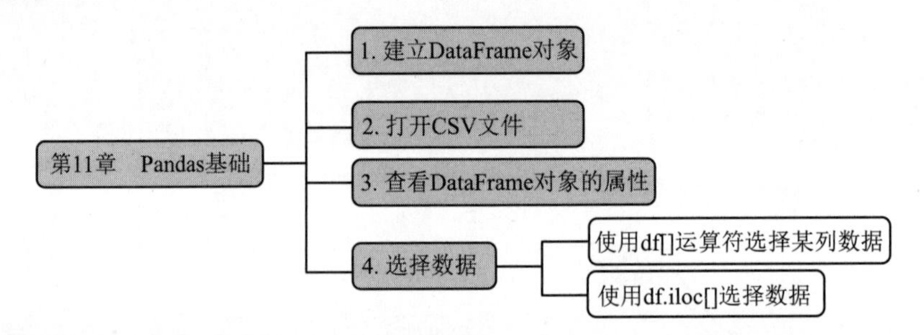


**学习目标：**

（1）了解 Pandas 中 DataFrame 对象的概念，及 index，column 和 value 的意义；
（2）熟练掌握建立 DataFrame 对象的方法；
（3）熟练掌握使用 pandas.read_csv()函数打开 CSV 文件的方法；
（4）熟练掌握查看 DataFrame 对象的属性的方法；
（5）熟练掌握选择 DataFrame 对象某些行（列）的数据的方法。

Pandas（Python Data Analysis Library）是基于 NumPy 的一个数据分析 Python 库，具有强大的数据分析和处理能力。Pandas 能处理数据库表、Excel 表、时间序列类型的数据、以及任意的矩阵型数据，数据类型可以是数字、文字等。Pandas 提供了核心数组操作，定义了处理数据的基本结构，并且赋予它们常用操作的方法，涵盖了清洗数据、分析和建模、结果展示等各个阶段。本章主要介绍 Pandas 的基本功能。

使用之前需要导入 pandas 模块。

```
1. import pandas as pd
```

## 11.1　建立 DataFrame 对象

DataFrame 是 Python 中 Pandas 库中的一种数据结构，它类似 excel，是一种二维表，由三个部分组成。

- 行索引：index。

- 列索引：columns。
- 值：values（numpy 的二维数组）。

在下图中，行索引为 101、102、103，列索引为 ID、Age、Score，其余部分为值。而 DataFrame 的每一列可以看成是一个 Series，如表 11-1 和图 11-1 所示。

表 11-1　个人信息表

| 行　索　引 | 列　索　引 | | |
|---|---|---|---|
| | ID | Age | Score |
| 101 | Li | 18 | 85 |
| 102 | Wang | 19 | 90 |
| 103 | Zhang | 20 | 92 |

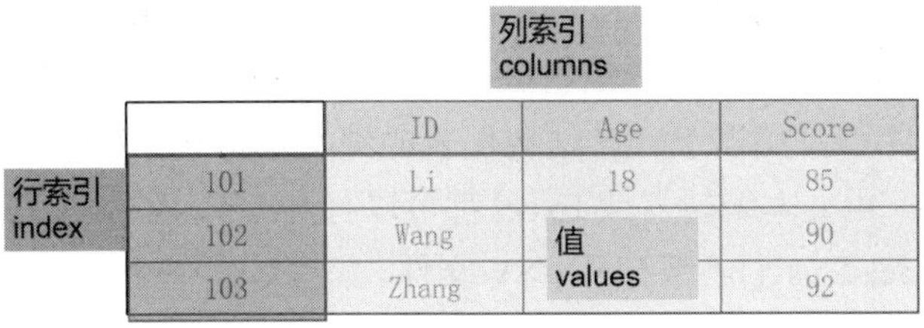

图 11-1　DataFrame 结构

pandas 中的 DataFrame 对象可以使用以下构造函数创建：

```
1. pandas.DataFrame( data, index, columns, dtype)
```

其中：

- data：数据采取各种形式，如 ndarray，series，map，lists，dict，constant 和另一个 DataFrame。
- index：行标签，如果没有指定，使用默认值 np.arange(n)。
- columns：列标签，如果没有指定，使用默认值 np.arange(n)。
- dtype：每列的数据类型。

**【例 11-1】** 从列表创建一个 DataFrame 对象。（代码：ch11Pandas 基础\11.1 建立 DataFrame 对象\例 11-1）

```
1. import pandas as pd
2. data=[['Li',18],['Wang',19],['Zhang',21]]
3. df=pd.DataFrame(data,index=[101,102,103],columns=['Name','Age'])
4. print(df)
```

运行结果：

```
      Name  Age
101     Li   18
102   Wang   19
103  Zhang   21
```

例 11-1 中的程序从列表创建 DataFrame 对象，将每一行数据作为列表的一个元素。

## 11.2　打开 CSV 文件

除了直接建立 DataFrame 对象外，pandas 也可以通过读取现有的数据文件建立 DataFrame 对象。数据文件既可以是 Excel 文件，也可以是 CSV 文件、HDF5 文件等。

CSV（Comma-Separated Values）文件是以纯文本形式存储表格数据的，该文件是一个字符序列，可以由任意数目的记录组成，记录之间以某种换行符分割。所有的记录都有完全相同的字段序列，相当于一个结构化表的纯文本形式。CSV 文件是人工智能中常用的数据存储格式，用文本编辑器或 Excel 都可以打开 CSV 文件。

Pandas 中使用 read_csv()函数打开 CSV 文件。

```
1. import pandas as pd
2. pd.read_csv(filepath, sep=',', header=None, index_col=False)
```

其中：

- filepath：文件路径。
- sep：指定分隔符。默认为“,”。
- header：header=0 表示设置第一行为列名，header=None 表示文件中没有列名。
- index_col：用作行索引的列编号或者列名，index_col=False 表示 Pandas 不使用第一列作为行索引。

**【例 11-2】** 使用 Pandas 打开“car.csv”文件。（代码：ch11 Pandas 基础\11.2 打开 CSV 文件\例 11-2）

```
1. import pandas as pd
2. df = pd.read_csv('car.csv',sep=',',header=0,index_col=0)
3. print(df)
```

运行结果：

```
    编号  类型  里程    价格
0   A1    0    12    NaN
1   A2    0    15    25200.0
```

```
2     A3    0     12     43554.0
3     A4    1     15     16800.0
......
36    A37   0     15     36050.0
37    A38   1     12     62993.0
38    A39   0     10     54439.0
```

## 11.3　查看 DataFrame 对象的属性

建立 DataFrame 对象后，它的行索引、列索引和值等属性都可以通过对应的命令查看。常见查看 DataFrame 对象属性的命令如表 11-2 所示。

表 11-2　查看 DataFrame 对象的常见属性

| 命　　令 | 功　　能 |
| --- | --- |
| df.shape | 查看数据的形状，即行数、列数 |
| df.head(n) | 查看前 *n* 行数据，默认前 5 行 |
| df.tail(n) | 查看后 *n* 行数据，默认后 5 行 |
| df.dtypes | 查看各列的数据类型 |
| df.index | 查看行索引 |
| df.columns | 查看列索引 |
| df.values | 查看数据值 |
| df.describes() | 对数据进行快速统计 |

**【例 11-3】** 使用 Pandas 打开“car.csv”文件，查看各项属性。(代码：ch11 Pandas 基础\11.3 查看 Data Frame 对象的属性\例 11-3)

(1) 查看数据前 5 行和后 3 行。

```
1. import pandas as pd
2. df = pd.read_csv('car.csv',sep=',',header=0,index_col=0)
3. print(df.shape)        # 查看数据集的形状
4. print(df.head())       # 查看数据前 5 行，可写成 print(df.head(5))
5. print(df.tail(3))      # 查看数据后 3 行
```

运行结果：

```
(39, 3)
编号      类型      里程      价格
A1        0         12        NaN
A2        0         15        25200.0
A3        0         12        43554.0
```

```
A4      1     15     16800.0
A5      0      5     36400.0
编号    类型   里程   价格
A37     0     15     36050.0
A38     1     12     62993.0
A39     0     10     54439.0
```

（2）查看各列的数据类型。

```
1. print(df.dtypes)
```

运行结果：

```
类型      int64
里程      int64
价格      float64
dtype:   object
```

（3）查看行索引、列索引和数据的值。

① 查看行索引：

```
1. print(df.index)    # 查看行索引
```

运行结果：

```
Index(['A1', 'A2', 'A3', 'A4', 'A5', 'A6', 'A7', 'A8', 'A9', 'A10', 'A11',
       'A12', 'A13', 'A14', 'A15', 'A16', 'A17', 'A18', 'A19', 'A20', 'A21',
       'A22', 'A23', 'A24', 'A25', 'A26', 'A27', 'A28', 'A29', 'A30', 'A31',
       'A32', 'A33', 'A34', 'A35', 'A36', 'A37', 'A38', 'A39'],
Dtype='object', name='编号')
```

② 查看列索引：

```
1. print(df.columns)  # 查看列索引
```

运行结果：

```
Index(['类型', '里程', '价格'], dtype='object')
```

③ 查看数据的值：

```
1. print(df.values)       # 查看数据值
```

运行结果：

```
[[0.0000e+00  1.2000e+01         nan]
[0.0000e+00  1.5000e+01  2.5200e+04]
[0.0000e+00  1.2000e+01  4.3554e+04]
```

```
[1.0000e+00  1.5000e+01  1.6800e+04]
[0.0000e+00  5.0000e+00  3.6400e+04]
[0.0000e+00  1.0000e+01  5.6000e+04]
[1.0000e+00  1.5000e+01  2.4500e+04]
[0.0000e+00  1.5000e+01  7.0000e+03]
[1.0000e+00  1.5000e+01  1.9950e+04]
[0.0000e+00  1.5000e+01  4.5500e+03]
[0.0000e+00  1.5000e+01  2.1700e+04]
[0.0000e+00  2.0000e+00  3.8150e+04]
......
```

（4）对数据进行快速统计。

快速统计是对数据进行初步分析，统计数据的数量、均值、方差等信息。

```
1. print(df.describe())
```

运行结果：

```
              类型          里程           价格
count    39.000000   39.000000      38.000000
mean      0.205128   12.589744   33475.657895
std       0.409074    3.931773   27679.732861
min       0.000000    2.000000    2450.000000
25%       0.000000   12.000000   16794.750000
50%       0.000000   15.000000   24850.000000
75%       0.000000   15.000000   42203.000000
max       1.000000   15.000000  121100.000000
```

## 11.4　选择数据

Pandas 允许用户选择部分数据进行统计分析，如选择某列数据，选择前 100 行数据等。

### 11.4.1　使用 df[]运算符选择某列数据

通过 df[“列名”]可以从 DataFrame 获取到某一列或者某几列的数据，可以选择单列、多列或按照布尔数组选择列中的部分数据。

**【例 11-4】** 打开“car.csv”文件，进行以下操作。

（1）选择汽车的“里程”数据；

（2）选择汽车的“里程”和“价格”数据；

（3）选择“里程”小于等于 5 的汽车价格；

（4）选择“里程”大于 5 且小于等于 10 的汽车价格。

解：首先使用 pandas 的 read_csv()函数打开“car.csv”文件。（代码：ch11 Pandas 基础\11.4 选择数据\例 11-4）

```
1. import pandas as pd
2. df = pd.read_csv('car.csv',sep=',',header=0,index_col=0)
3. print(df)                        # 打印所有数据
```

运行结果：

```
编号      类型     里程      价格
A1        0       12        NaN
A2        0       15    25200.0
A3        0       12    43554.0
A4        1       15    16800.0
A5        0        5    36400.0
……
A37       0       15    36050.0
A38       1       12    62993.0
A39       0       10    54439.0
```

然后，使用 df[]选择数据。

（1）选择汽车的“里程”数据。

```
print(df['里程'])
```

运行结果：

```
编号
A1      12
A2      15
A3      12
A4      15
A5       5
……
A37     15
A38     12
A39     10
Name: 里程, dtype: int64
```

（2）选择汽车的“里程”和“价格”数据。在选择多列时，需要将列标题的名称“里程”和“价格”用一个列表表示为['里程','价格']。

```
print(df[['里程','价格']])
```

运行结果：

```
编号    里程     价格
A1      12       NaN
A2      15       25200.0
A3      12       43554.0
A4      15       16800.0
A5       5       36400.0
……
A37     15       36050.0
A38     12       62993.0
A39     10       54439.0
```

（3）选择“里程”小于或等于 5 的汽车价格。按照某一条件选择列的部分数据时，首先需要用布尔表达式筛选出满足条件的行。在这一问题中条件表示为“criteria1 = df['里程']<=5”，结果为一个布尔表达式。用“df[criteria1]”可以筛选出满足这一条件的所有行，这也是一个 DataFrame 对象。然后，利用[]运算符，筛选出这个 DataFrame 对象中的“价格”数据。

```
1. criteria1 = df['里程']<=5
2. print(df[criteria1]['价格'])
```

运行结果：

```
编号
A5       36400.0
A12      38150.0
A24      64750.0
A31      90300.0
A34     121100.0
Name: 价格, dtype: float64
```

（4）选择“里程”大于 5 且小于或等于 10 的汽车价格。基本过程与上一小题类似，但这里的条件需要使用逻辑表达式表示为“criteria2 = (df['里程']<=10)&(df['里程']>5)”，再利用“df[criteria2]”筛选出原有数据表中满足条件的所有汽车数据，最后按照 DataFrame 对象选择多列数据的方法筛选出其中的“里程”和“价格”数据。

```
1. criteria2 = (df['里程']<=10)&(df['里程']>5)    # 选择“里程”大于 5 且小于或
                                                    等于 10 的汽车价格
2. print(df[criteria2][['里程','价格']])
```

运行结果：

```
编号    里程      价格
A6      10     56000.0
A13      6     11200.0
A28     10     34300.0
A39     10     54439.0
```

### 11.4.2　使用 df.iloc[]选择数据

df.iloc[]命令可以基于整数位置获得行和列的数据。调用格式为

```
df.iloc[row_index,column_index]
```

其中 row_index 和 column_index 分别为行标签位置和列标签位置的值，允许输入一个整数，如 5；或整数列表，如[4, 3, 0]；或带有整数的切片对象，如 1：7；或一个布尔数组。

**【例 11-5】** 在上题中，按要求获取以下数据。（代码：ch11 Pandas 基础\11.4 选择数据\例 11-5）

（1）前 5 辆汽车的“里程”数据；

（2）所有汽车的“里程”和“价格”数据；

（3）第 1、第 3 辆汽车的“价格”数据；

（4）“里程”大于 5 且小于等于 10 的汽车“价格”和“类型”。

解：（1）选择前 5 辆汽车的“里程”数据。前 5 辆汽车的行标签位置的值为 0、1、2、3、4，所以 row_index=0：5；里程的列标签位置的值为 1，所以 column_index=1。

```
print(df.iloc[0:5,1])
```

运行结果：

```
编号
A1    12
A2    15
A3    12
A4    15
A5     5
Name: 里程, dtype: int64
```

（2）选择所有汽车的“里程”和“价格”数据。

```
print(df.iloc[:,1:3])
```

运行结果：

```
编号      里程        价格
A1        12          NaN
A2        15          25200.0
A3        12          43554.0
A4        15          16800.0
......
A37       15          36050.0
A38       12          62993.0
A39       10          54439.0
```

（3）选择第 1、第 3 辆汽车的“价格”数据。本题选择第 1、第 3 行，第 2 列的数据。行位置不相邻，所以行标签位置的值使用列表表示为[1,3]。

```
print(df.iloc[[1,3],2])
```

```
编号
A2    25200.0
A4    16800.0
Name: 价格, dtype: float64
```

（4）选择“里程”大于 5 且小于或等于 10 的汽车“价格”和“类型”。此处的条件“‘里程’大于 5 且小于或等于 10”，用条件表达式表示为“df.里程.values<=5”，返回一个布尔数组[False,False,False,False,False,True,…,False],利用这个布尔数组选择满足条件的行，即布尔值为 True 的行。汽车“价格”和“类型”的列标签值用列表表示为[0,2]。

```
print(df.iloc[df.里程.values<=5,[0,2]])
```

```
编号      类型        价格
A5         0         36400.0
A12        0         38150.0
A24        1         64750.0
A31        0         90300.0
A34        0        121100.0
```

# 习题 11

泰坦尼克号沉船事件是 20 世纪初期的重大灾难，其在前往纽约的中途，在北大西洋撞击冰山后沉没，造成了超过 1500 人遇难。“泰坦尼克号幸存者预测”是 Kaggle 上著名的初学者练习赛，是一个二分类问题。该项目搜集了当年乘坐泰坦尼克号出行的 1309 名乘客的各类信息，利用这些信息预测乘客是否幸存。

泰坦尼克号数据集包含 11 个特征，分别是：

（1）Survived：0 代表死亡，1 代表存活；

（2）Pclass：乘客所持票类，有三种值（1,2,3）；

（3）Name：乘客姓名；

（4）Sex：乘客性别；

（5）Age：乘客年龄（有缺失）；

（6）SibSp：乘客兄弟姐妹/配偶的个数（整数值）；

（7）Parch：乘客父母/孩子的个数（整数值）；

（8）Ticket：票号（字符串）；

（9）Fare：乘客所持票的价格（浮点数，0～500 不等）；

（10）Cabin：乘客所在船舱（有缺失）；

（11）Embark：乘客登船港口:S、C、Q（有缺失）。

根据以上信息：

（1）打开“titanic.csv”文件，获取数据集的形状并输出前 4 行数据；

（2）输出列标签名称及各列的数据类型；

（3）输出所有乘客的性别、年龄和所在船舱信息；

（4）输出所有年龄大于 60 岁的男性乘客的登船港口信息。

# 第 12 章　数据的整理与展示

## 知识图谱：

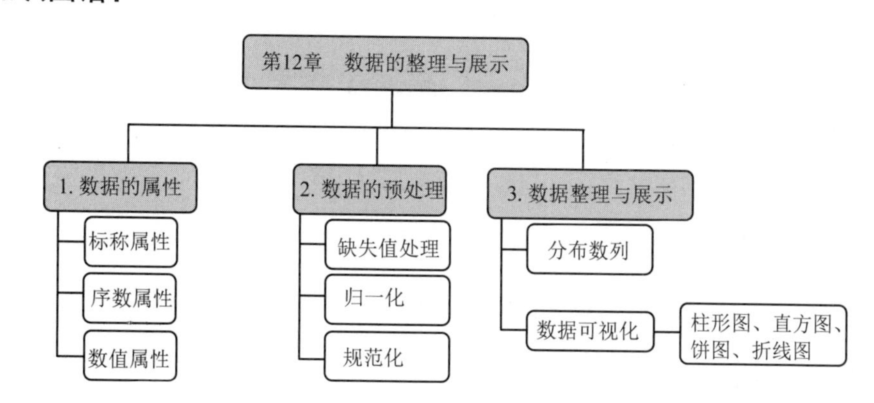


## 学习目标：

（1）了解数据的类型：标称属性、序数属性和数值属性；

（2）掌握数据的预处理方法：缺失值填充、归一化等；

（3）掌握制作频数分布表的方法；

（4）掌握数据可视化的方法：柱状图、直方图、饼图和折线图。

数据是大数据和人工智能的基础。本章介绍数据类型，带领大家了解数据的属性特点，并介绍数据的搜集、整理和展示，为数据分析奠定基础。

表 12-1 是某地部分出租房屋的信息，其中每一列称为一个“属性（也称为维或特征）”，用于描述对象某一方面的信息，如房屋的出租方式、房屋面积等。ID 号为 1 的房屋出租方式属性的值为合租，客户评分属性的值为 3。每一行称为一条“记录”，是对象属性的组合，用于描述一个具体的对象。如第一条记录为（0，整租，姑苏区，好，3，86，1），描述了 ID 号为 0 的房屋的出租方式、所在区、装修情况等信息。

表 12-1　某地部分出租房屋信息

| ID | 出租方式 | 所在区 | 装修情况 | 客户评分 | 房屋面积/m$^2$ | 卧室数量/间 |
|---|---|---|---|---|---|---|
| 0 | 整租 | 姑苏区 | 好 | 3 | 86 | 1 |
| 1 | 合租 | 吴中区 | 一般 | 3 | 170 | 1 |

续表

| ID | 出租方式 | 所在区 | 装修情况 | 客户评分 | 房屋面积/m² | 卧室数量/间 |
|---|---|---|---|---|---|---|
| 2 | 合租 | 高新区 | 好 | 4 | 106 | 2 |
| 3 | 整租 | 高新区 | 差 | 2 | 192 | 3 |
| 4 | 整租 | 工业园区 | 一般 | 2 | 104 | 2 |
| 5 | 合租 | 工业园区 | 好 | 5 | 126 | 2 |
| 6 | 合租 | 工业园区 | 非常好 | 5 | 106 | 3 |
| 7 | 合租 | 姑苏区 | 好 | 4 | 180 | 4 |

## 12.1　数据的属性

大数据中常见的数据属性有标称属性、序数属性、数值属性。

### 1. 标称属性（Nominal Attribute）

标称属性也称为**分类属性（categorical data）**，在统计学中称为**定类变量**。标称属性用于将对象进行分类，并且不具有顺序关系。如表 12-1 中的出租方式和所在区都有标称属性，出租方式分为整租和合租，没有顺序关系；所在区之间也没有顺序关系。

标称属性的值可以是文字或者数字，例如人口统计时，性别属性取值为男或女，为方便计算机处理，常用 1 表示男，0 表示女。

### 2. 序数属性（Ordinal Attribute）

序数属性与标称属性类似，也用于对象分类，但是属性值之间有顺序关系。在统计学中，序数属性也称为**定序变量**。表 12-1 中的装修情况是序数属性，取值有非常好、好、一般和差，具有有意义的先后次序，但是无法描述非常好、好、一般和差之间相差具体多少。序数属性也可以通过将数值量的值域划分成有限有序类别，或将数值属性离散化得到。例如，客户评分有 2、3、4 和 5，表示客户的满意程度。

### 3. 数值属性（Numeric Attribute）

前面的标称属性和序数属性多以文字形式描述，此外，现实世界中的很多属性可以定量描述，用数值表示。数值属性可以分为**区间标度属性（Interval Scaled）**和**比率标度属性（Ratio Scaled）**两种。

（1）区间标度属性。

物理学中规定，一个标准大气压下，冰水混合物的温度为 0℃，水的沸点为 100℃，将其 100 等分，1 等分为 1℃。温度有正、负，可以进行比较，20℃比 5℃高 15℃，但是不能说 20℃是 5℃的 4 倍。

类似温度、年份等数据，是用相等的单位尺度度量，数据的值有序，可以为正、0 或负。相等的数字距离代表所测量的变量相等的数值差值。这样的数据称为区间标度属性，统计学上称为定距变量。

（2）比率标度属性。

如果数值有固定的零点，则数值之间的比例关系有意义。这样的数据称为“比率标度属性”，统计学中称为“定比变量”。如销售额、重量、长度等，这些数据除了具有区间标度属性的所有特性外，由于存在绝对零点，因此可以进行比例的计算，如重量 100 千克是 50 千克的 2 倍。

# 12.2　数据的预处理

通过调查问卷、网络爬虫、机器采集等方式采集到的数据往往存在包含异常值、缺失值，格式不统一等问题，因此需要对原始数据进行预处理。本节介绍机器学习中常见的缺失值处理、数据归一化和数据规范化。

## 12.2.1　缺失值处理

缺失值是由于漏记、存储失败、问卷应答者不愿意提供信息等因素，导致部分数据不完整或缺失。常用的缺失值处理方法有

（1）删除缺失的数据项。

（2）对缺失值进行插值填充，如用平均值填充、用前一个值填充、用固定值填充等。

Pandas 的 dropna()函数用于删除缺失数据，fillna()函数用于对缺失值进行填充。两个函数的调用格式如下：

```
1. dropna(axis=0, how='any',  inplace=False)
```

其中：

- axis 指定行(axis=1)或列(axis=0)。
- how 指定删除方式，how= ‘any’ 表示这一行（列）有缺失值，就删除这一行（列）；how= ‘all’ 表示这一行（列）全为缺失值，就删除这一行（列）；
- inplace=True 表示在原有对象上改动，inplace=False 表示不改动原有对象。

```
1. fillna(value, method, axis=0, inplace=False)
```

其中：

- value 表示填充的常数。
- methon 表示填充的方式，可以设定为‘backfill’‘bfill’或‘ffill’等。

【例 12-1】 打开“salary.csv”文件，处理其中的缺失值。（代码：ch12 数据的整理与展示\12.2 数据的预处理\例 12-1）

```
1. import pandas as pd
2.
3. df = pd.read_csv('salary.csv',index_col=0)
4. print('源数据：')
5. print(df)
6.
7. # 缺失值处理
8. df['sex'].fillna('M', inplace=True)          # 将 sex 列的缺失值填充为常量 M
9. df.drop(['city'],axis=1,inplace=True)       # 将有缺失值的 city 列删除
10. avg = df['age'].mean()
11. df['age'].fillna(avg,inplace=True)          # 将 age 列用这列的平均值填充
12. print('缺失值处理后的数据：')
13. print(df)
```

运行结果：

```
源数据：
    name   sex    city       age    weight   salary
0   Tom    M      Beijing    22.0     60     3400
1   Bob    M      Shanghai   23.0     80     3200
2   Paul   M      Suzhou     24.0     50     4000
3   Mary   F      NaN        NaN      67     5300
4   Blake  M      shenzhen   24.0     50     5200
5   James  M      NaN        NaN      55     4500
6   Mike   NaN    Guangzhou  23.0     59     4800
7   Alice  F      Wuhan      23.0     60     6000
8   Lilly  F      Nanjing    24.0     62     5100
9   Kite   F      Suzhou     23.0     73     4200
缺失值处理后的数据：
    name   sex   age    weight  salary
0  Tom     M     22.00    60    3400
1  Bob     M     23.00    80    3200
2  Paul    M     24.00    50    4000
3  Mary    F     23.25    67    5300
4  Blake   M     24.00    50    5200
5  James   M     23.25    55    4500
```

```
6  Mike    M     23.00       59    4800
7  Alice   F     23.00       60    6000
8  Lilly   F     24.00       62    5100
9   Kite   F      23.00       73    4200
```

### 12.2.2　归一化

不同的特征往往具有不同的量纲和量纲单位，这种情况会影响数据分析的结果。为了消除指标之间的量纲影响，需要进行数据归一化处理，以实现数据指标之间的可比性。原始数据经过数据归一化处理后，各指标处于同一数量级，适合进行建模分析。如上面例子中，salary 的数值明显大于 weight，且单位也不一样，导致分析应用时 salary 的权重比较大，若把 weight 和 salary 都归一化到[0,1]范围内，则消除了不同量纲的影响。

min-max 是常用的归一化方法，也称为离差标准化，是对原始数据的线性变换，使结果值映射到[0,1]之间。转换函数如下。

$$x' = \frac{x - x_{\min}}{x_{\max} - x_{\min}} 。\tag{12-1}$$

其中，$x_{\max}$ 为样本数据的最大值，$x_{\min}$ 为样本数据的最小值。

**【例 12-2】** 使用 min-max 归一化方法对上例中的 weight 进行归一化。（代码：ch12 数据的整理与展示\12.2 数据的预处理\例 12-2）

```
1. x = df['weight']
2. df['weight']=(x-x.min())/(x.max()-x.min())
3. print('归一化后的数据：')
4. print(df)
```

运行结果：

```
归一化后的数据：
    name   sex    age    weight      salary
0   Tom     M    22.00  0.333333     3400
1   Bob     M    23.00  1.000000     3200
2   Paul    M    24.00  0.000000     4000
3   Mary    F    23.25  0.566667     5300
4   Blake   M    24.00  0.000000     5200
5   James   M    23.25  0.166667     4500
6   Mike    M    23.00  0.300000     4800
7   Alice   F    23.00  0.333333     6000
8   Lilly   F    24.00  0.400000     5100
9   Kite    F    23.00  0.766667     4200
```

### 12.2.3　规范化

一般的数据都满足正态分布，但是如果样本选择不当，造成各批次样本的均值或方差比较大，会影响机器学习的效果。为了解决这一问题，需要对数据进行规范化。

规范化，又叫零均值规范化，是指将某个特征向量（由所有样本某一个特征组成的向量）进行标准化，使数据满足标准正态分布 $N(0, 1)$。

根据正态分布的性质，若随机变量 $X \sim N\left(\mu,\sigma^2\right)$，则 $Z=\dfrac{X-\mu}{\sigma} \sim N\left(0,1\right)$。所以，可以通过 $Z=\dfrac{X-\mu}{\sigma}$ 将数据规范化。

**【例 12-3】** 将例 12-2 中的 salary 规范化。（代码：ch12 数据的整理与展示\12.2 数据的预处理\例 12-3）

```
1. y = df['salary']
2. df['salary']=(y-y.mean())/y.std()
3. print('规范化后的数据：')
4. print(df)
```

运行结果：

```
规范化后的数据：
    name   sex    age    weight     salary
0   Tom    M     22.00  0.333333  -1.324670
1   Bob    M     23.00  1.000000  -1.551109
2   Paul   M     24.00  0.000000  -0.645352
3   Mary   F     23.25  0.566667   0.826503
4   Blake  M     24.00  0.000000   0.713284
5   James  M     23.25  0.166667  -0.079254
6   Mike   M     23.00  0.300000   0.260405
7   Alice  F     23.00  0.333333   1.619041
8   Lilly  F     24.00  0.400000   0.600064
9   Kite   F     23.00  0.766667  -0.418913
```

## 12.3　数据整理与展示

### 12.3.1　分布数列

在数据预处理后，为了更好地分析数据，需要对数据进行简单整理，探索数据的规律性。最直接的方式是对数据进行分组，现以表 12-2 中的数据为例进行说明。

各组出现的单位数称为**频数**，各组的单位数与总体单位数之比称为**频率**。将各组的频数按组排列所构成的数列称为**分布数列**，也称为**分配数列**、**次数分布**、**频数分布**。

表 12-2　某公司收入统计信息表

| | age | education | education-num | race | sex | salary |
|---|---|---|---|---|---|---|
| 1 | 39 | Bachelors | 13 | White | Male | 3267 |
| 2 | 50 | Bachelors | 13 | White | Male | 1161 |
| 3 | 28 | Bachelors | 13 | Black | Female | 3259 |
| 4 | 42 | Bachelors | 13 | White | Male | 3255 |
| 5 | 32 | Bachelors | 12 | Black | Male | 4068 |
| 6 | 40 | Bachelors | 11 | Asian | Male | 3369 |
| 7 | 38 | HS-grad | 9 | White | Male | 3345 |
| 8 | 53 | HS-grad | 7 | Black | Male | 3324 |
| 9 | 49 | HS-grad | 5 | Black | Female | 1422 |
| 10 | 52 | HS-grad | 9 | White | Male | 3683 |
| 11 | 37 | HS-grad | 10 | Black | Male | 6404 |
| 12 | 34 | HS-grad | 4 | Asian | Male | 3749 |
| 13 | 25 | HS-grad | 9 | White | Male | 2992 |
| 14 | 32 | HS-grad | 9 | White | Male | 3227 |
| 15 | 38 | HS-grad | 7 | White | Male | 4190 |
| 16 | 37 | Masters | 14 | White | Female | 3206 |
| 17 | 31 | Masters | 14 | White | Female | 4188 |
| 18 | 30 | Masters | 13 | Asian | Male | 3315 |
| 19 | 23 | Masters | 13 | White | Female | 2442 |
| 20 | 43 | Masters | 14 | White | Female | 3651 |

将收入信息统计表按“sex”分为“Male”和“Female”两组，其中“Male”这一组对应的频数为 14，“Female”这一组对应的频数为 6，得到分布数列，编制表格。发现该公司男性职工较多，占 70%，女性职工较少，占 30%，如表 12-3 所示。

表 12-3　某公司职工性别分布数列

| sex | 频　数 | 频率/% |
|---|---|---|
| Male | 14 | 70 |
| Female | 6 | 30 |
| 合计 | 20 | 100 |

而“salary”这一列数据的分布范围比较大，这里按照取值范围进行分组，分为 0～2000、2001～3000、3001～4000、4000 以上四组，每组对应的频数分别为 2、2、12 和 4。编制统计表，发现该公司员工的收入主要集中在 3001～4000 元范围内，如表 12-4 所示。

表 12-4　某公司职工收入分布数列

| Salary | 频　数 | 频率/% |
| --- | --- | --- |
| 0～2000 | 2 | 10 |
| 2001～3000 | 2 | 10 |
| 3001～4000 | 12 | 60 |
| 4000 以上 | 4 | 20 |
| 合计 | 20 | 100 |

## 12.3.2　数据可视化

表格能精确地描述数据，但是不够直观。在数据比较多的情况下，数据可视化能快速、高效地展示数据分布的特点，揭示其中的规律。如果数据具有标称属性或序数属性，可以使用柱形图进行展示；如果数据具有区间标度属性或比率标度属性，则适合用直方图展示。

**柱形图**是用竖直的柱子来展现数据，一般用于展现横向的数据变化及对比。通常柱形图的 $x$ 轴代表定性变量（分组变量）的各个取值（如一等舱、二等舱、普通舱），而 $y$ 轴代表频率或频数。每一个变量都对应一个矩形，这个矩形的高度与这个变量所对应的 $y$ 轴的频率或频数成比例。例如，表 12-3 中公司职工按性别分为“Male”和“Female”两组，适合用柱形图表示，如图 12-1 所示。

**【例 12-4】** 使用 python 将表 12-3 中的数据绘制为柱形图。（代码：ch12 数据的整理与展示\12.3 数据整理与展示\例 12-4）

```
1. import pandas as pd
2. import matplotlib.pyplot as plt
3.
4. df = pd.read_csv('income.csv',index_col=0)
5. sex=['Male','Female']
6. fre = [14,6]
7. plt.figure(figsize=(5,4))
8. plt.bar(sex, fre)              # 绘制性别柱形图
9. plt.show()
```

运行结果：

**直方图**（histogram）是用矩形的宽度和高度来表示频数分布的图形。在平面直角坐标系中，横轴表示数据分组，即各组的组限，纵轴表示频数。这样各组组距的宽度和相

应的频数的高度就绘制成一个个矩形，即直方图。

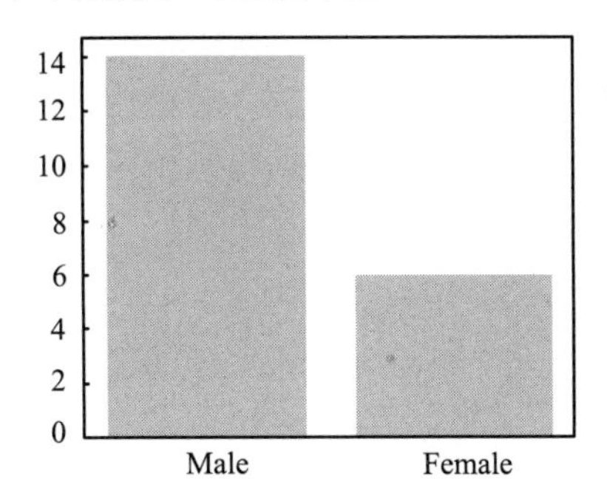


图 12-1　某公司职工性别分布

直方图与柱形图不同：柱形图是用柱形的高度表示各类别的频数，其宽度（表示类别）是固定的；直方图是用矩形面积表示各组的频数，矩形的高度表示每组的频数密度，宽度则表示各组的组距，因此其高度与宽度均有意义。由于分组数据具有连续性，直方图的各矩形通常是连续排列，而柱形图中的各矩形是分开排列。例如，将表 12-4 中的职工收入进行分组统计，绘制直方图如图 12-2 所示。

**【例 12-5】** 使用 python 将表 12-4 中的数据绘制为直方图。（代码：ch12 数据的整理与展示\12.3 数据整理与展示\例 12-5）

```
1. import pandas as pd
2. import matplotlib.pyplot as plt
3.
4. df = pd.read_csv('income.csv',index_col=0)
5. plt.figure(figsize=(5,4))
6. plt.hist(df['salary'],[0,2000,3000,4000,7000],rwidth=0.8)    # 绘制收入直方图
7. plt.show()
```

运行结果：

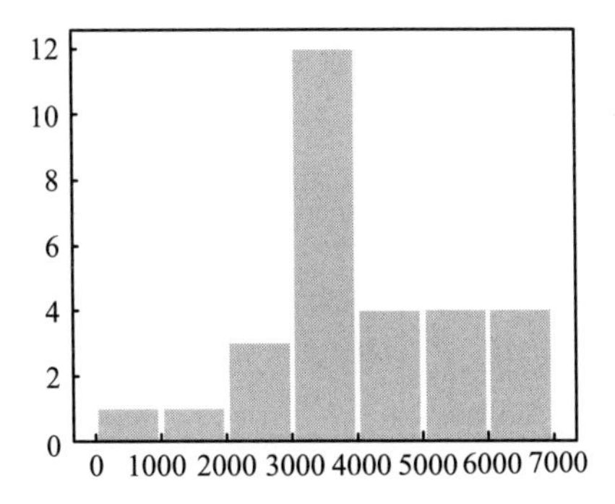


图 12-2　某公司职工收入

**饼图**是指将一个圆饼按照分类的占比划分成多个扇形区域，整个圆饼代表数据的总量，每个扇形表示该分类占总体的比例大小，所有扇形的和等于 100%。饼图常用于表示总体中各个部分的构成比例。将表 12-3 中的收入分组用饼图展示，效果如图 12-3 所示。

**【例12-6】** 使用 Python 将表 12-4 中的数据绘制为饼图。（代码：ch12 数据的整理与展示\12.3 数据整理与展示\例 12-6）

```
1. import matplotlib.pyplot as plt
2.
3. plt.figure(figsize=(5,4))
4. shourufenzu=['0-2000','2001-3000','3001-4000','4000 以上']
5. plt.pie([2,2,12,4],labels=shourufenzu,autopct='%d%%')
6. plt.show()
```

运行结果：

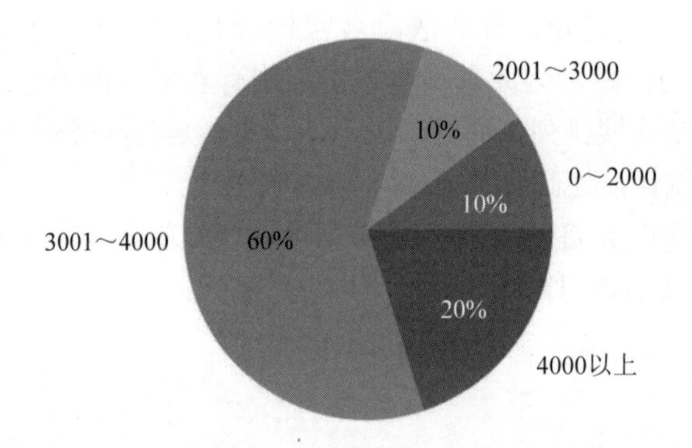


图 12-3　某公司职工收入

**折线图**是用直线将各数据点连接起来而组成的图形，以折线方式展示数据的变化趋势。折线图可以显示随时间而变化的连续数据，适用于展示在相等时间间隔下数据的趋势。折线图中，一般 $x$ 轴用来表示时间的推移，并且间隔相同，$y$ 轴表示不同时刻的数据大小。

**【例12-7】** 使用 Python 将表 12-5 中的数据绘制为折线图。（代码：ch12 数据的整理与展示\12.3 数据整理与展示\例 12-7）

**表 12-5　各商店历年利润**

| | | 年份 | | | | | | |
|---|---|---|---|---|---|---|---|---|
| | | 2011 | 2012 | 2013 | 2014 | 2015 | 2016 | 2017 |
| 利润 | 商店 1 | 58000 | 60200 | 63000 | 71000 | 84000 | 90500 | 107000 |
| | 商店 2 | 68000 | 64700 | 60100 | 79000 | 80000 | 80500 | 92000 |

```
1. import matplotlib.pyplot as plt
2. plt.rcParams['font.sans-serif']=['SimHei']
3. plt.rcParams['axes.unicode_minus'] = False
4.
5. x_data = ['2011', '2012', '2013', '2014', '2015', '2016', '2017']
6. y_data1 = [58000, 60200, 63000, 71000, 84000, 90500, 107000]
7. y_data2 = [68000, 64700, 60100, 79000, 80000, 80500, 92000]
8. plt.plot(x_data, y_data1, color='red',  linestyle='-.',label='商店 1')
9. plt.plot(x_data, y_data2, color='blue',  linestyle='--',label='商店 2')
10. plt.legend()
11. plt.title('各商店历年利润')
12. plt.show()
```

运行结果：

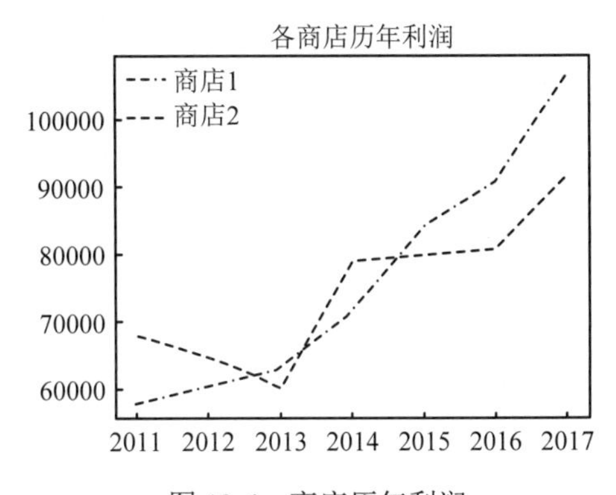


图 12-4　商店历年利润

# 习题 12

1．打开“titanic.csv”文件。

（1）删除“SibSp”“Ticket”和“Cabin”三列；

（2）将“Age”这一列的缺失值用平均值填充；

（3）将“Fare”这一列的值归一化处理；

（4）统计三个票类(Pclass)的人数，并绘制饼图；

（5）统计幸存者中男性和女性的人数，并绘制柱状图。

2．打开“car.csv”文件。

（1）输出“类型”为 0，“里程”小于 10 的车辆信息；

（2）将“价格”的缺失值用平均值填充；

（3）将“价格”这列数据进行规范化处理。

# 第 13 章　描述统计

## 知识图谱：

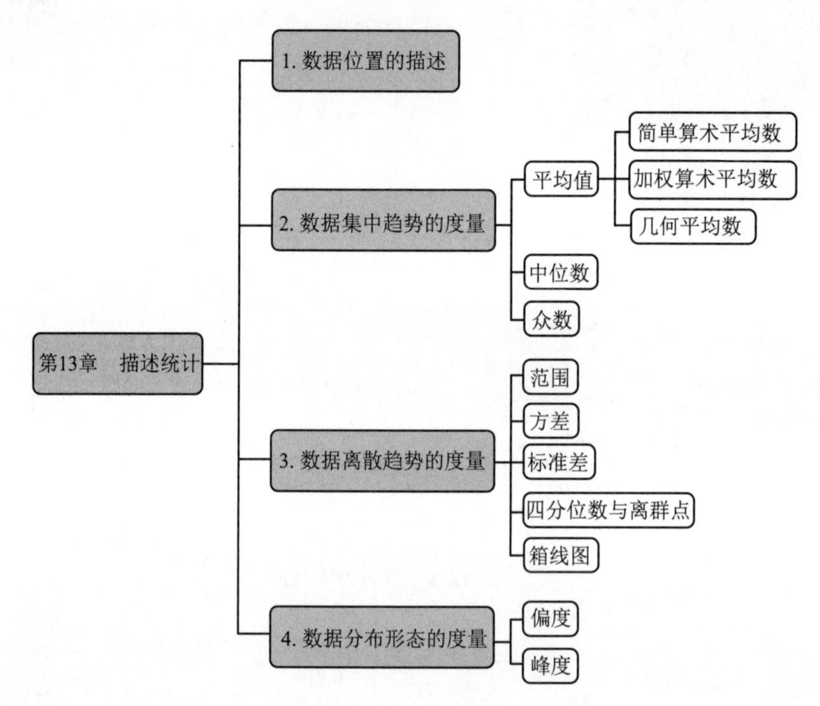


## 学习目标：

（1）了解描述统计的概念；

（2）熟练使用众数、中位数、平均数描述数据的集中趋势；

（3）熟练使用极差、方差、四分位数和箱线图描述数据的离散趋势；

（4）了解使用峰度和偏度描述数据的分布形态的方法。

在数据收集与清洗后，需要对数据进行整理展示。描述统计是一种汇总统计，使用表格、图形和数学方法定量描述或总结信息集合的特征，主要包括数据的频数分析、集中趋势分析、离散程度分析、分布形状分析以及一些基本的统计图形，如图 13-1 所示。

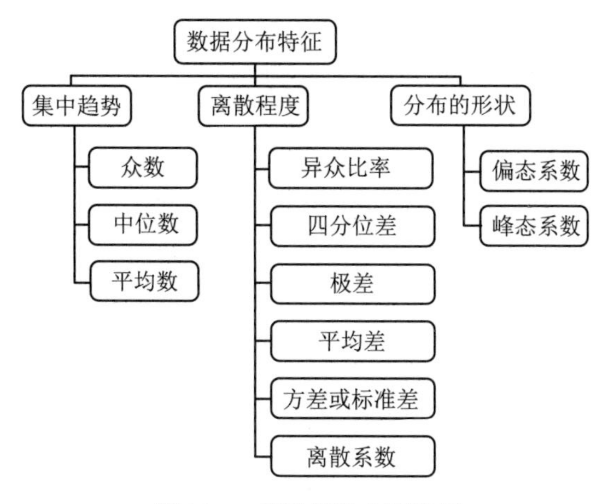


图 13-1　描述统计主要指标

## 13.1　数据位置的描述

数据位置的描述是将数据按照一定的次序进行排列后，描述某一个数据在所有数据中的位置排名。例如，学生的成绩排名、企业的利润排名，等等。简单排序和百分比排序是两种基本的描述方法。

**百分比排序（percentile ranking）**描述数据在总体中的相对位置。在一个按大小顺序排列的数列中，低于某分数的次数与总次数的百分比，即为该分数的百分等级。用 $PR$ 表示。例如，小王的班级有 50 人，班级中有 20 人的语文成绩低于他，则小王语文成绩的百分比排名为 $PR=\frac{20}{50}\times 100\%=40\%$，即班级中有 40%同学的语文成绩低于小王。

## 13.2　数据集中趋势的度量

数据的集中趋势是反映事物特征的数据集合的代表值或中心值，这个代表值或中心值可以很好地反映事物目前所处的位置和发展水平。用来描述数据集中趋势的参数主要有平均值、中位数、众数。

平均值是反映总体一般水平的综合指标，根据计算方法分为简单算术平均数、加权算术平均数、调和平均数和几何平均数。

（1）简单算术平均数。简单算数平均数是将数据集合的所有数据值相加的和除以数值个数。计算公式为

$$\overline{x}=\frac{\sum_{i=1}^{n}x_i}{n}。\tag{13-1}$$

例如，某超市员工 5 月的工资分别为 3000、3600、4100、4500 元，则平均值为

$$\frac{3000+3600+4100+4500}{4}=3800（元）。$$

（2）加权算术平均数。因为简单算术平均值认为所有的数据都具有同等的重要性，所以在简单算术平均值中每个数据值都具有相同的权重。但有些时候，每个数据值的权重是不一样的，需要用加权算术平均值来表示数据集合的集中趋势。

如果 $n$ 个数 $x_1,x_2,\cdots,x_n$ 的权重分别为 $f_1,f_2,\cdots,f_n$，则这 $n$ 个数的加权算术平均数为 $\overline{x}=\dfrac{x_1f_1+x_2f_2+\cdots+x_nf_n}{f_1+f_2+\cdots+f_n}$。例如，语文学科的期末总评成绩由平时成绩、期中考试成绩和期末考试成绩构成，权重分别为 30%、30%和 40%。若小王的三项成绩分别为 80 分、90 分、95 分，则小王的语文期末总评成绩为 $\dfrac{80\times30\%+90\times30\%+95\times40\%}{30\%+30\%+40\%}=\dfrac{24+27+38}{1}=89$ 分。

**【例 13-1】** 某企业 6 月生产量统计如表 13-1 所示。

**表 13-1　某企业 6 月生产量**

| 日产量 $x$/件 | 工人数 $f$/人 |
| --- | --- |
| 20 | 10 |
| 25 | 18 |
| 28 | 20 |
| 30 | 16 |
| 合计 | 64 |

则当月该企业工人的人均日产量为

$$\frac{20\times10+25\times18+28\times20+30\times16}{10+18+20+16}=\frac{1690}{64}=26.41（件）。$$

（3）几何平均数。几何平均数常用于计算平均增长速度和平均比率。计算公式为

$$\overline{x}_{\mathrm{G}}=\sqrt[n]{x_1x_2\cdots x_n}。$$

**【例 13-2】** 某企业生产某种产品要经过 4 道工序，各工序的合格品率分别为 95%、90%、98%和 96%，求该产品各道工序的平均合格品率。

解：设该产品的产量为 $a$，平均合格品率为 $\overline{x}_G$，则

经过第 1 道工序后的合格品数量为 $a\cdot95\%$，

经过第 2 道工序后的合格品数量为 $a\cdot95\%\cdot90\%$，

经过第3道工序后的合格品数量为 $a \cdot 95\% \cdot 90\% \cdot 98\%$，

经过第4道工序后的合格品数量为 $a \cdot 95\% \cdot 90\% \cdot 98\% \cdot 96\%$，

得到等式 $a \cdot 95\% \cdot 90\% \cdot 98\% \cdot 96\% = a \cdot \overline{x}_G \cdot \overline{x}_G \cdot \overline{x}_G \cdot \overline{x}_G$。

所以该产品的平均合格品率为 $\overline{x}_G = \sqrt[4]{95\% \times 90\% \times 98\% \times 96\%} = 94.7\%$。

（4）中位数。将一组数据按照从小到大的顺序排列时，最中间的数据就是中位数。当数据个数为奇数时，中位数即最中间的数；当数据个数为偶数时，中位数为中间两个数的平均值。中位数不受极值影响，因此对极值不敏感。例如，抽取某批零件进行检验，测量得到5个零件的长度分别为97mm、99mm、102mm、103mm、106mm，则中位数为102。

（5）众数。数据呈现多峰分布的时候，中位数也不能有效地描述集中趋势，这时可以采用众数，也就是在数据集合中出现最多的数据。

**【例13-3】** 某制鞋厂要了解消费者最需要哪种尺码的男皮鞋，调查了某百货商场某季度男皮鞋的销售情况，得到的资料如表13-2所示。

表13-2　某商场某季度男皮鞋销售情况

| 男皮鞋号码/cm | 销售量/双 |
|---|---|
| 24.0 | 12 |
| 24.5 | 84 |
| 25.0 | 118 |
| 25.5 | 541 |
| 26.0 | 320 |
| 26.5 | 104 |
| 27.0 | 52 |
| 合计 | 1200 |

从表中可以看到，25.5 cm的鞋号销售量最多，所以25.5就是众数。

## 13.3　数据离散趋势的度量

集中趋势反映了数据的一般水平，但在数据内部，数据与数据之间也存在各种差异。离散趋势反映了数据远离中心值的程度，用以衡量集中趋势值对整组数据的代表程度。数据的离散程度越大，说明集中趋势值的代表性越低；反之，数据的离散程度越接近于0，说明集中趋势值的代表性越高。数据的离散程度主要通过范围、方差和标准差来表示。

（1）范围（range）。给定一组数据，最大值与最小值的差称为这组数据的范围。

（2）方差（variance）。方差是在概率论和统计学中衡量随机变量或一组数据离散程度的度量。统计学中方差（样本方差）是每个样本值与全体样本值的平均数之差的平方值的平均数。样本方差的计算公式为

$$\sigma^2=\frac{\sum_{i=1}^{n}\left(x_i-\overline{x}\right)^2}{n}。\tag{13-2}$$

（3）标准差（standard variance）。方差的算术平方根称为标准差，记为$\sigma$。

$$\sigma=\sqrt{\frac{\sum_{i=1}^{n}\left(x_i-\overline{x}\right)^2}{n}}。\tag{13-3}$$

**【例 13-4】** 深圳市近 30 年间 1～3 月份的月平均降雨量分别为 26.4 mm、47.9 mm 和 69.9 mm。求深圳市近 30 年间一季度月降雨量的平均值、方差和标准差。

解：$\overline{X}=\dfrac{26.4+47.9+69.9}{3}\approx 48.0667$，

$$\sigma^2=\frac{\left(26.4-48.067\right)^2+\left(47.9-48.067\right)^2+\left(69.9-48.067\right)^2}{3}\approx 315.3889，$$

$\sigma=\sqrt{315.3889}\approx 17.7591$。

（4）四分位数与离群点（interquartile range and outerliers）。四分位数是统计学中分位数的一种，即把所有数据由小到大排列并分成四等份，处于三个分割点位置的数据就是四分位数。

第一四分位数（$Q_1$），又称“下四分位数”，等于该样本中所有数据由小到大排列后处于 25%位置的数据。

第二四分位数（$Q_2$），又称中位数，等于该样本中所有数据由小到大排列后处于 50%位置的数据。

第三四分位数（$Q_3$），又称“上四分位数”，等于该样本中所有数据由小到大排列后处于 75%位置的数据。

第三四分位数与第一四分位数的差距又称**四分位距（interquartile range, IQR）**。四分位距越小，说明中间部分的数据越集中；四分位距越大，意味着中间部分的数据越分散。

根据经验，分布在$Q_1-1.5\times\text{IQR}$至$Q_3+1.5\times\text{IQR}$之间的数据是合理的，否则即为异常值。所以定义上限为$Q_1-1.5\times\text{IQR}$，下限为$Q_3+1.5\times\text{IQR}$。

异常对象被称作**离群点**。对离群点的检测也称偏差检测和例外挖掘。离群点是一个明显偏离其他数据点的对象，它就像是由一个完全不同的机制生成的数据点。

离群点检测是数据挖掘中重要的一部分，它的任务是发现与大部分其他对象显著不

同的对象。大部分数据挖掘方法都将这种差异信息视为“噪声”而丢弃，然而在一些应用中，罕见的数据可能蕴含着更大的研究价值。

在四分位数中，位于上限和下限之外的点归为离群点。

离群点检测已经被广泛应用于电信和信用卡的诈骗检测、贷款审批、电子商务、网络入侵、天气预报等领域，如可以利用离群点检测分析运动员的统计数据，以发现异常的运动员。

离群点检测在国外获得了广泛的研究和应用，E. M. Knorr 和 R. T. N 将孤立点检测用于分析 NHL ( nationai hockey league )的运动员统计数据，以发现表现异常的运动员。

（5）箱线图（Box plot）是四分位数的可视化表示。箱线图也称箱须图（box-whisker plot）、箱形图、盒式图，可以用来反映一组或多组连续型定量数据分布的中心位置和散布范围，因形状如箱子而得名。1977 年，美国著名数学家 John W. Tukey 首先在他的著作 *Exploratory Data Analysis* 中介绍了箱线图，如图 13-2 所示。

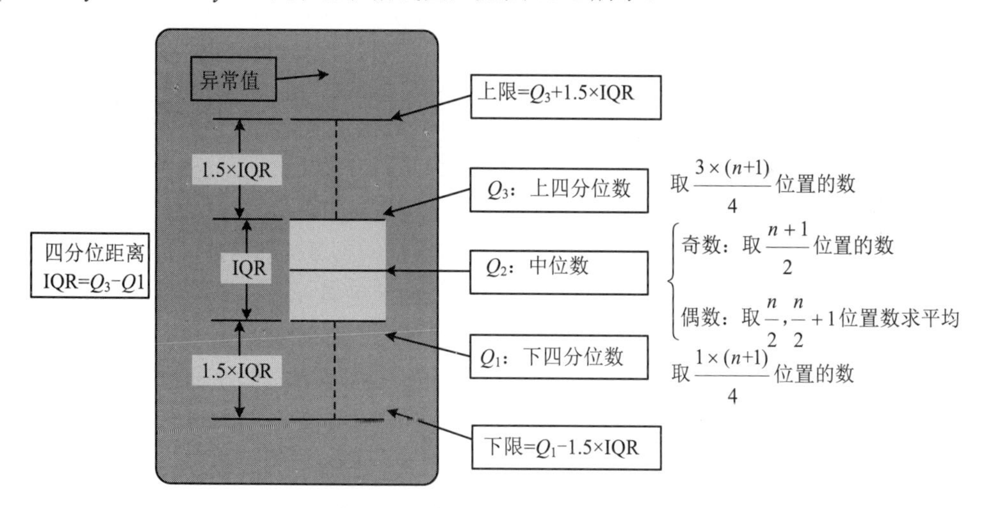


图 13-2　箱线图及各部分含义

**【例13-5】** 在某次深度学习试验中，对同一数据集，使用 A 方法得到的预测准确率分别为 75%、80.2%、81.5%、83.1%、84.4%、85.6%、85.7%、86.8%、87.8%、87.8%、88.9%。求四分位数并绘制箱线图。

解：$Q_1$ 的位置 $=\frac{1}{4}(n+1)=\frac{1}{4}\times(11+1)=3$，

$Q_2$ 的位置 $=\frac{1}{2}(n+1)=\frac{1}{2}\times(11+1)=6$，

$Q_3$ 的位置 $=\frac{3}{4}(n+1)=\frac{3}{4}\times(11+1)=9$。

所以，$Q_1=81.5\%$，$Q_2=85.6\%$，$Q_3=87.8\%$。$\text{IQR}=Q_3-Q_1=87.8\%-81.5\%=6.3\%$。下限 $=Q_1-1.5\times\text{IQR}=81.5\%-1.5\times6.3\%=72.05\%$，上限 $=Q_3+1.5\times\text{IQR}=88.9\%+1.5\times6.3\%=98.35\%$。

根据解题过程绘制的箱线图如图 13-3 所示。

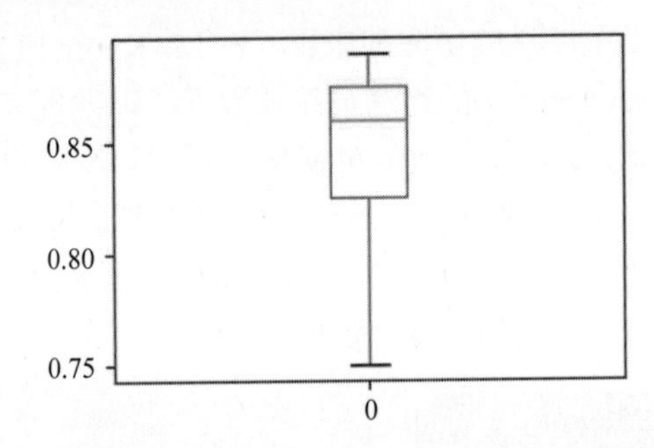


图 13-3　某次深度学习预测准确率箱线图

## 13.4　数据分布形态的度量

集中趋势和离散程度是数据分布的两个重要特征，但要全面了解数据分布的特点，还是需要知道数据分布的形状是否对称、数据偏斜的程度以及数据分布的扁平程度等。

- 偏度：是对数据分布对称性的测度。描述偏态的统计量是偏态系数。
- 峰度：是对数据分布平峰或尖峰程度的测度。描述峰态的统计量是峰态系数。

有关偏度和峰度的计算公式请参阅相关资料，如图 13-4 和图 13-5 所示。

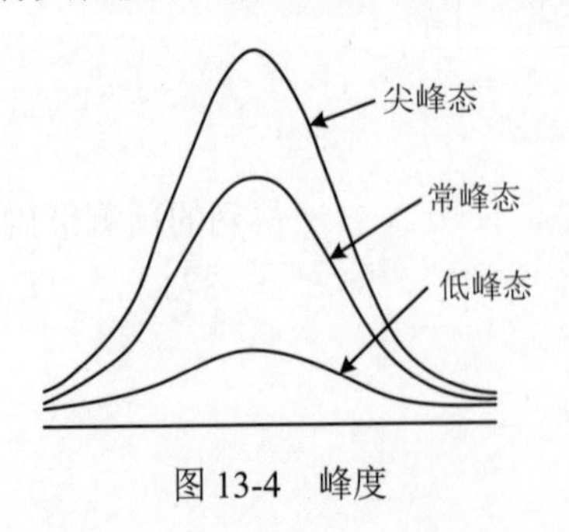


图 13-4　峰度

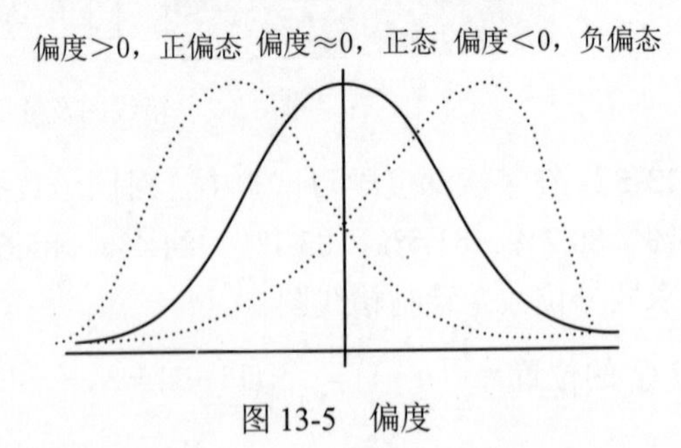


图 13-5　偏度

# 习题 13

1．打开“car.csv”文件，计算汽车价格的平均值、方差、最大值、最小值和四分位数，并绘制箱线图。

2．红酒数据集搜集了原料产地为同一地区的三个不同品种的葡萄酒的数据，其中包含了三种葡萄酒中各自含有的酒精（alcohol）、苹果酸（malic_acid）、灰（ash）、镁（magnesium）、总酚（total_phenols）、黄酮类化合物（flavanoids）、非黄烷类酚类（nonflavanoid_phenols）、原花色素（proanthocyanins）、稀释葡萄酒的 OD280/OD315（od280/od315_of_diluted_wines）、脯氨酸（proline）10 种成分的含量，以及灰分的碱度（alcalinity_of_ash）、颜色强度（color_intensity）、色调（hue）3 个方面的信息。

打开“wine.csv”文件。

（1）求“灰的碱性(alcalinity_of_ash)”列的平均值、方差、最大值和最小值；

（2）求“脯氨酸(proline)”的四分位数，并绘制箱线图。

# 第 14 章　概率的定义与运算

**知识图谱：**

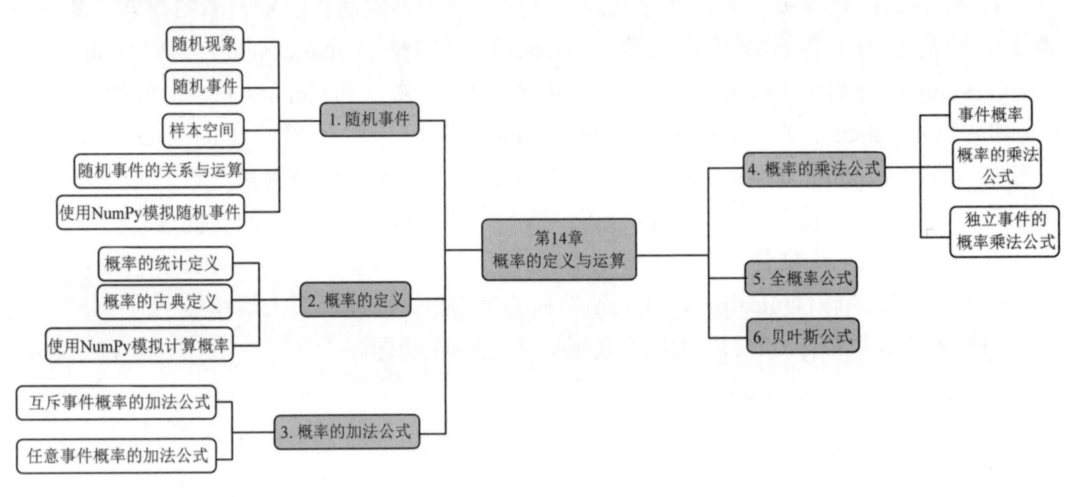


**学习目标：**

（1）了解随机现象，理解随机事件的概念，掌握随机事件的关系与运算；
（2）掌握概率的统计定义、古典定义及其性质；
（3）掌握概率的加法公式、乘法公式和全概率公式，理解事件独立性；
（4）掌握贝叶斯公式及其应用。

## 14.1　随 机 事 件

### 14.1.1　随机现象

在自然界和现实生活中，很多事物都是相互联系和不断发展的。有些事物联系紧密，有必然的因果关系。在微积分和线性代数里，我们遇到的问题都是有确定结果的。在一定条件下必然发生的现象，称为**确定性现象**。例如，太阳每天都从东方升起，在标准大气压下水加热到 100℃会沸腾等。对于确定性现象，在试验之前就能确定其结果。

还有些事物联系较弱。在日常生活中，有些现象的结果是不确定的，事先无法确定

究竟会有怎样的结果。例如，

（1）投掷一枚质地均匀的硬币，可能正面向上，也可能反面向上；

（2）工厂生产一批产品，从中任取一个，这个产品可能是正品，也可能是次品；

（3）用枪向靶心射击，虽然每次瞄准同一个点，但是子弹的落点是不固定的，分散在靶心周围。这类结果具有不确定性的现象称为**随机现象**。

随机现象也是日常生活、生产中遇到的一类重要的现象。虽然每次的结果是不确定的，但是如果在相同的条件下进行大量的重复试验，会发现试验结果具有一定的规律性。例如，将一枚质地均匀的硬币抛掷 1000 次，会发现正面向上的次数和反面向上的次数基本相等。通常把在大量观测中呈现出来的规律性，称为随机现象的**统计规律性**。

概率统计是研究随机现象时经常用到的方法，其大致包括应用概率的理论来研究大量随机现象的规律性；对通过科学安排的一定数量的实验所得到的统计方法给出严格的理论证明；判定各种方法应用的条件以及方法、公式、结论的可靠程度和局限性。概率统计使我们能通过一组样本来判定某一事件的可能性，并可以控制发生错误的概率。

### 14.1.2　随机事件

在研究随机现象的过程中，对自然现象或社会现象的一次观测，可以看作在给定条件下的试验。如果某个试验符合以下特征：

（1）试验在相同条件下可以重复进行；

（2）每次试验的可能结果不止一个，而且所有可能结果事先是明确的；

（3）每次试验总是恰好出现这些可能结果中的一个，但在试验之前不能确定出现哪个结果。

这类试验就被称为**随机试验**。为方便起见，简称试验。在随机试验中，某一事件可能出现也可能不出现，而在大量重复试验中具有某种规律性的事件称为**随机事件**（简称事件）。随机事件通常用大写英文字母 $A$、$B$、$C$…等表示。

**【例 14-1】** 抛掷 1 枚骰子 1 次，定义以下事件，判断它们是否会发生。

$A_i$={得到的点数为 $i$}　（$i$=1,2,3,4,5,6）。

$B$={得到的点数大于 3}。

$C$={得到偶数点}。

解：$A_i$、$B$、$C$ 都属于随机事件，可能发生也可能不发生。

把无论试验结果如何，一定会发生的事件称为**必然事件**，记为 $\Omega$，一定不会发生的事件称为**不可能事件**，记为 Ø。在例 14-1 中，事件 $D$={得到的点数大于等于 1}为必然事件，事件 $E$={得到的点数大于 7}为不可能事件。

在例 14-1 中，事件 $B$ 包含三种情况：得到的点数为 4、5 或者 6。即事件 $B$ 可以分解为事件 $A_4$、$A_5$、$A_6$。可以继续分解的事件称为**复合事件**；由单个元素组成的、不能再分解的事件称为**基本事件**。在例 14-1 中，事件 $A_i$（$i$=1,2,3,4,5,6）是基本事件，事件 $B$ 和事件 $C$ 属于复合事件。

**【例 14-2】** 有一批产品共有 10 件，其中有 3 件次品。从中随机抽取 5 件进行检验。判断以下事件是哪一类事件。

$A_i$={恰好抽到 $i$ 件次品}（$i$=0, 1, 2, 3）；

$B$={抽到的次品数不超过 3 件}；

$C$={抽到 4 件次品}；

$D$={抽到 1 件以上次品}。

解：$A_i$ 是基本事件，$B$ 是必然事件，$C$ 是不可能事件，$D$ 是复合事件。

### 14.1.3 样本空间

在给定试验下，所有基本事件组成的集合称为**样本空间**，记为 $\Omega$。在例 14-1 中，样本空间为 $\Omega=\{A_1,A_2,A_3,A_4,A_5,A_6\}$。

根据包含的基本事件个数是否有限，样本空间可以划分为有限样本空间和无限样本空间两种。例 14-1 和例 14-2 中的样本空间都属于有限样本空间。在测量灯泡使用寿命随机试验中，样本空间是无限样本空间。

随机事件都是由一些基本事件组成的，因此可看成是样本空间的子集。如例 14-2 中事件 $D=\{A_2,A_3\}$ 是样本空间 $\Omega=\{A_0,A_1,A_2,A_3\}$ 的子集。

### 14.1.4 随机事件的关系与运算

由于随机事件是一些基本事件的集合，所以随机事件之间的关系与运算可以比照集合之间的关系与运算。

**1. 包含**

如果事件 $A$ 发生必然导致事件 $B$ 发生，则称事件 $A$ 包含于事件 $B$（或称事件 $B$ 包含事件 $A$），记作 $A\subset B$（或 $B\supset A$），如图 14-1 所示。

**2. 相等**

如果 $A\subset B$ 且 $B\subset A$，则称事件 $A$ 与事件 $B$ 相等，或称事件 $A$ 等于事件 $B$，记作 $A=B$。

### 3. 并（和）

如果将“事件 $A$ 与事件 $B$ 中至少有一个发生，即 $A$ 发生或 $B$ 发生”看作一个事件，则该事件称为事件 $A$ 与事件 $B$ 的并或和，记为 $A \cup B$ 或 $A+B$，如图 14-2 所示。

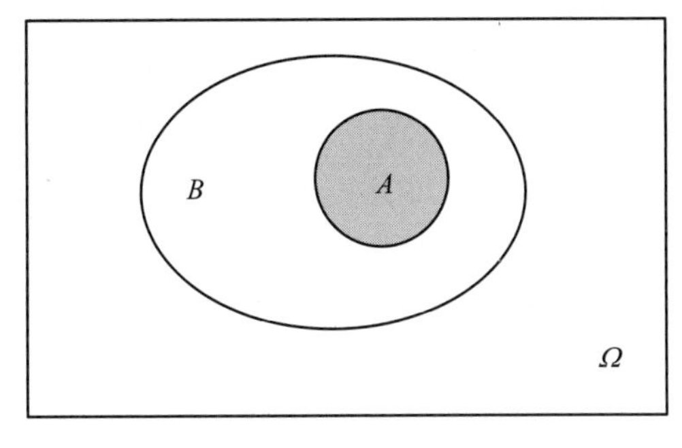


图 14-1　$A \subset B$

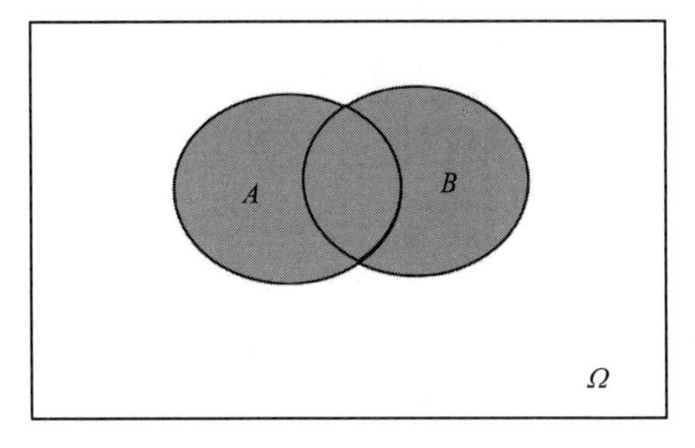


图 14-2　$A \cup B$

### 4. 交（积）

如果将“事件 $A$ 与事件 $B$ 同时发生，即 $A$ 发生且 $B$ 发生”看作一个事件，则该事件称为事件 $A$ 与事件 $B$ 的交或积，记为 $A \cap B$ 或 $AB$，如图 14-3 所示。

### 5. 互不相容（互斥）

如果事件 $A$ 与事件 $B$ 不能同时发生，即 $A \cap B = \varnothing$，则称事件 $A$ 与事件 $B$ 互不相容或互斥，如图 14-4 所示。

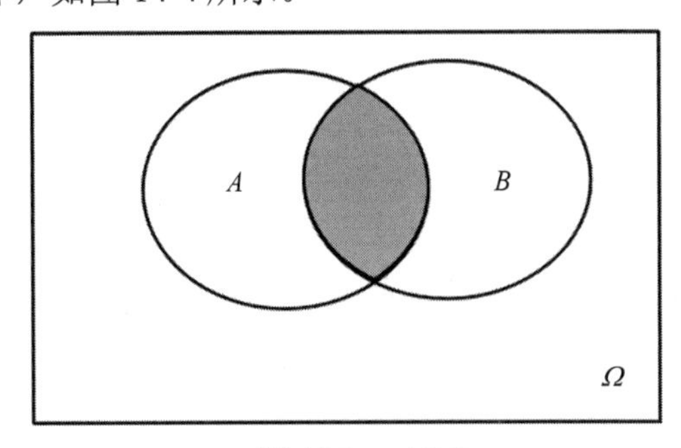


图 14-3　$A \cap B$

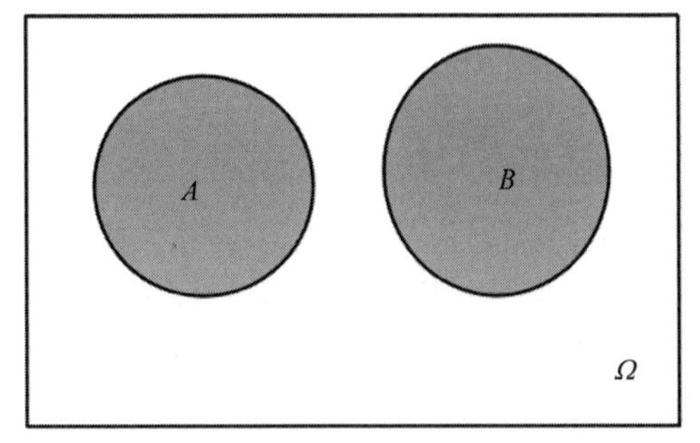


图 14-4　$A \cap B = \varnothing$

### 6. 差

如果将“事件 $A$ 发生而事件 $B$ 不发生”看作一个事件，则称该事件为事件 $A$ 与事件 $B$ 的差，记为 $A-B$，如图 14-5 所示。

**7. 对立**

$\Omega - A$ 表示事件 $A$ 不发生，称为 $A$ 的对立事件，记为 $\overline{A}$，如图 14-6 所示。

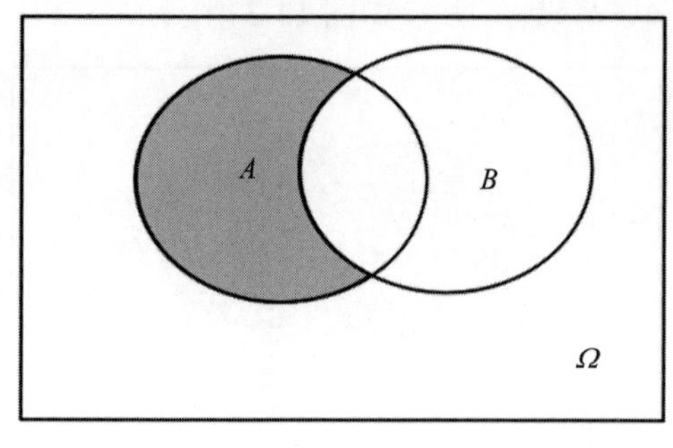


图 14-5　$A-B$

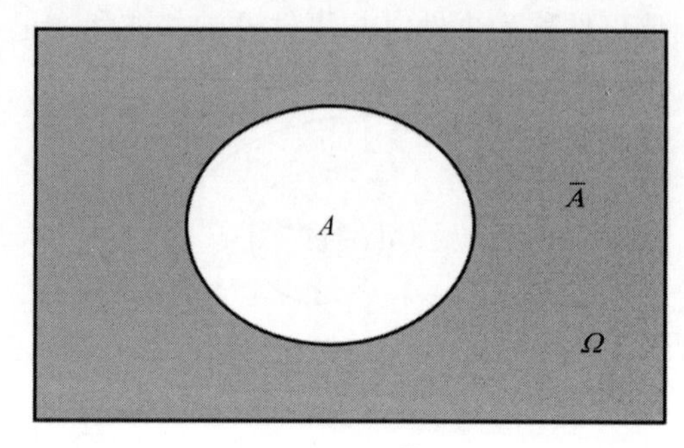


图 14-6　$\overline{A}$

随机事件之间的运算满足以下运算律。

（1）交换律：$A \cap B = B \cap A, A \cup B = B \cup A$；　　（14-1）

（2）结合律：$A(BC) = (AB)C$，$A \cup (B \cup C) = (A \cup B) \cup C$；　　（14-2）

（3）分配率：$(AB) \cup C = (A \cup C) \cap (B \cup C)$，$(A \cup B) \cap C = (AC) \cup (BC)$；　　（14-3）

（4）德摩根律：$\overline{A \cup B} = \overline{A} \cap \overline{B}$，$\overline{A \cap B} = \overline{A} \cup \overline{B}$。　　（14-4）

**【例 14-3】** 设 $A,B,C$ 为三个事件，用 $A,B,C$ 的运算关系表示下列事件。

（1） $A$ 和 $B$ 都发生，而 $C$ 不发生；

（2） $A$ 、$B$ 、$C$ 至少有一个发生；

（3）恰好有一个发生；

（4）恰好有两个发生；

（5）不多于两个发生。

解：

（1）事件可以表述为 $A$ 发生且 $B$ 发生且 $C$ 不发生，所以表示为 $AB\overline{C}$；

（2）事件可以表述为 $A$ 发生或 $B$ 发生或 $C$ 发生，所以表示为 $A+B+C$；

（3）事件可以表述为有一个发生而另外两个不发生，即 $A$ 发生而 $B$ 、$C$ 不发生，或 $B$ 发生而 $A$ 、$C$ 不发生，或 $C$ 发生而 $A$ 、$B$ 不发生，所以表示为 $A\overline{B}\overline{C} + \overline{A}B\overline{C} + \overline{A}\overline{B}C$；

（4）事件可以表述为有两个发生而另外一个不发生，即 $A$ 不发生而 $B$ 、$C$ 发生，或 $B$ 不发生而 $A$ 、$C$ 发生，或 $C$ 不发生而 $A$ 、$B$ 发生，即表示为 $\overline{A}BC + A\overline{B}C + AB\overline{C}$；

（5）从反面考虑，事件可以表述为至少有一个事件不发生，即 $A$ 不发生或 $B$ 不发生或 $C$ 不发生，即表示为 $\overline{A}+\overline{B}+\overline{C}$。

### 14.1.5　使用 NumPy 模拟随机事件

一般随机试验耗时较多，且有些随机试验是破坏性实验，花费也很大。为了节约时间、减少损耗，可以使用计算机模拟随机试验。NumPy 的 random 模块提供了 randint()函数用于产生指定范围内的随机整数，可以用于模拟随机试验，调用格式为

```
numpy.random.randint(low, high=None, size=None)
```

参数：

- low：指定范围的下限；
- high：指定范围的上限；
- size：返回的矩阵规格。

返回值：

返回[low, high)范围内的整数矩阵，规格为 size。

**【例 14-4】** 建立一个元素取值为 0～10（不包含 0 和 10）的 3×4 随机数矩阵。（代码：ch14 概率的定义与运算\14.1 随机事件\例 14-4）

```
1. import numpy as np
2.
3. x = np.random.randint(0,11,size=(3,4))
4. print(x)
```

运行结果：

```
[[6 1 9 8]
 [9 6 3 8]
 [6 4 7 3]]
```

使用 randint()函数可以进行随机事件的模拟，如模拟抛硬币试验，模拟抛掷骰子试验等。

**【例 14-5】** 使用 NumPy 的 randint()函数模拟抛硬币试验。（代码：ch14 概率的定义与运算\14.1 随机事件\例 14-5）

解：抛硬币试验只有正面向上和反面向上两种结果，且发生的机会均等。所以可以用 randint()函数产生 0 或 1 的随机数，1 表示正面向上、0 表示反面向上。进行 20 次试验。代码如下。

```
1. import numpy as np
2.
3. x = np.random.randint(0,2,size=20)
```

```
4. print(x)
```

运行结果：

```
[0 0 0 0 0 1 1 1 1 1 0 1 1 1 1 1 0 1 1 0]
```

**【例 14-6】** 使用 NumPy 的 randint()函数模拟抛一枚质地均匀的骰子 20 次，计算出现 3 点的次数。（代码：ch14 概率的定义与运算\14.1 随机事件\例 14-6）

解：抛一枚质地均匀的骰子，可能出现 1 点、2 点、3 点、4 点、5 点或 6 点，共有 6 种结果。使用 randint()函数取 1 到 6 之间的整数，分别代表对应的点数，代码如下。

```
1. import numpy as np
2.
3. x = np.random.randint(1,7,size=20)
4. print(x)
5. print(sum(x==3))
```

运行结果：

```
[2 1 5 3 4 5 3 6 2 2 1 4 4 5 3 1 4 5 3 2]
4
```

# 14.2　概率的定义

## 14.2.1　概率的统计定义

虽然在每次试验中随机事件的结果是无法预测的，但进行大量重复试验后，随机事件的结果会呈现一定的规律性。为了研究随机事件的规律性，德·摩根、蒲丰等一些历史上著名的数学家都曾进行过抛硬币试验，他们的实验数据如表 14-1 所示。

**定义 14-1**　在相同条件下进行 $n$ 次试验，事件 $A$ 发生的次数为 $n_A$ 称为事件 $A$ 发生的**频数**，$\frac{n_A}{n}$ 称为事件 $A$ 发生的**频率**，记为 $f=\frac{n_A}{n}$。

表 14-1　历史上各数学家抛硬币试验结果

| 试　验　者 | 抛硬币次数（$n$） | 正面向上次数（$r$） | 反面向上次数 | 正面向上的频率 $\left(f=\frac{r}{n}\right)$ |
|---|---|---|---|---|
| 德·摩根 | 4092 | 2048 | 2044 | 0.5005 |
| 蒲丰 | 4040 | 2048 | 1992 | 0.5069 |
| 费勒 | 10 000 | 4979 | 5021 | 0.4979 |

续表

| 试　验　者 | 抛硬币次数（$n$） | 正面向上次数（$r$） | 反面向上次数 | 正面向上的频率 $\left(f=\frac{r}{n}\right)$ |
|---|---|---|---|---|
| 皮尔逊 | 12 000 | 6019 | 5981 | 0.5016 |
| 皮尔逊 | 24 000 | 12 012 | 11 988 | 0.5005 |
| 维尼 | 30 000 | 14 994 | 15 006 | 0.4998 |

通过这些试验发现，虽然每次试验的结果无法预测，但在大量重复性试验中，正面向上的次数和反面向上的次数基本相等，即正面向上的频率接近 0.5，且试验次数越多，频率越接近一个稳定的值，这个稳定的值反映了事件在实验中发生可能性的大小。

**定义 14-2**　在随机试验中，若事件 $A$ 出现的频率 $\frac{n_A}{n}$ 随着试验次数 $n$ 的增加，趋于一个常数 $p$（$0\leqslant p\leqslant 1$），则称 $p$ 为事件 $A$ 发生的**概率**，记作 $P(A)=p$。

这一定义是根据试验后统计出的频率确定的，称为概率的统计定义。根据定义 14-2 可知，在抛硬币试验中，事件 $A=\{$正面向上$\}$ 的概率为 $P(A)=0.5$。

概率的性质如下。

（1）对任意一个事件 $A$，有 $0\leqslant P(A)\leqslant 1$；

（2）必然事件的概率为 1，即 $P(\Omega)=1$；不可能事件的概率为 0，即 $P(\varnothing)=0$。

## 14.2.2　概率的古典定义

在概率的统计定义中，事件 $A$ 的概率需要通过大量重复性试验确定，耗时费力，结果不精确，即使在相同条件下进行试验，结果也有很大的差异。有些试验是成本比较大的破坏性试验，不利于计算事件 $A$ 的概率。本节介绍概率的古典定义。

回顾抛硬币试验，总共有两种结果：正面向上和反面向上。由于硬币质地均匀，所以正面向上和反面向上的可能性相等。抛骰子、抽取一批产品进行质量检验等试验都有这一特点。

**定义 14-3**　如果一个随机试验满足：（1）只有有限个基本事件（有限性）；（2）每个基本事件在实验中发生的可能性相等（等可能性）。则称这样的随机试验为**古典概率模型**，简称**古典概型**。

古典概型是概率论中最简单、最直观的模型，抛硬币试验、抛骰子试验等都满足有限性和等可能性的条件，都属于古典概型。但如果硬币和骰子不是质地均匀的，就不满足等可能性，不属于古典概型。有些赌徒正是利用这一特点，在骰子中灌铅芯，使得出现 6 点的概率增大，提高获胜的可能性。

**定义 14-4（概率的古典定义）** 对于给定的古典概型，如果样本空间中基本事件总数为$n$，事件$A$包含的基本事件个数为$m$，则事件$A$的概率为

$$P(A)=\frac{m}{n}。\tag{14-5}$$

在古典概型下，事件$A$发生的概率$P(A)$也满足概率的基本性质：$0\leqslant P(A)\leqslant 1$、$P(\Omega)=1$和$P(\varnothing)=0$。

根据以上定义，要计算事件$A$的概率必须先计算基本事件总数$n$和事件$A$包含的基本事件个数$m$，这常会用到排列组合的知识。

**【例 14-7】** 抛掷一枚质地均匀的骰子，求：（1）点数大于 4 的概率；（2）获得偶数点的概率。

解：基本事件有 6 个，记为$A_i\ (i=1,2,3,4,5,6)$，样本空间为$\Omega=\{A_1,A_2,\cdots,A_6\}$。

（1）记事件$B=\{\text{得到的点数大于4}\}$，则事件$B=\{A_5,A_6\}$包含 2 个基本事件，根据概率的古典定义，

$$P(B)=\frac{2}{6}=\frac{1}{3}；$$

（2）记事件$C=\{\text{获得的点数为偶数}\}$，则事件$C=\{A_2,A_4,A_6\}$包含 3 个基本事件，根据概率的古典定义

$$P(C)=\frac{3}{6}=\frac{1}{2}。$$

**【例 14-8】** 在 10 个同样型号的晶体管中，有一等品 7 个，二等品 2 个，三等品 1 个，从这 10 个晶体管中任取 2 个，计算：

（1）2 个都是一等品的概率；

（2）1 个是一等品，1 个是二等品的概率。

解：从 10 个晶体管中任取 2 个，基本事件总数为$n=\mathrm{C}_{10}^2=45$。

（1）设$A=\{\text{取出的2个都是一等品}\}$，有$m=\mathrm{C}_7^2=21$种情况，则

$$P(A)=\frac{m}{n}=\frac{21}{45}=\frac{7}{15}；$$

（2）设$B=\{\text{取出的2个, 1个是一等品，1个是二等品}\}$，包含$m=\mathrm{C}_7^1\mathrm{C}_2^1=14$种情况，则

$$P(B)=\frac{m}{n}=\frac{14}{45}。$$

**【例 14-9】** 一批产品共有 7 件，其中有 3 件次品。从这批产品中依次任取 5 件，求在下列抽样方式下其中恰有 2 件次品的概率。

（1）有放回抽样，每次抽取一件产品，检验后放回；

（2）无放回抽样，每次抽取一件产品，检验后不放回。

解：设 $A$={抽取 5 件产品，其中恰有 2 件次品}。

（1）在有放回抽样方式下，每次都是在 7 件产品中抽取 1 件进行检验，则基本事件总数为 $n=\left(\mathrm{C}_7^1\right)^5=7^5$。每次抽取 1 件正品包含 $\mathrm{C}_4^1=4$ 种情况，每次抽取 1 件次品包含 $\mathrm{C}_3^1=3$ 种情况，共抽取 5 次，事件 $A$ 包含的基本事件个数为 $m=\mathrm{C}_5^3 3^2 4^{3-2}=\mathrm{C}_5^3 3^2 4^1$，则

$$P(A)=\frac{m}{n}=\frac{\mathrm{C}_5^3 3^2 4^3}{7^5}=\frac{\dfrac{5\times4\times3}{3\times2\times1}\times3^2\times4^3}{7^5}=\frac{5760}{16807}=0.3427;$$

（2）在无放回抽样方式下，第 1 次从 7 件中取 1 件，第 2 次从 6 件中取 1 件，……，基本事件总数为 $\mathrm{A}_7^5=7\times6\times5\times4\times3$。无放回抽样是有次序的，所以抽取 3 件正品有 $\mathrm{A}_4^3$ 种情况，抽取 2 件次品有 $\mathrm{A}_3^2$ 种情况，抽取 5 件中恰有 2 件次品的情况有 $\mathrm{C}_5^2\mathrm{A}_3^2\mathrm{A}_4^3$ 种，则

$$P(A)=\frac{\mathrm{C}_5^2\mathrm{A}_3^2\mathrm{A}_4^3}{\mathrm{A}_7^5}=\frac{\dfrac{5\times4}{2\times1}\times3\times2\times4\times3\times2}{7\times6\times5\times4\times3}=\frac{4}{7}。$$

### 14.2.3　使用 NumPy 模拟计算概率

前一节介绍了如何使用 NumPy 中 random 模块的 randint()函数模拟随机事件，在此基础上，根据概率的统计定义可以采用计算机模拟的方式计算随机事件发生的概率。

**【例14-10】** 抛一枚质地均匀的骰子，计算出现点数大于 4 的概率。（代码：ch14 概率的定义与运算\14.2 概率的定义\例 14-10）

```
1. import numpy as np
2.
3. n = 100000                          # 模拟试验次数
4. x = np.random.randint(1,7,size=n)
5. print('出现点数大于 4 的概率为：  ',sum(x>4)/len(x))
```

运行结果：

```
出现点数大于 4 的概率为：   0.33314
```

运行多次后发现，虽然每次的结果不一样，但是都接近 0.333，与实际值 $\frac{1}{3}$ 非常接近，且试验次数越大，变化的范围越小。

对于一些复杂的抽样方式，需要调用 NumPy 中 random 模块的 choice()函数进行抽样。函数调用方式为

```
1. numpy.random.choice(a,size=None,replace=None)
```

参数：

- a：抽样的整数集合。
- size：输出矩阵的规格。
- replace：设定抽样方式。replace=True 表示重复抽样，replace=False 表示无重复抽样。

输出：

指定的随机数矩阵。

**【例 14-11】** 盒中有 3 个白球、2 个黑球。求在以下两种方式下恰好取到 1 个白球、1 个黑球的概率。（代码：ch14 概率的定义与运算\14.2 概率的定义\例 14-11）

（1）从中抽取 1 个球后，不放回，再取第二个球；

（2）从中抽取 1 个球后，放回，再取第二个球。

解：设 3 个白球的编号分别为 1、2、3，2 个黑球的编号分别为 4、5。

（1）在不放回抽样下，使用 for 循环重复 $n$ 次抽样，每次抽取两个，设定 random.choice()的参数 replace 为 False。

```
1. import numpy as np
2.
3. n = 10000
4. a = np.arange(1,6)
5. num = 0
6. for i in range(n):
7.     x = np.random.choice(a, size=2, replace=False)
8.     if (sum(x<=3)==1) and sum(x>=4)==1:
9.         num+=1
10. print('所求的概率：',num/n)
```

运行结果：

```
所求的概率：0.60142
```

（2）在有放回抽样下，直接调用 random.choice()函数，设定 size=(n,2)，replace=True。进行 $n$ 次抽样，每次抽样可以抽取重复的两个数字。

```
1. import numpy as np
2.
3. n=100000
4. a = np.arange(1,6)
5. num = 0
```

```
6. x = np.random.choice(a, size=(n,2), replace=True)
7. print('重复抽样结果:\n',x)
8. for i in range(n):
9.     if sum(x[i,:]<=3)==1 and sum(x[i,:]>=4)==1:
10.         num+=1
11. print('所求的概率: ',num/n)
```

运行结果：

```
重复抽样结果:
 [[5 3]
 [3 4]
 [1 5]
 ...
 [1 5]
 [2 1]
 [3 5]]
所求的概率:  0.47906
```

## 14.3　概率的加法公式

使用概率的古典定义只能计算一些简单事件的概率，对于复杂的事件需要借助事件之间的关系和运算来求概率。本节介绍两个事件和的概率公式——加法公式，这些公式可以通过概率的古典定义得到。

### 14.3.1　互斥事件概率的加法公式

设样本空间为$\Omega$，包含基本事件总数为$n$，$A$、$B$为两个互斥事件，包含的基本事件总数分别为$n_A$和$n_B$，根据概率的古典定义有$P(A)=\frac{n_A}{n}$，$P(B)=\frac{n_B}{n}$，$P(A+B)=\frac{n_{A+B}}{n}$，由于$A$、$B$为两个互斥事件，所以$n_{A+B}=n_A+n_B$，则

$$P(A+B)=\frac{n_{A+B}}{n}=\frac{n_A}{n}+\frac{n_B}{n}=P(A)+P(B)。$$

**定理 14-1**　若$A$，$B$为两个互不相容（互斥）事件，则

$$P(A+B)=P(A)+P(B)。\tag{14-6}$$

上述定理也可以用图进行推导得到，如图 14-7 所示。

**定理 14-2**　设有限个随机事件$A_1$、$A_2\cdots A_n$两两互斥，则

$$P(A_1+A_2+\cdots+A_n)=P(A_1)+P(A_2)+\cdots+P(A_n)。\tag{14-7}$$

因为 $A$ 与 $\overline{A}$ 互斥，所以 $P\left(A+\overline{A}\right)=P(A)+P\left(\overline{A}\right)$ 。又 $A+\overline{A}=\Omega$ ，有 $P\left(A+\overline{A}\right)=P(\Omega)=1$。综合两者得到 $P(A)+P\left(\overline{A}\right)=1$，即 $P\left(\overline{A}\right)=1-P(A)$，如图 14-8 所示。

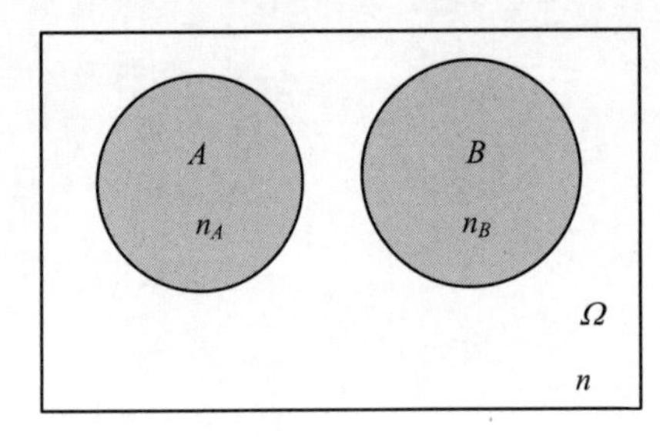


图 14-7　两个互斥事件

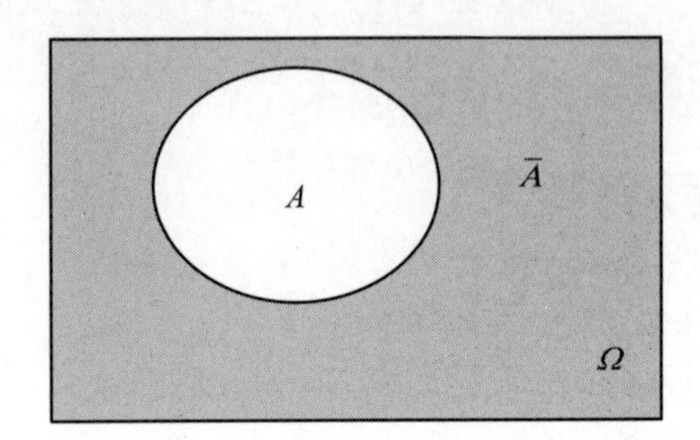


图 14-8　$A$ 与 $\overline{A}$

**推论 14-1**　$P\left(\overline{A}\right)=1-P(A)$。　　（14-8）

类似地，还可以得到以下推论。

**推论 14-2**　$P(A-B)=P(A)-P(AB)$。　　（14-9）

**【例 14-12】** 一批产品共有 10 件，其中有 4 件次品，6 件正品。进行不放回抽样，每次抽取 1 件，共抽取 4 次。

（1）求抽到多于 2 件次品的概率；

（2）求至少抽到 1 件次品的概率。

解：设事件 $A_i=\{恰好抽到i件次品\}(i=0,1,2,3,4)$，$B=\{抽到多于\ 2\ 件次品\}$，$C=\{至少抽到\ 1\ 件次品\}$。

（1）$B=A_3+A_4$，且 $A_3,A_4$ 互斥，所以

$$\begin{aligned}P(B)&=P(A_3+A_4)\\&=P(A_3)+P(A_4)\\&=\frac{C_4^3C_6^1}{C_{10}^4}+\frac{C_4^4}{C_{10}^4}\\&=0.1190;\end{aligned}$$

（2）
$$\begin{aligned}P(C)&=P(A_1+A_2+A_3+A_4)\\&=P(\Omega-A_0)\\&=1-P(A_0)\\&=1-\frac{C_6^4}{C_{10}^4}\\&=0.9286。\end{aligned}$$

### 14.3.2　任意事件概率的加法公式

将互斥事件概率的加法公式推广到任意事件，可以得到任意事件概率的加法公式，如图 14-9 所示。

**定理 14-3**　如果 $A$、$B$ 是两个任意事件，则有

$$P(A+B)=P(A)+P(B)-P(AB)。 \tag{14-10}$$

证明：

$$P(A+B)=P(A+(B-A))=P(A)+P(B-A),$$

根据 14.3.1 小节的推论 14-2，$P(B-A)=P(B)-P(AB)$，所以有

$$P(A+B)=P(A+(B-A))=P(A)+P(B)-P(AB)。$$

对于三个任意事件，也有类似的概率加法公式，如图 4-10 所示。

**定理 14-4**　对于三个任意事件 $A_1$、$A_2$、$A_3$，有

$$P(A+B+C)=P(A)+P(B)+P(C)-P(AB)-P(BC)-P(AC)+P(ABC)。 \tag{14-11}$$

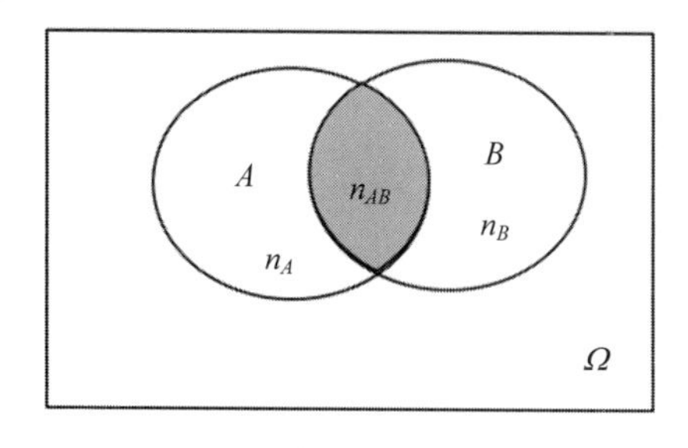


图 14-9　两个事件概率加法公式的原理

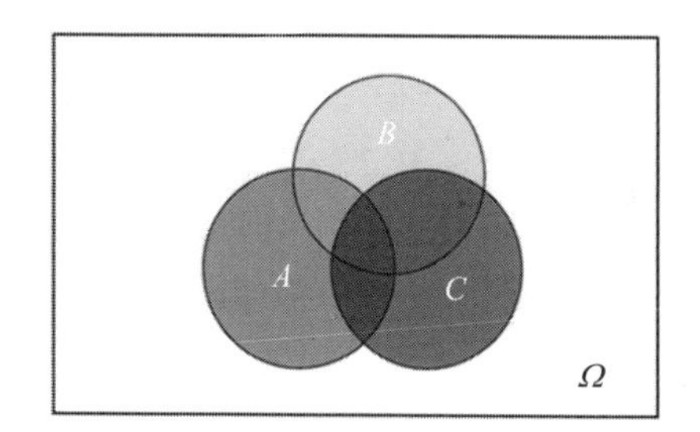


图 14-10　三个事件概率加法公式的原理

**【例 14-13】** 甲、乙两个射手同时向一个目标射击，甲的命中率为 0.6，乙的命中率为 0.5，甲、乙同时击中目标的概率为 0.25，求目标被击中的概率。

解：设事件 $A=\{$甲击中目标$\}$，$B=\{$乙击中目标$\}$，则 $A+B=\{$目标被击中$\}$，所求概率为 $P(A+B)=P(A)+P(B)-P(AB)=0.6+0.5-0.25=0.85$。

## 14.4　概率的乘法公式

### 14.4.1　条件概率

前面所求的概率都是可以直接求解的，没有设置前提条件。但在有些情况下，问题

带有附加的前提条件。例如，著名的蒙特霍尔问题。蒙特霍尔问题又称“三门问题”，出自美国的电视游戏节目“Let’s Make a Deal”。在该节目中，参赛者会看见三扇关闭的门，其中一扇门的后面有一辆汽车，选中后面有车的那扇门可赢得该汽车，另外两扇门后面则各藏有一只山羊。当参赛者选定了一扇门，但未去开启它的时候，节目主持人开启剩下两扇门的其中一扇，露出其中一只山羊。主持人其后会问参赛者要不要改变决定选择另外一扇仍然关着的门。这个问题可以转化为：选定一扇门后，在打开一扇门的前提下，求换选另外一扇门能获取汽车的概率。对于这类问题，需要使用条件概率解决。

**定义 14-5**　假设 $A$、$B$ 是两个随机事件，称“在事件 $A$ 发生的条件下，事件 $B$ 发生的概率”为“**在事件 $A$ 发生的条件下，事件 $B$ 发生的条件概率**”，记为 $P(B|A)$。

如何求解条件概率呢？这里通过例子说明。一个袋子中有 3 个白球、2 个红球。依次从袋中不放回地抽取 2 个球，求第一次抽到白球的条件下，第二次也抽到白球的概率。首先从总体上看，依次抽取 2 个球的所有可能情况如下，一共有 20 种可能：

（白 1，白 2）、（白 1，白 3）、（白 1，红 1）、（白 1，红 2），
（白 2，白 1）、（白 2，白 3）、（白 2，红 1）、（白 2，红 2），
（白 3，白 1）、（白 3，白 2）、（白 3，红 1）、（白 3，红 2），
（红 1，白 1）、（红 1，白 2）、（红 1，白 3）、（红 1，红 2），
（红 2，白 1）、（红 2，白 2）、（红 2，白 3）、（红 2，红 1）。

则“第一次抽到白球，第二次也抽到白球”的情况有 6 种：

（白 1，白 2）、（白 1，白 3），
（白 2，白 1）、（白 2，白 3），
（白 3，白 1）、（白 3，白 2）。

故事件发生的概率为 $\frac{6}{20}=0.3$。

但知道“第一次抽到白球”后，总的情况就剩下 12 种：

（白 1，白 2）（白 1，白 3）（白 1，红 1）（白 1，红 2）
（白 2，白 1）（白 2，白 3）（白 2，红 1）（白 2，红 2）
（白 3，白 1）（白 3，白 2）（白 3，红 1）（白 3，红 2）

其中，“第二次抽到白球”的情况有 6 种，所以事件发生的概率为 $\frac{6}{12}=0.5$。

在没有前提条件时，若基本事件总数是 $n$，“两次都取到白球”包含的基本事件个数为 $n_{AB}$。则“两次都取到白球”的概率为 $\frac{n_{AB}}{n}$。

当有前提条件“第一次取到白球”时，考虑的范围缩小为 $A$，基本事件总数为 $n_A$，

“第二次也取到白球”包含的基本事件个数为$n_{AB}$，则“第一次取到白球”条件下，“第二次也取到白球”的概率为$\frac{n_{AB}}{n_A}$。

所以“在事件$A$发生的条件下，事件$B$发生的条件概率”为$P(B|A)=\frac{n_{AB}}{n_A}$，进行变换得到$P(B|A)=\frac{n_{AB}}{n_A}=\frac{\frac{n_{AB}}{n}}{\frac{n_A}{n}}=\frac{P(AB)}{P(A)}\quad(P(A)>0)$。

**定理 14-5**　假设$A$，$B$是两个随机事件，则“在事件$A$发生的条件下，事件$B$发生的条件概率”为

$$P(B|A)=\frac{P(AB)}{P(A)}\quad(P(A)>0)。\tag{14-12}$$

**【例 14-14】** 某地区气象资料表明，邻近的甲、乙两城市中，甲市全年雨天为 12%，乙市全年雨天为 9%。两市中至少有一市为雨天的概率是 16.8%。试求在甲市为雨天的条件下，乙市也为雨天的概率。

解：设$A$={甲市为雨天}，$B$={乙市为雨天}，则

$$P(A)=0.12,\ P(B)=0.09,\ P(A+B)=0.168,$$

$$P(AB)=P(A)+P(B)-P(A+B)=0.12+0.09-0.168=0.042,$$

于是

$$P(B|A)=\frac{P(AB)}{P(A)}=\frac{0.042}{0.12}=0.35。$$

**【例 14-15】** （人工智能的分类任务的准确率评价）分类问题是人工智能的常见任务，如 IMDB 数据集包含来自互联网电影数据库(IMDB)的 50 000 条严重两极分化的评论。使用人工智能算法可以预测某条评论是正面的（positive）还是负面的（negative）。由于可能发生预测错误，所以产生以下几种结果，如表 14-2 所示。

表 14-2　分类任务预测结果

| | | 预测值 | |
|---|---|---|---|
| | | Positive | Negative |
| 实际值 | Positive | TP | FN |
| | Negative | FP | TN |

其中：

- TP：True Positive，把正类预测为正类；
- FP：False Positive，把负类预测为正类；
- TN：True Negative，把负类预测为负类；
- FN：False Negative，把正类预测为负类。

现有某种算法抽取 IMDB 数据库中的 40 000 条评论进行训练，结果如表 14-3 所示。

表 14-3　IMDB 数据库某次训练结果

| | | 预　测　值 | |
|---|---|---|---|
| | | Positive | Negative |
| 实　际　值 | Positive | 18 897 | 234 |
| | Negative | 137 | 20 732 |

在某条评论预测值为正面的条件下，求预测正确的概率。

解：设 $A$=“某条评论预测值为正面”，$B$=“预测正确”，则

$$P(A)=\frac{18\,897+137}{40\,000}=0.475\,85\,,\quad P(AB)=\frac{188\,97}{400\,00}=0.472\,425\,,$$

所求概率为

$$P(B|A)=\frac{P(AB)}{P(A)}=\frac{0.472\,425}{0.475\,85}=0.992\,8\text{。}$$

所以，某条评论预测值为正面的条件下，预测正确的概率为 0.992 8。

## 14.4.2　概率的乘法公式

将条件概率公式变形可以得到两个事件的概率乘法公式。

**定理 14-6（概率乘法公式）**　设 $A$、$B$ 为两个随机事件，且 $P(A)>0$，$P(B)>0$，则有

$$P(AB)=P(A)P(B|A) \tag{14-13}$$

或

$$P(AB)=P(B)P(A|B)\text{。} \tag{14-14}$$

这个定理也可以推广到多个事件：

$$P(A_1A_2\cdots A_n)=P(A_1)P(A_2|A_1)P(A_3|A_1A_2)\cdots P(A_n|A_1A_2\cdots A_{n-1})\text{。} \tag{14-15}$$

**【例14-16】**　一个盒子中有 3 个白球，5 个红球。无放回地从中抽取 3 次，每次抽取一个球。求第三次才抽到白球的概率。

解：设 $A_i=$“第 $i$ 次抽到白球”，$i=1,2,3$。所求概率为

$$
\begin{aligned}
P(\overline{A}_1\overline{A}_2A_3) &= P(\overline{A}_1)\cdot P(\overline{A}_2|\overline{A}_1)\cdot P(A_3|\overline{A}_1\overline{A}_2)\\
&=\frac{5}{8}\cdot\frac{4}{7}\cdot\frac{3}{6}\\
&=\frac{5}{28}。
\end{aligned}
$$

### 14.4.3　独立事件的概率乘法公式

在有些条件下两个事件互不影响，则称两个事件是相互独立的。严格的数学定义如下：

**定义 14-6**　对于事件 $A$ 与 $B$，若 $P(A)>0$ 时，有

$$P(B|A)=P(B) \tag{14-16}$$

成立，则称**事件 *B* 对事件 *A* 独立**。

类似地，若 $P(B)>0$ 时，有

$$P(A|B)=P(A) \tag{14-17}$$

成立，则称事件 $A$ 对事件 $B$ 独立。

**定义 14-7**　设 $A$ 与 $B$ 为两个随机事件，如果事件 $B$ 对事件 $A$ 独立，且事件 $A$ 也对事件 $B$ 独立，则称事件 $A$ 与事件 $B$ **相互独立**。否则，称事件 $A$ 与事件 $B$ **不独立**或相互依存。

例如，100 件产品中有 10 件次品，设事件 $A=$“第一次取到次品”，$B=$“第二次取到次品”。在有放回的条件下事件 $A$ 与事件 $B$ 相互独立。而在无放回的条件下，事件 $A$ 与事件 $B$ 不是相互独立的。

相互独立的事件具有以下性质：

**性质 14-1**　若事件 $A$ 与事件 $B$ 相互独立，则 $\overline{A}$ 与 $B$、$A$ 与 $\overline{B}$、$\overline{A}$ 与 $\overline{B}$ 也相互独立。

**性质 14-2**　如果事件 $A$ 与事件 $B$ 相互独立，且 $P(A)>0$，则

$$P(AB)=P(A)P(B)。 \tag{14-18}$$

证明：由于事件 $A$ 与事件 $B$ 相互独立，所以 $P(B|A)=P(B)$，得到

$$P(AB)=P(A)P(B|A)=P(A)P(B)。$$

**性质 14-3**　如果 $n$ 个事件 $A_1,A_2,\cdots,A_n$ 相互独立，则有

$$P(A_1A_2\cdots A_n)=P(A_1)P(A_2)\cdots P(A_n)。 \tag{14-19}$$

## 14.5　全概率公式

对于某些较为复杂的随机事件，如果难以直接计算，可以先将其拆分为一些相对简

单的事件，然后计算概率。

**定义 14-8**　设 $A_1,A_2,\cdots,A_n$ 为一组随机事件，且满足：

（1）$A_iA_j=\varnothing$，其中 $i,j\in\Omega$，$i\neq j$；

（2）$A_1+A_2+\cdots+A_n=\Omega$。

则称 $A_1,A_2,\cdots,A_n$ 为一个**完备事件组**，如图 14-11 所示。

如果事件 $B$ 的概率难以直接计算，可以将事件 $B$ 表示为 $B=\sum\limits_{i=1}^{n}A_iB$，如图 14-12 所示。由于 $A_iB(i=1,2,\cdots,n)$ 是一个完备事件组，具有互斥的关系。根据概率加法公式与概率乘法公式得到：

$$\begin{aligned}P(B)&=P(A_1B+A_2B+\cdots+A_nB)\\&=P(A_1B)+P(A_2B)+\cdots+P(A_nB)\\&=P(A_1)P(B|A_1)+P(A_2)P(B|A_2)+\cdots+P(A_n)P(B|A_n)\\&=\sum_{i=1}^{n}P(A_i)P(B|A_i)。\end{aligned}$$

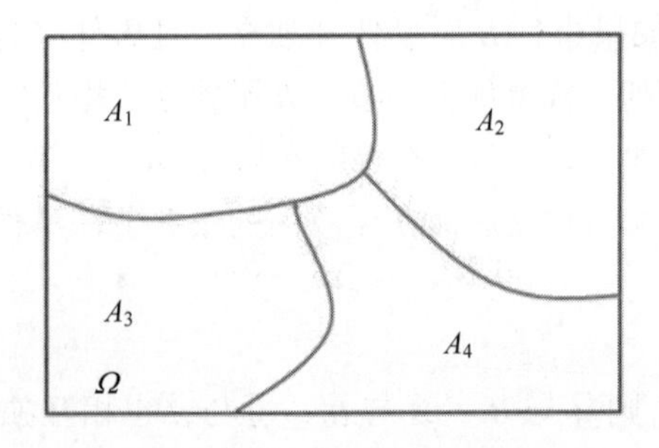


图 14-11　完备事件组

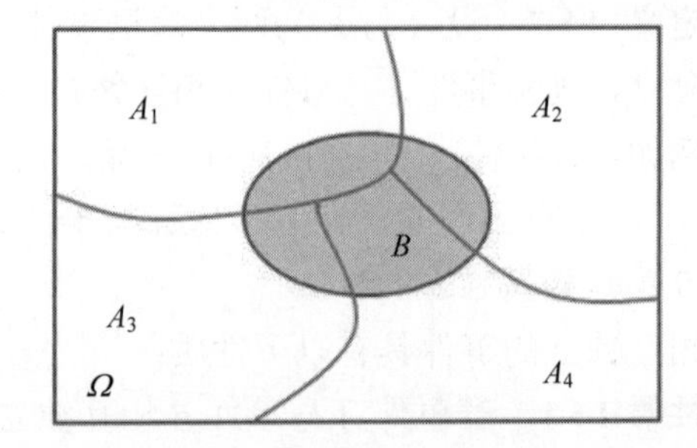


图 14-12　事件 $B$ 的拆分

**定义 14-9（全概率公式）**　如果 $A_1,A_2,\cdots,A_n$ 是互斥事件，即 $A_iA_j=\varnothing(i\neq j)$，且 $A_1+A_2+\cdots+A_n=\Omega$，$P(A_i)>0(i=1,2,\cdots,n)$，则对任意事件 $B$ 有

$$P(B)=\sum_{i=1}^{n}P(A_i)P(B|A_i)。\tag{14-20}$$

运用全概率公式可以由已知的若干个较为简单的事件的概率推断出一个较为复杂的事件的概率。

**【例 14-17】**　一家电器厂有甲、乙、丙三条生产线生产同一型号的电视机，甲生产线产量占 40%，乙生产线产量占 35%，丙生产线产量占 25%。甲、乙、丙三条生产线的产品合格率分别为 95%、90%和 80%。求该电器厂所生产电视机的合格率。

解：设 $A=\{$甲生产线生产的电视机$\}$，$B=\{$乙生产线生产的电视机$\}$，$C=\{$丙生产线生产的电视机$\}$，$H=\{$电视机合格$\}$。则 $P(A)=40\%$，$P(B)=35\%$，$P(C)=25\%$，$P(H|A)=95\%$，$P(H|B)=90\%$，$P(H|C)=80\%$，所以

$$\begin{aligned} P(H) &= P(A)P(H|A)+P(B)P(H|B)+P(C)P(H|C) \\ &= 40\%\times 95\%+35\%\times 90\%+25\%\times 80\% \\ &= 0.895。\end{aligned}$$

所以，该电器厂生产的电视机总体合格率为 89.5%。

## 14.6　贝叶斯公式

将全概率公式应用于条件概率，可以得到在机器学习中非常重要的一个公式：贝叶斯公式，如图 14-13 所示。

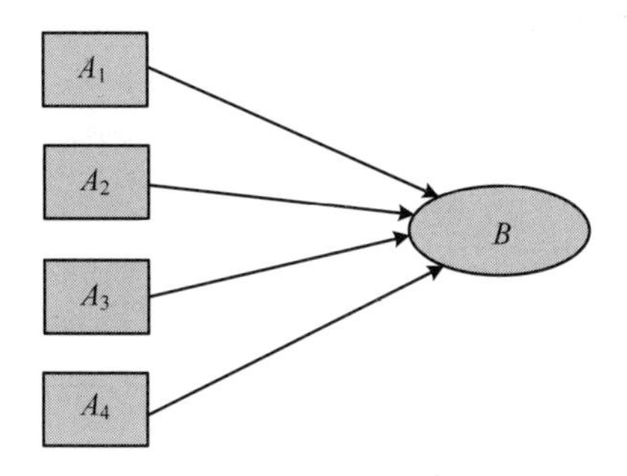


图 14-13　贝叶斯公式示意图

**定理 14-7**（贝叶斯公式）：设随机事件 $A_1,A_2,\cdots,A_n$ 是一个完备事件组，$B$ 是任意一个事件，且满足 $P(B)>0$，$P(A_k)>0\ \ (k=1,2,\cdots,n)$，则

$$P(A_k|B)=\frac{P(A_kB)}{P(B)}=\frac{P(A_k)P(B|A_k)}{\sum_{i=1}^{n}P(A_i)P(B|A_i)}。\quad (k=1,2,\cdots,n) \tag{14-21}$$

贝叶斯公式也称为“后验概率”，基本思想是“执果索因”，通过结果（事件 $B$）确定导致其发生的可能原因（$A_k$）的概率。贝叶斯公式在疾病诊断、安全监控、质量控制、人工智能等领域中发挥着重要作用。

**【例 14-18】** 有一种罕见的疾病，假定某一人群中患有这种疾病的概率为 0.001，医院推出某检验方法的准确率为 95%。小王去医院进行检测，检查结果为阳性，小王患这种疾病的概率为多少？如果医院推出新的检验方法，准确率提高到 99.99%，小王使用新方

法检测，结果为阳性，小王患这种疾病的概率是多少？

解：设 $A=\{$小王患这种癌症$\}$，$B=\{$小王去医院检查结果阳性$\}$，则 $P(A)=0.001$，由于检验方法的准确率为 95%，所以 $P(B|A)=95\%$。同理，由于检验方法的错误率为 5%，所以 $P(B|\overline{A})=0.05$，由此得到

$$\begin{aligned}P(A|B)&=\frac{P(AB)}{P(B)}\\&=\frac{P(A)P(B|A)}{P(A)P(B|A)+P(\overline{A})P(B|\overline{A})}\\&=\frac{0.001\times 95\%}{0.001\times 95\%+(1-0.001)\times 5\%}\\&=0.0187。\end{aligned}$$

所以在检验方法准确率为 95%的条件下，若小王检查结果为阳性，则小王实际患这种癌症的概率为 0.0187。

如果检验方法的准确率为 99.99%，则 $P(B|A)=99.99\%$，$P(B|\overline{A})=0.01\%$，所以

$$\begin{aligned}P(A|B)&=\frac{P(AB)}{P(B)}\\&=\frac{P(A)P(B|A)}{P(A)P(B|A)+P(\overline{A})P(B|\overline{A})}\\&=\frac{0.001\times 99.99\%}{0.001\times 99.99\%+(1-0.001)\times 0.01\%}\\&=0.9091。\end{aligned}$$

所以，在检验方法准确率为 99.99%的条件下，若小王检查结果为阳性，则小王实际患这种癌症的概率为 0.9091。

## 习题 14

1. 设 $A,B,C$ 为 3 个事件，试用 $A,B,C$ 表示下列各事件。

（1）只有 $A$ 发生；

（2）$A$ 和 $B$ 都发生而 $C$ 不发生；

（3）$A,B,C$ 至少有 1 个发生；

（4）不多于 2 个发生。

2. 某批产品共有 50 件，其中有 5 件次品，现从中抽取 3 件进行检验。利用计算机模拟，计算其中恰有 1 件次品的概率。

3. 袋中有 3 个红球，2 个白球。第一次取出一个球不放回，第二次再取一个球。求两次取出的都是红球的概率。

4. 抛掷两颗质地均匀的骰子，求“点数之和为 3”的概率。

5. 设 8 个灯泡中，有 3 个次品。现从中任取 4 个，求至少有 2 个次品的概率。

6. 甲、乙两人同时独立地向同一目标射击一次。已知他们各自击中目标的概率是 0.4、0.5。求目标被击中的概率。

7. 设 $A$、$B$ 为两个随机事件，$P(A+B)=0.8$，$P(A)=0.6$，$P(B)=0.3$。求 $P(AB)$，$P(B|A)$。

8. 某产品的次品率为 2%，且合格品中一等品率为 75%。如果任取一件产品，求取到的是一等品的概率。

9. 已知男士的色盲率是 0.5%，女士的色盲率是 0.25%。现在有 1000 个男士和 2000 个女士，从中任意检查一个人，求此人是色盲的概率。

10. 某产品由甲、乙两厂生产，甲厂生产 60%，乙厂生产 40%，甲厂的次品率为 10%，乙厂的次品率为 12%。现从这两家工厂生产出的一批产品中任取一件产品，求：

（1）这件产品是正品的概率；

（2）已知抽取的产品是正品，它是甲厂生产的概率。

# 第 15 章　随 机 变 量

**知识图谱：**

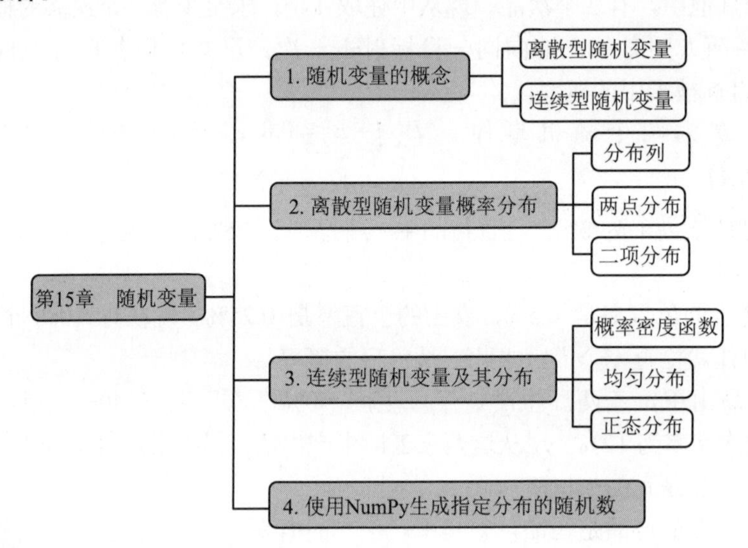


**学习目标：**

（1）掌握随机变量的概念，理解离散型随机变量和连续型随机变量的概念；

（2）理解概率分布的概念，掌握常用的离散型随机变量的分布；

（3）理解概率密度函数的概念，掌握常用的连续型随机变量的分布；

（4）掌握使用 NumPy 生成指定分布的随机数的方法。

第 14 章研究了随机事件及其概率，但是对于较复杂的问题，用随机事件表示就显得不是很方便，也难以表达出这些事件的概率规律性。本章引入“随机变量”，把随机事件及其概率的研究转化为对随机变量及其取值概率规律性（即分布）的讨论。

## 15.1　随机变量的概念

在随机试验中，试验结果可以用某些数值（数组）描述。例如，抛掷一枚质地均匀的骰子可能出现 1 点、2 点、3 点、……、6 点共 6 个结果，这些结果可以用 1~6 这 6 个数字描述。抛掷一枚质地均匀的硬币可能出现“正面向上”和“反面向上”2 个结果，可以分别用 1 和 0 表示。随机抽取一个灯泡检验使用寿命，如果灯泡的最大使用寿命为 2000h，那么灯泡的使用寿命可以用 0～2000 的数字描述。

在上面的三个例子中，随机试验的结果都可以用数字描述，在随机试验之前无法确定具体取哪个数字。在不同的试验中，具体取值的数字也可以是不同的。这些随机试验的结果可以用一个变量表示。

在随机试验中，如果试验结果可以用一个变量来表示，则称这个变量为**随机变量**。随机变量常用希腊字母 $\xi$ ，$\eta$ 或大写英文字母 $X$ ，$Y$ ，$Z$ 等表示。

在抛骰子试验中，可以用 $\xi=i$ 表示事件“出现 $i$ 点（$i=1,2,3,4,5,6$）”。虽然有的试验结果不是数量指标，但是也可以用随机变量表示。例如抛硬币试验中，用 $X=1$ 表示“正面向上”，用 $X=0$ 表示“反面向上”。

建立随机变量以后，可以把事件和概率的问题转化为随机变量的取值及其概率的问题，方便讨论随机现象的数量规律。

随机变量按照是否可以一一列出可以分为离散型随机变量和连续型随机变量两种。

**定义 15-1**　如果随机变量 $X$ 的所有取值是有限的或者虽然为无限但可以一一列出的，则称 $X$ 为**离散型随机变量**。抛骰子试验中随机变量 $\xi=1,2,3,4,5,6$，是离散型随机变量。

**定义 15-2**　如果随机变量 $X$ 的所有取值是某些区间内的所有点，则称 $X$ 为**连续型随机变量**。连续型随机变量的所有取值不能一一列出。在灯泡抽检试验中，一个灯泡的使用寿命 $X$ 的取值范围为 $[0,2000]$，是连续型随机变量。

## 15.2　离散型随机变量概率分布

### 15.2.1　分布列

为了研究离散型随机变量取值概率的规律性，这里引入“概率分布”的概念。

如果 5 个产品中有 3 个正品、2 个次品，随机抽取 3 个进行检验，令 $X$ 表示抽到次品的个数，则 $X$ 取值为 0、1、2，对应的概率分别为

$$P(X=0)=\frac{\mathrm{C}_3^3}{\mathrm{C}_5^3}=\frac{1}{10}=0.1,$$

$$P(X=1)=\frac{\mathrm{C}_2^1\mathrm{C}_3^2}{\mathrm{C}_5^3}=\frac{2\times3}{10}=0.6,$$

$$P(X=2)=\frac{\mathrm{C}_2^2\mathrm{C}_3^1}{\mathrm{C}_5^3}=\frac{3}{10}=0.3。$$

随机变量 $X$ 的取值及对应的概率可以用表格简洁地表示，如表 15-1 所示。

表 15-1　随机变量 $X$ 的取值及对应概率

| $X$ | 0 | 1 | 2 |
|---|---|---|---|
| $P$ | 0.1 | 0.6 | 0.3 |

表 15-1 指出了随机变量 $X$ 的取值的概率分布情况，称为**随机变量 $X$ 的概率分布**。

**定义 15-3**　设 $X$ 是离散型随机变量，如果 $X$ 的所有可能取值为 $x_1, x_2, \cdots, x_i, \cdots$，$X$ 取 $x_i$ 的概率为 $P(X = x_i) = p_i (i = 1,2,\cdots)$，则称

$$P(X = x_i) = p_i \quad (i = 1,2,\cdots) \tag{15-1}$$

为随机变量 $X$ 的**概率分布**，简称 $X$ 的**分布列**。$X$ 的概率分布通常也可以用表格表示，如表 15-2 所示。

表 15-2　随机变量概率分布的表格表示

| $X$ | $x_1$ | $x_2$ | … | $x_i$ | … |
|---|---|---|---|---|---|
| $P$ | $p_1$ | $p_2$ | … | $p_i$ | … |

根据概率的性质，任意一个离散型随机变量的概率分布具有以下性质。

**性质 15-1**　$p_i \geqslant 0, \quad i = 1,2,\cdots$。

**性质 15-2**　$p_1 + p_2 + \cdots = 1$。

**【例 15-1】** 袋子中有 3 个红球、5 个白球，从中任取 4 个，求抽到红球个数的分布列。

解：设 $X$ 表示抽到的红球个数，则 $X$ 的取值范围为 0、1、2、3。

$$P(X = 0) = \frac{C_3^0 C_5^4}{C_8^4} = \frac{1}{14},$$

$$P(X = 1) = \frac{C_3^1 C_5^3}{C_8^4} = \frac{3}{7},$$

$$P(X = 2) = \frac{C_3^2 C_5^2}{C_8^4} = \frac{3}{7},$$

$$P(X = 3) = \frac{C_3^3 C_5^1}{C_8^4} = \frac{1}{14}。$$

所以，所求的分布列如表 15-3 所示。

表 15-3　随机变量 $X$ 的分布列

| $X$ | 0 | 1 | 2 | 3 |
|---|---|---|---|---|
| $p$ | $\frac{1}{14}$ | $\frac{3}{7}$ | $\frac{3}{7}$ | $\frac{1}{14}$ |

常见离散型随机变量的概率分布有两点分布和二项分布。

## 15.2.2　两点分布

**定义 15-4**　如果随机变量 $X$ 的概率分布如表 15-4 所示。

表 15-4　随机变量 $X$ 的分布

| $X$ | 0 | 1 |
|---|---|---|
| $P$ | $q$ | $p$ |

其中，$0<p<1$，$q=1-p$，则称 $X$ 服从**两点分布**，该分布又称 **0-1 分布**。

两点分布通常用来描述只有两个结果的随机试验。例如，在抛硬币试验中，1 表示"正面向上"，0 表示"反面向上"。在打靶试验中 1 表示"打中标靶"，0 表示"没有打中标靶"。在抽样调查中 1 表示男性，0 表示女性。

## 15.2.3　二项分布

假设某人打靶，每次命中目标的概率为 $0.7$，那么连续 5 次打靶中，恰好有 3 次命中目标的概率是多少呢？在这个试验中，每次命中目标的概率都是一样的，连续 5 次打靶中恰有 3 次命中目标有 $\mathrm{C}_5^3=10$ 种情况，每种情况都是 3 次命中 2 次没有命中，则每种情况发生的概率为 $0.7^3(1-0.7)^2$，得到所求的概率为 $\mathrm{C}_5^3\times0.7^3\times(1-0.7)^{5-3}=0.3087$。推广到一般情况，如果每次试验只有两个结果：$A$ 发生与 $A$ 不发生，且每次试验 $A$ 发生的概率均为 $p$，则在 $n$ 次重复试验中，事件 $A$ 恰好发生 $k$ 次的概率为 $\mathrm{C}_n^k p^k(1-p)^{n-k}$ $(k=0,1,2,\cdots,n)$。这一概率分布称为"二项分布"。

**定义 15-5**　如果随机变量 $X$ 的概率分布为

$$P(X=k)=\mathrm{C}_n^k p^k(1-p)^{n-k},\quad k=0,1,2,\cdots,n \tag{15-2}$$

则称随机变量 $X$ 服从参数为 $n,p$ 的**二项分布**，记为 $X\sim B(n,p)$。

**【例 15-2】** 某射手每次击中目标的概率为 0.7，连续射击 5 次，求至少有 3 次击中目标的概率。

解：设 5 次射击中有 $X$ 次击中目标，则 $X$ 服从二项分布 $B(5,0.7)$。5 次射击中至少 3 次击中目标的概率为

$$\begin{aligned}P(X\geqslant3)&=P(X=3)+P(X=4)+P(X=5)\\&=\mathrm{C}_5^3\times0.7^3\times(1-0.7)^{5-3}+\mathrm{C}_5^4\times0.7^4\times(1-0.7)^{5-4}+\mathrm{C}_5^5\times0.7^5\times(1-0.7)^{5-5}\\&=0.836\,92。\end{aligned}$$

# 15.3　连续型随机变量及其分布

连续型随机变量的取值充满整个区间，不能将取值一一列出，所以不能像离散型随机变量那样用“分布列”表示。对于连续型随机变量，讨论其取值在某个点处的概率意义不大，实践中通常需要求连续型随机变量在某个区间$[a,b]$的概率，这一概率可以借鉴物理学中“密度”的概念，使用“概率密度函数”进行描述。

## 15.3.1　概率密度函数

**定义 15-6**　对于连续型随机变量 $X$，如果存在非负可积函数$f(x), x\in\mathbf{R}$，使得对于任意实数$a<b$有

$$P(a<X\leqslant b)=\int_a^b f(x)\,\mathrm{d}x, \tag{15-3}$$

则称 $X$ 为**连续型随机变量**，称$f(x)$为连续型随机变量 $X$ 的**概率密度函数**，简称**密度函数**，记为$X\sim f(x)$。

根据以上定义及概率的性质，概率密度函数满足以下性质。

**性质 15-3**　$f(x)\geqslant 0$。

**性质 15-4**　$\int_{-\infty}^{+\infty} f(x)\,\mathrm{d}x=1$。

由以上定义还可以得到：

（1）$P(x=a)=\int_a^a f(x)\,\mathrm{d}x=0$；　（15-4）

（2）$P(a<X\leqslant b)=P(a\leqslant X<b)=P(a\leqslant X\leqslant b)$。　（15-5）

**定义 15-7**　设连续型随机变量 $X$ 的概率密度函数为$f(x)$，则称

$$F(x)=P(X\leqslant x)=\int_{-\infty}^{x} f(t)\,\mathrm{d}t \tag{15-6}$$

为连续型随机变量 $X$ 的**分布函数**。

根据定积分的定义和性质有

（1）$P(a<X\leqslant b)=\int_a^b f(x)\,\mathrm{d}x=F(b)-F(a)$；　（15-7）

（2）$F'(x)=f(x)$。　（15-8）

即概率密度函数是分布函数的导数，例如图 15-1 和图 15-2 所示。

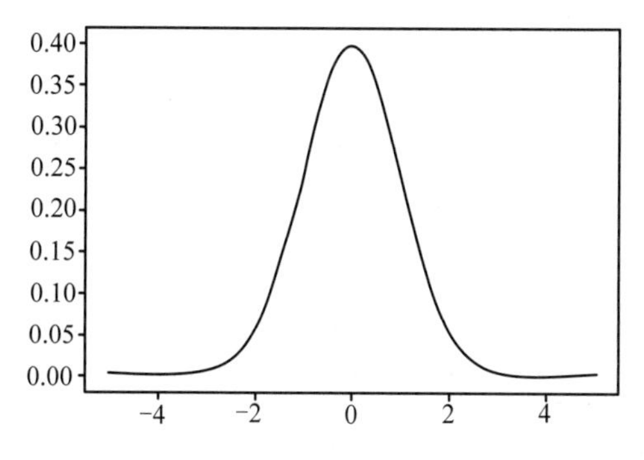


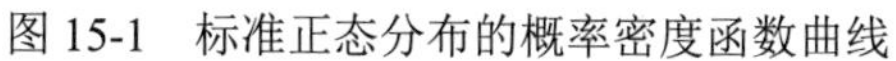
图 15-1　标准正态分布的概率密度函数曲线

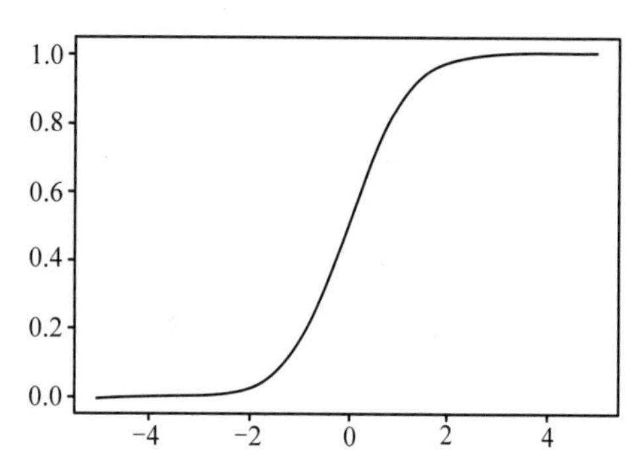


图 15-2　标准正态分布的分布函数曲线

## 15.3.2　均匀分布

如果连续型随机变量 $X$ 的概率密度函数为

$$f(x)=\begin{cases}\dfrac{1}{b-a}, & a\leqslant x\leqslant b,\\ 0, & \text{其他},\end{cases} \tag{15-9}$$

则称 $X$ 服从 $[a,b]$ 上的**均匀分布**，记为 $X\sim U(a,b)$。

此时，对于任意满足 $a\leqslant c<d\leqslant b$ 的 $c,d$，有

$$P(c\leqslant X\leqslant d)=\int_c^d f(x)\mathrm{d}x=\frac{d-c}{b-a}, \tag{15-10}$$

即在区间 $[c,d]$ 上，$X$ 的概率取决于这个区间的长度，而与这个区间的位置无关。

## 15.3.3　正态分布

在自然界与生产中，一些现象受到许多相互独立的随机因素的影响，当每个因素所产生的影响都很微小时，总的影响可被看作是服从正态分布的。男女身高、寿命，测量误差等，都服从正态分布，如图 15-3 所示。

如果连续型随机变量 $X$ 的概率密度函数为

$$f(x)=\frac{1}{\sigma\sqrt{2\pi}}\mathrm{e}^{-\frac{(x-\mu)^2}{2\sigma^2}}\quad(-\infty<x<\infty)。 \tag{15-11}$$

其中，$\mu$ 和 $\sigma$ 是两个常数，且 $\mu\in\boldsymbol{R}$，$\sigma>0$。则称 $X$ 服从以 $\mu$ 和 $\sigma$ 为参数的**正态分布**，记作 $X\sim N(\mu,\sigma^2)$。

正态分布的概率密度曲线如图 15-4 所示，当 $\mu$ 和 $\sigma$ 变化时，该曲线的变化规律如图 15-5 所示。

图 15-3　高尔顿钉板试验[1]

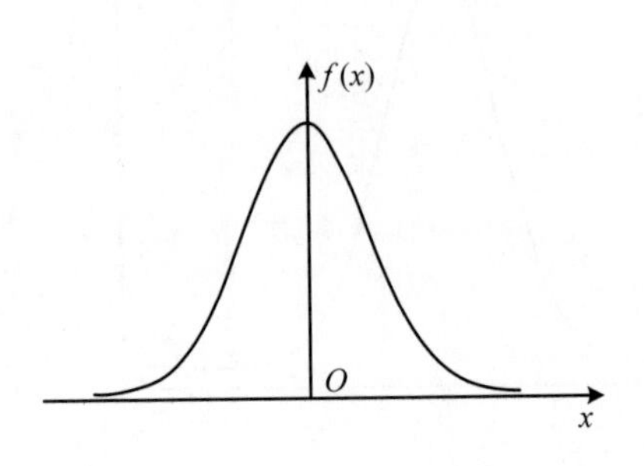


图 15-4　正态分布的概率密度曲线

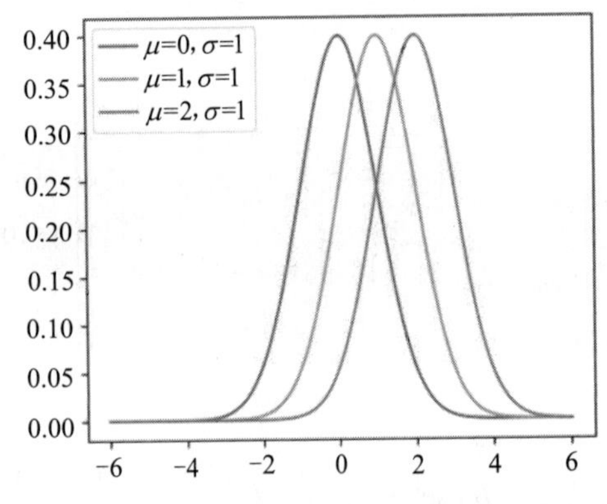


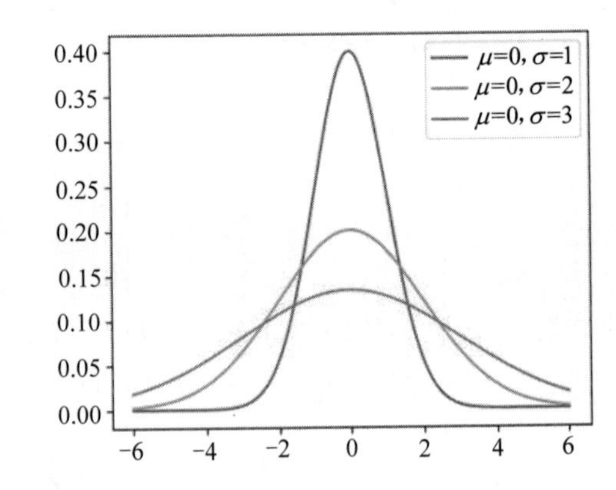


图 15-5　$\mu$ 和 $\sigma$ 对正态分布的概率密度函数曲线的影响

正态分布密度函数 $f(x)$ 的图像，具有以下特点。

（1）曲线位于 $x$ 轴上方，呈钟形，中间高，两边低；

（2）曲线关于直线 $x=\mu$ 对称，且当 $x=\mu$ 时，函数 $f(x)$ 具有最大值 $\dfrac{1}{\sigma\sqrt{2\pi}}$；

（3）参数 $\mu$ 确定了对称轴的位置为 $x=\mu$；参数 $\sigma$ 确定了图形的形状。当 $\mu$ 固定时，$\sigma$ 越大，密度函数 $f(x)$ 的图像越扁平、开口越大。

当 $\mu=0$，$\sigma=1$ 时，概率密度函数为

$$f(x)=\frac{1}{\sqrt{2\pi}}\mathrm{e}^{-\frac{x^2}{2}}\quad -\infty<x<\infty。\tag{15-12}$$

此时称 $X$ 服从**标准正态分布**，记为 $X\sim N(0,1)$。

① http://baijiahao.baidu.com/s?id=1686065718556301471&wfr=spider&for=pc

标准正态分布的概率密度函数关于 $y$ 轴对称。其分布函数为

$$\Phi(x)=P(X\leqslant x)=\int_{-\infty}^{x}\varphi(x)\,\mathrm{d}x=\int_{-\infty}^{x}\frac{1}{\sqrt{2\pi}}\mathrm{e}^{-\frac{1}{2}t^2}\,\mathrm{d}t\text{。}\tag{15-13}$$

由于正态分布的概率密度函数复杂，不容易用解析式计算积分。这里常将正态分布的概率问题转化为标准正态分布的概率问题，再用标准正态分布的分布函数表示，最后通过查表得到结果。

如果连续型随机变量 $X$ 服从标准正态分布 $N(0,1)$，且 $a<b$，则有

$$\begin{aligned}P(a<X<b)&=\int_{a}^{b}\frac{1}{\sqrt{2\pi}}\mathrm{e}^{-\frac{1}{2}t^2}\mathrm{d}t\\&=\int_{-\infty}^{b}\frac{1}{\sqrt{2\pi}}\mathrm{e}^{-\frac{1}{2}t^2}\mathrm{d}t-\int_{-\infty}^{a}\frac{1}{\sqrt{2\pi}}\mathrm{e}^{-\frac{1}{2}t^2}\mathrm{d}t\\&=\Phi(b)-\Phi(a)\text{。}\end{aligned}$$

查询附录的正态分布表可获取 $\Phi(a)$，$\Phi(b)$ 的值，即可得到 $P(a<X<b)$。例如，当随机变量 $X$ 服从标准正态分布 $N(0,1)$ 时，$P(1<X<2)=\Phi(2)-\Phi(1)=0.9772-0.8413=0.1359$。

而当 $a>0$ 时，由于标准正态分布下概率密度函数是关于 $x$ 轴对称的，因此有 $P(X<-a)=1-P(X<a)$ 即 $\Phi(-a)=1-\Phi(a)$，其中 $a>0$。

**【例 15-3】** 已知随机变量 $X\sim N(0,1)$，求 $P(X<2)$，$P(X<-3)$，$P(-3<X<3)$。

解：$P(X<2)=\Phi(2)=0.9772$，

$P(X<-3)=\Phi(-3)=1-\Phi(3)=1-0.9987=0.0013$，

$P(-3<X<3)=\Phi(3)-\Phi(-3)=\Phi(3)-(1-\Phi(3))=2\Phi(3)-1=0.9946$，

如果连续型随机变量 $X$ 服从一般正态分布 $N(\mu,\sigma^2)$，且 $a<b$，那么概率

$$P(a<X<b)=\int_{a}^{b}\frac{1}{\sigma\sqrt{2\pi}}\mathrm{e}^{-\frac{(t-\mu)^2}{2\sigma^2}}\mathrm{d}t\tag{15-14}$$

通过变量代换可以转化为标准正态分布的概率求解。令 $\frac{X-\mu}{\sigma}=Z$，有 $Z\sim N(0,1)$。

综上所述，正态分布有以下性质。

**性质 15-5**　如果 $X\sim N(\mu,\sigma^2)$，则 $Z=\frac{X-\mu}{\sigma}\sim N(0,1)$。　　(15-15)

**性质 15-6**　标准正态分布的分布函数 $\Phi(x)$，满足 $\Phi(-x)=1-\Phi(x)$。　　(15-16)

**【例 15-4】** 设随机变量 $X \sim N\left(3,4^2\right)$，求 $P\left(X<7\right)$，$P\left(-11<X<11\right)$。

解：$P\left(X<7\right)=P\left(\dfrac{X-3}{4}<\dfrac{7-3}{4}\right)=P\left(Z<1\right)=\Phi\left(1\right)=0.8413$。

$$\begin{aligned}P\left(-11<X<11\right)&=P\left(\frac{-11-3}{4}<\frac{X-3}{4}<\frac{11-3}{4}\right)\\&=P\left(-3.5<Z<2\right)\\&=\Phi\left(2\right)-\Phi\left(-3.5\right)\\&=\Phi\left(2\right)-\left[1-\Phi\left(3.5\right)\right]\\&=0.9772-\left(1-0.99953\right)\\&=0.97673。\end{aligned}$$

**3$\sigma$ 法则**又称“经验法则”或“68-95-99.7 原则”，是正态分布的一个重要应用，常用于生产管理、工程实践中的异常值检测等。如果随机变量 $X$ 服从标准正态分布 $N\left(\mu,\sigma^2\right)$，则

$$P\left(\mu-\sigma \leqslant X \leqslant \mu+\sigma\right)=0.682689,$$
$$P\left(\mu-2\sigma \leqslant X \leqslant \mu+2\sigma\right)=0.954500,$$
$$P\left(\mu-3\sigma \leqslant X \leqslant \mu+3\sigma\right)=0.997300,$$

即在正态分布中 $X$ 的取值在 $\left[\mu-3\sigma,\ \mu+3\sigma\right]$ 范围内的概率为 99.73%，而 $x$ 的取值超出这个范围的概率只有 0.27%，如图 15-6 所示。通常 $x$ 的取值在一次试验中不会超出 3$\sigma$ 的范围，一旦超出就认为质量发生了异常，在质量检验和过程控制中就运用了这一思想。除了 3$\sigma$ 法则，在质量检验中还经常使用 6$\sigma$ 法则，6$\sigma$ 的质量水准就运意味着产品合格率达到 99.9999998%，即 $P\left(\mu-6\sigma \leqslant X \leqslant \mu+6\sigma\right)=0.999999998$。

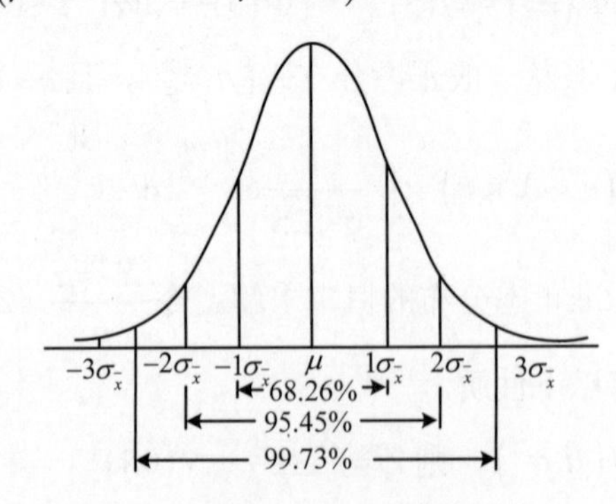


图 15-6　3$\sigma$ 法则

## 15.4 使用 NumPy 生成指定分布的随机数

SciPy 的 stats 模块提供了一些常用分布的概率计算函数。以正态分布为例，常用的函数有 pdf，cdf，ppf 等，如表 15-5 所示。

表 15-5 SciPy.stats.norm 模块中常用函数

| 函　　数 | 功　　能 |
| --- | --- |
| scipy.stats.norm.cdf() | 累积分布函数，用于求概率 $P(X<a)$ |
| scipy.stats.norm.ppf() | 分位点函数，用于求 $P(X<a)$的 $a$ 值 |
| scipy.stats.norm.pdf() | 概率密度函数 |

使用 cdf()函数可以求概率值，而 ppf()函数可以求某个概率对应的分位点。

**【例 15-5】** 使用 python 进行概率问题计算。（代码：ch15 随机变量\15.4 使用 NumPy 生成指定分布的随机数\例 15-5）

```
1. import scipy.stats as st
2.
3. # 求标准正态分布在 0 处的概率值
4. a = st.norm.cdf(0)
5. print('X~N(0,1),P(X<0)=',a)
6. # 求均值为 1，方差为 3 的正态分布在 0 处的概率
7. b = st.norm.cdf(0,loc=1,scale=3)
8. print('X~N(1,3),P(X<0)=',b)
9. # 求标准正态分布下满足 P(x<a)=p 的 a 值
10.
11. x = st.norm.ppf(0.975)
12. print('X~N(0,1),P(X<a)=0.975,则 a=',x)
13. # 求均值为 1，方差为 2 的正态分布下，满足 P(x<a)=p 的 a 值
14. y = st.norm.ppf(0.5,loc=1, scale=2)
15. print('X~N(1,2),P(X<a)=0.975,则 a=',y)
16.
17. # 均值为 2，标准差为 1 的正态分布在 0 处的累计分布概率值
18. z = st.norm.cdf(0, loc=2, scale=1)
19. print(z)
```

运行结果：

```
X~N(0,1),P(X<0)= 0.5
X~N(1,3),P(X<0)= 0.36944134018176367
X~N(0,1),P(X<a)=0.975,则 a= 1.959963984540054
X~N(1,2),P(X<a)=0.975,则 a= 1.0
0.022750131948179195
```

使用 scipy.stats.norm.pdf()函数可以计算某点处的概率密度函数值，进而可以绘制正态分布的概率密度函数曲线。

**【例 15-6】** 绘制正态分布的概率密度函数曲线。（代码：ch15 随机变量\15.4 使用 NumPy 生成指定分布的随机数\例 15-6）

```
1. import numpy as np
2. import scipy.stats as st
3. import matplotlib.pyplot as plt
4.
5. # 画正态分布概率密度函数曲线
6. x = np.linspace(-5,5,100)
7. y1 = st.norm.pdf(x,0,1)  # 均值为 0，方差为 1 的正态分布下，x 对应的概率密度函数值
8. y2 = st.norm.pdf(x,1,1)
9. y3 = st.norm.pdf(x,2,1)
10. plt.figure()
11. plt.plot(x,y1,label='mu=0,sig=1')
12. plt.plot(x,y2,label='mu=1,sig=1')
13. plt.plot(x,y3,label='mu=2,sig=1')
14. plt.legend()
15. plt.show()
16.
17. z1 = st.norm.pdf(x,0,1)
18. z2 = st.norm.pdf(x,0,2)
19. z3 = st.norm.pdf(x,0,3)
20. plt.figure()
21. plt.plot(x,z1,label='mu=0,sig=1')
22. plt.plot(x,z2,label='mu=0,sig=2')
23. plt.plot(x,z3,label='mu=0,sig=3')
24. plt.legend()
25. plt.show()
```

运行结果：

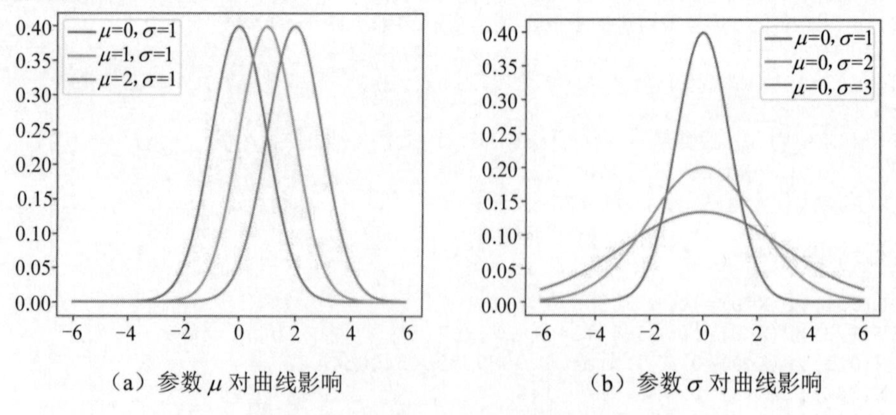


（a）参数 $\mu$ 对曲线影响　　（b）参数 $\sigma$ 对曲线影响

图 15-7　正态分布的概率密度函数曲线

# 习题 15

1. 某批产品共有 15 件，其中有次品 2 件。现从中任取 3 件，求抽得次品数 $X$ 的分布列。

2. 已知随机变量 $X \sim N\left(3,2^2\right)$，求概率 $P\left(X<5\right), P\left(X>7\right), P\left(-3<X\leqslant 5\right)$（已知 $\Phi\left(1\right)=0.8413, \Phi\left(2\right)=0.9772, \Phi\left(3\right)=0.9987$）。

3. 设随机变量 $X \sim N\left(108,3^2\right)$，

（1）求 $P\left(101.1<X<117.6\right)$；

（2）求常数 $a$，使得 $P\left(X<a\right)=0.9$。

4. 某类钢丝的抗拉强度服从 $\mu$=100，$\sigma$=5 的正态分布，求该类钢丝抗拉强度在 90～100 MPa 的概率。

# 第 16 章　随机变量的数字特征

**知识图谱：**

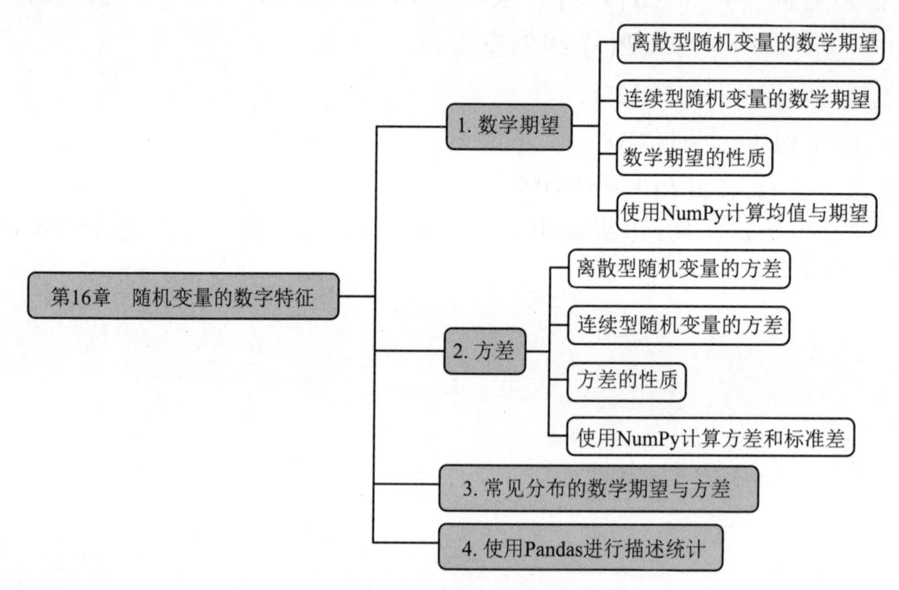


**学习目标：**

（1）理解期望的概念，掌握期望的性质；

（2）掌握常用离散型随机变量和连续型随机变量的期望；

（3）理解方差的概念，掌握方差的性质；

（4）掌握常用离散型随机变量和连续型随机变量的方差；

（5）掌握常见分布的数学期望和方差；

（6）熟练使用 NumPy 求解数据的数学期望和方差。

通过随机变量的概率分布，可以把握随机变量的分布规律。同时，引入分布函数后，可以利用导数、积分等高等数学中的方法对随机试验的结果进行深入研究。然而，确定一个随机变量的概率分布往往比较困难，有些场合也并不需要了解随机变量概率分布的全貌，只需要关心某个特征就可以，这类特征通常是用数字来表达的。

人们把描述随机变量特征的数字称为**随机变量的数字特征**。本章主要讨论随机变量的两个重要的数字特征——期望和方差。

## 16.1　数学期望

数学期望描述了一个随机变量取值的集中位置，也就是随机变量的概率加权平均值，是随机变量在大量重复试验基础上体现出来的规律性。

### 16.1.1　离散型随机变量的数学期望

这里通过下面的例子来了解期望的概念。

一个盒子中有 5 个球，其中 3 个白球、2 个黑球。从中任取 2 个球，求平均每次能取到几个白球。

首先通过实验确定。每次从盒子中任取 5 个球，重复进行 10 次实验，记录结果如表 16-1 所示。

表 16-1　盒中摸球实验结果

| 白球个数 | 0 | 1 | 2 |
| --- | --- | --- | --- |
| 对应次数 | 2 | 6 | 2 |

则平均每次能取到的白球个数$=\dfrac{2\times0+6\times1+2\times2}{10}=\dfrac{2}{10}\times0+\dfrac{6}{10}\times1+\dfrac{2}{10}\times2=1$。恰好是每种情况下频率乘以白球个数的和。由于实验次数少，随机性大，对应次数的波动较大。为了减少波动，提高准确性，可以增加实验次数。

如果进行 100 次重复实验，记录结果如表 16-2 所示。

表 16-2　100 次重复实验结果

| 白球个数 | 0 | 1 | 2 |
| --- | --- | --- | --- |
| 对应次数 | 11 | 58 | 33 |

则平均每次能取到的白球个数$=\dfrac{11\times0+58\times1+33\times2}{100}=\dfrac{11}{100}\times0+\dfrac{58}{100}\times1+\dfrac{33}{100}\times2=1.24$。依然是每种情况下频率乘以白球个数的和。

如果实验次数继续增加呢？回忆概率的统计定义，当实验次数趋于无穷大时，频率会无限趋于一个稳定的常数——概率。则计算取到 0 个、1 个和 2 个白球的概率如表 16-3 所示。

表 16-3　$n(n\to\infty)$次重复实验概率

| 白球个数 | 0 | 1 | 2 |
|---|---|---|---|
| 对应概率 | 0.1 | 0.6 | 0.3 |

将之前计算公式中的频率用对应概率替换，得到平均每次能取到白球的个数= $0.1\times 0+0.6\times 1+0.3\times 2=1.2$ 。推广到一般形式可得到离散型随机变量的数学期望的定义。

**定义 16-1**　如果离散型随机变量 $X$ 的概率分布如表 16-4 所示。

表 16-4　随机变量 $X$ 的分布列

| $X$ | $x_1$ | $x_2$ | … | $x_i$ | … |
|---|---|---|---|---|---|
| $P$ | $p_1$ | $p_2$ | … | $p_i$ | … |

则称 $\sum_{i=1}^{\infty} x_i p_i = x_1 p_1 + x_2 p_2 + \cdots + x_i p_i + \cdots$ 为离散型随机变量 $X$ 的**数学期望**，简称**期望**，记为 $E(X)$，即

$$E(X)=\sum_{i=1}^{\infty} x_i p_i = x_1 p_1 + x_2 p_2 + \cdots + x_i p_i + \cdots 。\tag{16-1}$$

离散型随机变量 $X$ 的数学期望 $E(X)$是以概率为权的加权平均，其结果表达了随机变量取值的集中位置或平均水平，故数学期望也称为“均值”。离散型随机变量的数学期望由它的分布列唯一确定。

**【例 16-1】** 某射手射击 10 次，射中的环数如表 16-5 所示。

表 16-5　射击结果记录

| 射中环数 | 8 | 9 | 10 |
|---|---|---|---|
| 击中次数 | 3 | 1 | 6 |

求该射手射击的平均击中环数。

解：设 $X$ 为该射手射击击中的环数，则 $X$ 的分布列如表 16-6 所示。

表 16-6　射击环数分布列

| $X$ | 8 | 9 | 10 |
|---|---|---|---|
| $P$ | 0.3 | 0.1 | 0.6 |

$E(X)=8\times 0.3+9\times 0.1+10\times 0.6=9.3$（环）。

所以该射手射击平均击中 9.3 环。

由上面例子看到，随机变量 $X$ 的期望 $E(X)$在形式上是 $X$ 的所有可能值的加权平均，权重是相应的概率，实质上体现了 $X$ 取值的真正平均。

**【例 16-2】** 设有某种产品投放市场，每件产品投放可能发生三种情况：按定价销售出去、打折销售出去、销售不出而回收。根据市场分析，这三种情况发生的概率分别为 0.6、0.3、0.1。在这三种情况下每件产品的利润分别为 10 元、0 元和−15 元（亏损 15 元）。厂家对每件产品可期望获利多少？

解：设 $X$ 表示一件产品的利润，则 $X$ 是随机变量且分布列如表 16-7 所示。

表 16-7　$X$ 的分布列

| $X$ | 10 | 0 | −15 |
| --- | --- | --- | --- |
| $P$ | 0.6 | 0.3 | 0.1 |

所以 $E(X)=10\times0.6+0\times0.3+(-15)\times0.1=4.5$（元）。

即厂家对每件产品可期望获利 4.5 元。

## 16.1.2　连续型随机变量的数学期望

类似离散型随机变量的数学期望，利用定积分的定义可以得到连续型随机变量的数学期望。

**定义16-2**　如果连续型随机变量 $X$ 的概率密度函数为 $f(x)$，若积分 $\int_{-\infty}^{+\infty}xf(x)\,\mathrm{d}x$ 绝对收敛，则称 $\int_{-\infty}^{+\infty}xf(x)\,\mathrm{d}x$ 为 $X$ 的**数学期望**，记为 $E(X)$。即

$$E(X)=\int_{-\infty}^{+\infty}xf(x)\,\mathrm{d}x \tag{16-2}$$

**【例 16-3】** 设连续型随机变量 $X$ 的概率密度函数为 $f(x)=\begin{cases}2(1-x), & 0\leqslant x\leqslant1\\ 0, & 其他\end{cases}$，求 $E(X)$。

解：
$$\begin{aligned}E(X)&=\int_{-\infty}^{+\infty}xf(x)\,\mathrm{d}x\\&=\int_0^1x\cdot2(1-x)\,\mathrm{d}x\\&=\left(x^2-\frac{2}{3}x^3\right)\Big|_0^1\\&=\frac{1}{3}。\end{aligned}$$

## 16.1.3　数学期望的性质

根据数学期望的定义，可以推导得到数学期望的性质。

**性质 16-1**　$E(C)=C$　（$C$为常数）。（16-3）

**性质 16-2**　$E(kX)=k(E(X))$　（$k$为常数）。（16-4）

**性质 16-3**　$E(X+Y)=E(X)+E(Y)$。（16-5）

**性质 16-4**　如果$X$和$Y$相互独立，则$E(XY)=E(X)\cdot E(Y)$。（16-6）

**【例 16-4】** 设随机变量$X$和$Y$相互独立，且$E(X)=10$，$E(Y)=2$，求$E(3X+2XY-Y+5)$。

解：

$$
\begin{aligned}
&E(3X+2XY-Y+5)\\
&=E(3X)+E(2XY)-E(Y)+E(5)\\
&=3E(X)+2E(X)\cdot E(Y)-E(Y)+5\\
&=3\times10+2\times10\times2-2+5\\
&=73。
\end{aligned}
$$

### 16.1.4 使用 NumPy 计算均值与期望

Numpy 中的 mean()方法用于求数据的均值，而期望没有对应函数，需要按照公式编写程序求解。

**【例 16-5】** 使用 NumPy 求期望。（代码：ch16 随机变量的数字特征\16.1 数学期望\例 16-5）

```
1. import numpy as np
2.
3. a = np.array([1,2,3,4,5])
4. print('向量 a 的均值=',np.mean(a))
5. x = np.array([2,3,5,1])
6. p = np.array([0.3, 0.2, 0.4, 0.1])
7. print('X 的期望=',np.sum(x*p)/np.sum(p))
```

运行结果：

```
向量 a 的均值= 3.0
X 的期望= 3.3000000000000003
```

mean()函数也可以通过 axis 参数对指定行或者列求均值。axis=0 表示对列求均值，axis=1 表示对行求均值。

**【例 16-6】** 使用 NumPy 求指定行和指定列的均值

```
1. import numpy as np
2.
3. b = np.arange(0,6).reshape(2,3)
```

```
4. print('每列的均值=',np.mean(b, axis=0))
5. print('每行的均值=',np.mean(b, axis=1))
```

运行结果：

```
每列的平均值= [1.5  2.5  3.5]
每行的平均值= [1. 4.]
```

## 16.2 方　差

随机变量 $X$ 的数学期望描述了随机变量 $X$ 取值的平均水平。但即使两个随机变量的数学期望相同，它们取值的分布也可能存在很大差异。例如，随机变量 $X$ 和 $Y$ 的概率分布如表 16-8 和表 16-9 所示。

表 16-8　随机变量 X 的分布列

| $X$ | 80 | 100 | 120 |
|---|---|---|---|
| $P$ | 0.2 | 0.6 | 0.2 |

表 16-9　随机变量 Y 的分布列

| $Y$ | 90 | 100 | 110 |
|---|---|---|---|
| $P$ | 0.1 | 0.8 | 0.1 |

虽然随机变量 $X$ 和 $Y$ 的数学期望相同：$E(X)=E(Y)=100$，但是数据分布情况是不一样的。$X$ 的取值分布比较分散，而 $Y$ 的取值分布比较集中，如图 16-1 所示。在此使用“方差”描述数据的分散状况，方差揭示了随机变量取值偏离期望的程度。

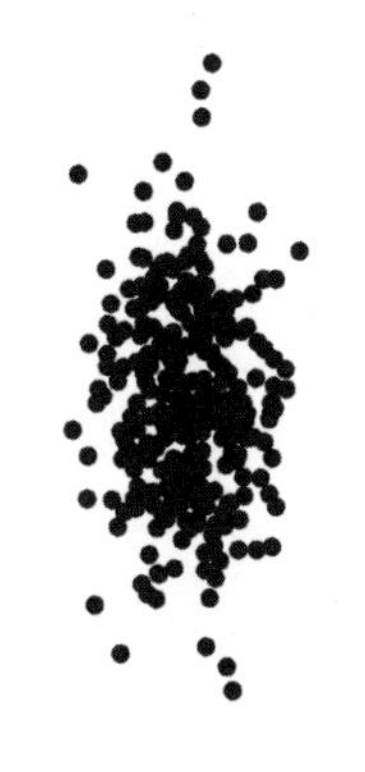

（a）随机变量 $X$ 的分布　　（b）随机变量 $Y$ 的分布

图 16-1　随机变量 $X$ 和 $Y$ 的分布情况

### 16.2.1 离散型随机变量的方差

**定义 16-3** 假设离散型随机变量 $X$ 的概率分布为 $P(X=x_i)=p_i\ (i=1,2,\cdots,n)$，如果 $E[X-E(X)]^2$ 存在，则称它为 $X$ 的**方差**，记为 $D(X)$。即

$$D(X)=E\left\{[X-E(X)]^2\right\}=\sum_{i=1}^{n}[x_i-E(X)]^2 p_i\ 。\tag{16-7}$$

注意，$[x_i-E(X)]^2\geqslant 0, p_i\geqslant 0$，所以方差 $D(X)\geqslant 0$。将式 16-7 展开化简，得到方差的等价公式：

$$D(X)=E(X^2)-[E(X)]^2\ 。\tag{16-8}$$

除了方差外，还经常使用随机变量 $X$ 的方差的算术平方根 $\sqrt{D(X)}$，称为随机变量 $X$ 的**标准差**或**均方差**，记为

$$\sigma(X)=\sqrt{D(X)}\ 。\tag{16-9}$$

**【例 16-6】** 设随机变量 $X$ 的分布列如表 16-10 所示。

**表 16-10 随机变量 $X$ 的分布列**

| $X$ | −1 | 0 | 1 | 2 |
|---|---|---|---|---|
| $P$ | 0.1 | 0.3 | 0.4 | 0.2 |

求 $E(X)$，$D(X)$，$\sigma(X)$。

解：$E(X)=(-1)\times 0.1+0\times 0.3+1\times 0.4+2\times 0.2=0.7$。

$$\begin{aligned}D(X)&=\sum_{i=1}^{4}[x_i-E(X)]^2 p_i\\&=(-1-0.7)^2\times 0.1+(0-0.7)^2\times 0.3+(1-0.7)^2\times 0.4+(2-0.7)^2\times 0.2\\&=1.7^2\times 0.1+0.7^2\times 0.3+0.3^2\times 0.4+1.3^2\times 0.2\\&=0.81,\end{aligned}$$

$\sigma(X)=\sqrt{D(X)}=\sqrt{0.81}=0.9$。

### 16.2.2 连续型随机变量的方差

类似地，利用定积分的定义，将离散型随机变量方差的概念拓展，得到连续型随机变量方差的定义。

**定义 16-4** 如果连续型随机变量 $X$ 的概率密度函数为 $f(x)$，定义 $X$ 的方差为

$$D(X)=\int_{-\infty}^{+\infty}[x-E(X)]^2 f(x)\,\mathrm{d}x\,, \tag{16-10}$$

并将$\sigma(X)=\sqrt{D(X)}$称为连续型随机变量 $X$ 的**标准差**或**均方差**。

与离散型随机变量的方差一样，连续型随机变量的方差也满足 $D(X)=E(X^2)-[E(X)]^2$。

**【例 16-7】** 设连续型随机变量 $X$ 的概率密度函数为

$$f(x)=\begin{cases}\dfrac{1}{b-a}, & a\leqslant x\leqslant b,\\ 0, & \text{其他。}\end{cases}$$

求 $X$ 的方差和标准差。

解：$E(X)=\int_{-\infty}^{+\infty}xf(x)\mathrm{d}x=\int_a^b x\dfrac{1}{b-a}\mathrm{d}x=\dfrac{1}{2(b-a)}x^2\Big|_a^b=\dfrac{b^2-a^2}{2(b-a)}=\dfrac{a+b}{2}$，

$$E(X)^2=\int_a^b x^2 f(x)\mathrm{d}x=\int_a^b x^2\frac{1}{b-a}\mathrm{d}x=\frac{x^3}{3(b-a)}\Big|_a^b=\frac{a^2+ab+b^2}{3}\,,$$

所以方差 $D(X)=E(X)^2-[E(X)]^2=\dfrac{a^2+ab+b^2}{3}-\left(\dfrac{a+b}{2}\right)^2=\dfrac{(b-a)^2}{12}$。

标准差　$\sigma(X)=\sqrt{D(X)}=\dfrac{\sqrt{3}}{6}(b-a)$。

### 16.2.3　方差的性质

随机变量的方差具有以下性质。

**性质 16-5**　$D(C)=0$　($C$为常数)。　(16-11)

**性质 16-6**　$D(kX)=k^2D(X)$　($k$为常数)。　(16-12)

性质 16-5 和性质 16-6 也可以合并为$D(kX+C)=k^2D(X)$。　(16-13)

**性质 16-7**　如果两个随机变量 $X,Y$ 相互独立，则$D(X+Y)=D(X)+D(Y)$。　(16-14)

**【例 16-8】** 一个家庭影院投影机系统的安装过程分为拆箱、组装和微调 3 个步骤，3 个步骤所需时间相互独立。某技术人员平均总安装时间为 5.6 小时，标准差为 0.866 小时，拆箱时间的平均值和标准偏差分别为 1.5 小时和 0.2 小时，组装时间的平均值和标准偏差分别为 2.8 小时和 0.85 小时，微调时间的平均值和标准差分别为多少？

解：设拆箱、组装和微调的时间分别为$X_1$，$X_2$，$X_3$，总的安装时间为 $T$，则

$E(X_1)=1.5$，$D(X_1)=0.2$，$E(X_2)=2.8$，$D(X_2)=0.85$，$E(T)=5.6$，$D(T)=0.866$。

因为$T = X_1 + X_2 + X_3$，所以$E(T) = E(X_1 + X_2 + X_3) = E(X_1) + E(X_2) + E(X_3)$，$E(X_3) = E(T) - E(X_1) - E(X_2) = 5.6 - 1.5 - 2.8 = 1.3$。

因为$D(T) = D(X_1 + X_2 + X_3) = D(X_1) + D(X_2) + D(X_3)$，所以$D(X_3) = D(T) - D(X_1) - D(X_2) = 0.886^2 - 0.2^2 - 0.85^2 = 0.022496$。

所以$\sigma(X_3) = \sqrt{D(X_3)} = \sqrt{0.022496} = 0.1499867$。

**【例 16-9】** 一个品牌的浴缸配有刻度盘，用于设定水温。选择"婴儿安全"模式并填充水桶后，水的温度 $X$ 遵循正态分布，平均值为 34°C，标准偏差为 2°C。将随机变量 $Y$ 定义为以华氏度为单位的水温$\left(F = \frac{9}{5}C + 32\right)$。求$Y$的平均值和标准差。

解：因为$E(X) = 34$，$D(X) = 2^2 = 4$，所以$E(Y) = E\left(\frac{9}{5}X + 32\right) = \frac{9}{5}E(X) + 32 = 93.2$，

$D(Y) = D\left(\frac{9}{5}X + 32\right) = \left(\frac{9}{5}\right)^2 D(X) = \frac{81}{25} \times 4$，$\sigma(Y) = \sqrt{D(Y)} = \sqrt{\frac{81}{25} \times 4} = \frac{9}{5} \times 2 = 3.6$。

### 16.2.4　使用 NumPy 计算方差和标准差

NumPy 中 var()和 std()两个函数可分别计算方差和标准差，均可通过设置参数 axis=0 或 1 指定按照列或者行求方差和标准差。

**【例 16-10】** 使用 NumPy 求方差和标准差。（代码：ch16 随机变量的数字特征\16.2 方差\例 16-11）

```
1. import numpy as np
2.
3. a = np.arange(12).reshape(3,4)
4. print('矩阵 a 的方差=',np.var(a))
5. print('每列的方差=',np.var(a, axis=0))
6. print('每行的方差=',np.var(a, axis=1))
7.
8. print('矩阵 a 的标准差=',np.std(a))
9. print('每列的标准差=',np.std(a, axis=0))
```

运行结果：

```
矩阵 a 的方差= 11.916666666666666
每列的方差= [10.66666667 10.66666667 10.66666667 10.66666667]
每行的方差= [1.25 1.25 1.25]
矩阵 a 的标准差= 3.452052529534663
每列的标准差= [3.26598632 3.26598632 3.26598632 3.26598632]
```

## 16.3　常见分布的数学期望与方差

以下给出两点分布、二项分布、均匀分布和正态分布的数学期望和方差，如表 16-11 所示。

表 16-11　常见分布的数学期望和方差

| 分布名称 | 分布列或密度函数 | 期　望 | 方　差 |
|---|---|---|---|
| 两点分布 | $P(X=k)=\begin{cases}p & k=1\\ q=1-p & k=0\end{cases}$ | $p$ | $pq$ |
| 二项分布 $X\sim B(n,p)$ | $P(X=k)=\mathrm{C}_n^k p^k(1-p)^{n-k}$ $(k=0,1,2,\cdots,n)$ | $np$ | $npq$ |
| 均匀分布 $X\sim U(a,b)$ | $f(x)=\begin{cases}\dfrac{1}{b-a} & ，a\leqslant x\leqslant b\\ 0 & ，其他\end{cases}$ | $\dfrac{a+b}{2}$ | $\dfrac{(b-a)^2}{12}$ |
| 正态分布 $X\sim N(\mu,\sigma^2)$ | $f(x)=\dfrac{1}{\sigma\sqrt{2\pi}}\mathrm{e}^{-\frac{(x-\mu)^2}{2\sigma^2}}$ | $\mu$ | $\sigma^2$ |

**【例 16-11】** 生物学家估计，小麋鹿存活到成年的机会为 44%。如果此估计正确，假设研究人员随机选择 7 只小麋鹿进行监视。令 $X$ =存活到成年的个体数。求 $P(X=4)$，$E(X)$，$D(X)$。

解：设小麋鹿存活到成年的概率为 $p$，则 $p=0.44$。7 只小麋鹿中有 $X$ 只存活到成年，$X$ 服从二项分布 $x\sim B(7,0.44)$。$P(X=4)=\mathrm{C}_7^4\times0.44^4\times(1-0.44)^{7-4}=0.2304$，$E(X)=np=7\times0.44=3.08$，$D(X)=np(1-p)=7\times0.44\times(1-0.44)=1.7428$。

**【例 16-12】** 设 $X$ 为 0 到 1 之间的一个均匀分布的随机数，求 $P(X>0.4)$，$E(X)$，$D(X)$。

解：$P(X>0.4)=\dfrac{1-0.4}{1-0}=0.6$，$E(X)=\dfrac{1-0}{2}=\dfrac{1}{2}$，$D(X)=\dfrac{(1-0)^2}{12}=\dfrac{1}{12}$。

## 16.4　使用 Pandas 进行描述统计

Pandas 提供了丰富的函数，可以对数据进行各类描述统计分析。其中，df.describe()用于生成描述性统计信息。描述性统计信息包括总结数据集分布的集中趋势、离散趋势和形状（不包括 NaN 值）的统计信息。使用 describe()函数能快速、方便地了解数据的基本统计信息。

**【例 16-13】** 出租房屋的价格与房屋面积、楼层、卧室数量、周边地铁站点数量等因素有关。打开“house.csv”文件(GBK 编码)，对“卧室数量”“地铁站点”“房屋面积”“楼层”和“距离”等数据进行描述统计。（代码：ch16 随机变量的数字特征\16.4 使用 Pandas 进行描述统计\例 16-14）

```
1. import pandas as pd
2.
3. df = pd.read_csv('houses.csv',header=0,encoding='gbk')
4. print(df[['卧室数量','地铁站点','房屋面积','楼层','距离']].describe())
```

运行结果：

```
          数量           地铁站点        房屋面积          楼层            距离
Count  196539.000000  91778.000000  196539.000000  196539.000000  91778.000000
Mean       2.236635      5.749373     131.388498       0.955449     55.120240
Std        0.896961      3.519141      81.035133       0.851511     24.726809
min        0.000000      0.100000       0.000000       0.000000      0.166667
25%        2.000000      2.300000      92.684542       0.000000     35.666667
50%        2.000000      5.900000     129.096326       1.000000     55.416667
75%        3.000000      8.700000     148.957299       2.000000     74.583333
Max       11.000000     11.900000   10000.000000       2.000000    100.000000
```

Pandas 也提供了 max()、min()、mean()等函数用于分析数据的集中趋势、离散趋势等，如表 16-12 所示。

表 16-12　Pandas 中的常用数据分析函数

| 函　数 | 说　明 |
|---|---|
| df.count() | 统计列中非 NaN 的数量 |
| df.max() | 计算最大值 |
| df.min() | 计算最小值 |
| df.mean() | 计算均值 |
| df.median() | 计算中位数 |
| df.std() | 计算标准差 |
| df.var() | 计算方差 |
| df.quantile() | 计算分位数 |

**【例 16-14】** 打开“house.csv”文件(GBK 编码)，(1) 计算“房屋面积”的最大值、最小值、方差和标准差；(2) 计算“卧室数量”的均值和中位数；(3) 计算“小区房屋出租数量”的四分位数，并绘制箱线图，如图 16-2 所示。（代码：ch16 随机变量的数字特征\16.4 使用 Pandas 进行描述统计\例 16-15）

```
1. import pandas as pd
2. import matplotlib.pyplot as plt
3. from pylab import *    # 解决绘图中文显示问题
4. mpl.rcParams['font.sans-serif'] = ['SimHei']
5.
6. df = pd.read_csv("houses.csv",header=0,encoding='gbk')
7. # (1)计算“房屋面积”的最大值、最小值、方差和标准差;
8. print("房屋面积 最大值=",df['房屋面积'].max())
9. print("房屋面积 最小值=",df['房屋面积'].min())
10. print("房屋面积 方差=",df['房屋面积'].var())
11. print("房屋面积 标准差=",df['房屋面积'].std())
12. # (2)计算“卧室数量”的均值和中位数;
13. Print("卧室数量均值=", df['卧室数量'].mean())
14. print("卧室数量 中位数=",df['卧室数量'].median())
15. # (3) 计算“房屋面积”的四分位数，并绘制箱线图。
16. print(df['小区房屋出租数量'].quantile([.25, .5, .75]))
17. df['小区房屋出租数量'].plot.box(title='小区房屋出租数量箱线图')
18. plt.show()
```

运行结果：

```
房屋面积　最大值=10000.0
房屋面积　最小值=0.0
房屋面积　方差=6566.692771527782
房屋面积　标准差=81.03513294570314
卧室数量　均值=2.236634968123375
卧室数量　中位数=2.0
0.25                    39.06250
0.50                    82.03125
0.75                    160.15625
Name: 小区房屋出租数量，dtype: float64
```

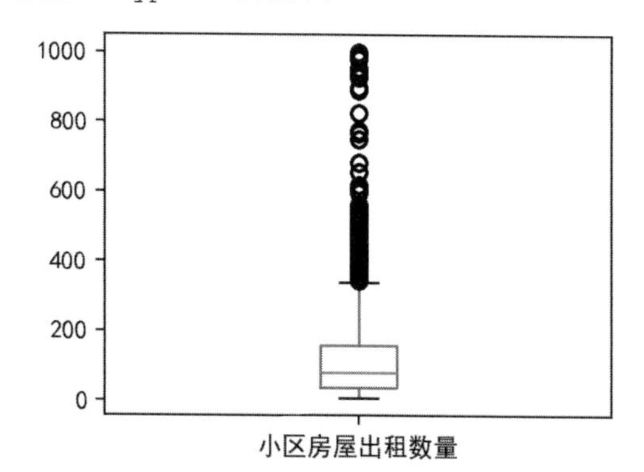


图 16-2　小区房屋出租数量的箱线图

# 习题 16

1. 设随机变量 $X$ 的分布列如表 16-13 所示。

表 16-13　随机变量 $X$ 的分布列

| $X$ | $-1$ | 0 | 1 | 2 |
|---|---|---|---|---|
| $P$ | 0.1 | 0.3 | 0.4 | 0.2 |

求 $E(X)$，$E(2X-1)$，$D(X)$，$D(2X-1)$.

2. 袋中有 5 个乒乓球，编号为 1、2、3、4、5，从中任取 3 个球，以 $X$ 表示取出的 3 个球中的最大编号，求 $E(X)$ 和 $D(X)$。

3. 汽车需通过设有 4 盏红绿信号灯的道路才能到达目的地。设汽车在每盏红绿灯前通过（即遇到绿灯）的概率都是 0.6，停止前进（即遇到红灯）的概率都是 0.4。

（1）求汽车停车次数的概率分布；

（2）求停车次数不超过 2 次的概率；

（3）求平均停车次数。

4. 设随机变量 $X \sim B(n,p)$，如果已知 $E(X)=3.2$，$D(X)=0.64$。求参数 $n,p$。

5. 随机变量 $X$ 服从 $[0,2]$ 区间上的均匀分布，求 $E(X),D(X)$。

6. 已知随机变量 $X \sim N(-1,3^2)$，求 $E(3X^2+5)$。

# 第 17 章　相关分析与回归分析

**知识图谱：**

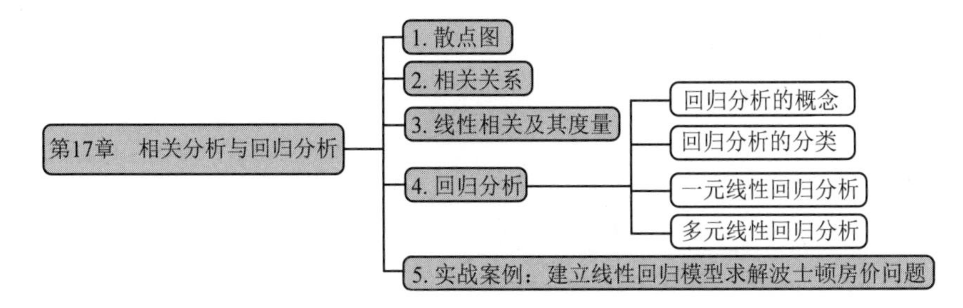


**学习目标：**

（1）掌握使用散点图展示数据关系的方法；

（2）掌握数据的相关关系的概念；

（3）掌握数据的线性相关的度量方法；

（4）掌握回归分析的方法。

## 17.1　散　点　图

在代数中，事物之间的关系使用函数表示，这是一种确定性的数量对应关系。例如，一支笔卖 3 元，则买 $x$ 支笔需要付款金额为 $y=3x$。付款金额 $y$（单位：元）完全由购买笔的数量 $x$（单位：支）确定。

常用“散点图”（scatter plot）绘制两个有联系的变量关系图。在上面的例子中，付款金额 $y$ 和购买笔的数量 $x$ 用散点图表示，这些点都分布在一条直线上，如图 17-1 所示。

除了这种确定性的函数关系外，还有些变量之间有一定关系，但不是确定性的。例如，增加广告费投入可能会提高利润，但是利润不止受广告费投入影响，还受季节、原材料价格等因素影响，随着广告费投入的增加，利润有时上升有时却下降。将广告费投入和利润之间的关系用散点图表示，图中的点散落在一条直线附近，如图 17-2 所示。

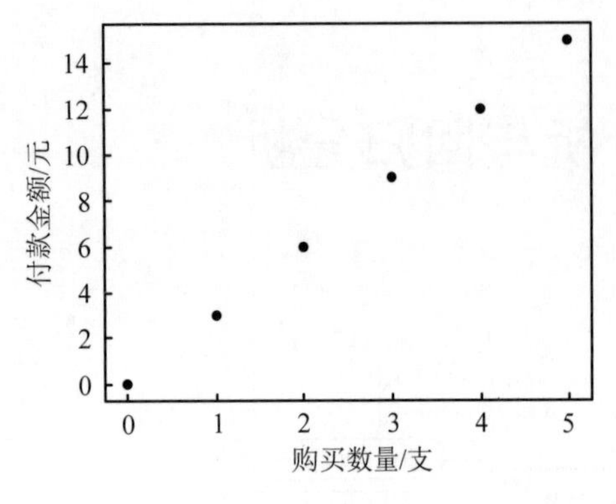


图 17-1　购买数量与付款金额的关系

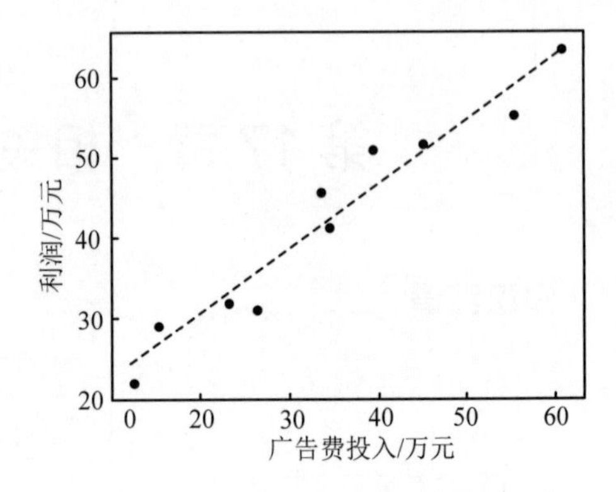


图 17-2　广告费投入与利润的关系

## 17.2　相关关系

类似广告费投入和利润之间的关系称为“相关关系”。相关关系是指客观现象之间确实存在的，但数量上不是严格对应的依存关系。在相关关系下，当给定变量 $x$ 一个确定的值 $x_0$ 时，另一个变量 $y$ 可能有多个值与 $x_0$ 对应。例如，国内外研究发现，脚长和身高具有相关关系。成年人的身高大约等于 13 岁时的脚长乘以 7。但身高还受很多因素的影响，与 13 岁时的脚长并不是严格的一一对应关系。又如，同一辆汽车，速度越快，制动距离越长。但是受路面摩擦力、气象条件、轮胎磨损差异等因素的影响，即使同一速度下，制动距离也往往是不同的。

按照相关因素的多少，相关关系分为单相关和复相关两种。

（1）单相关也称一元相关，是指两个变量之间的相关关系。

（2）复相关也称多元相关，是指三个或三个以上变量的相关关系。在不做特殊说明的情况下，本书讨论的相关关系均为单相关。

按照相关的方向，相关关系分为正相关和负相关两种。

（1）正相关是指当变量 $x$ 增加或减少时，另一个变量 $y$ 也增加或者减少。例如，当个人所支配收入增加时，居民的消费水平也会增加。

（2）负相关是指当变量 $x$ 增加或减少时，另一个变量 $y$ 却减少或者增加。

按照相关的形式，相关关系分为线性相关和非线性相关两种。

（1）线性相关是指变量之间的关系在图形上呈直线的形式。在数量上，无论变量 $x$ 在哪一点处，当变量 $x$ 发生改变且变化量为 $\Delta x$ 时，变量 $y$ 的改变量都近似为 $\Delta y$ 。例如，在前面的广告费和利润的例子中，广告费 $x$ 和利润 $y$ 的关系可以用直线 $y=0.815x+14.02$ 近似表达，当广告费 $x$ 增加 1 万元时，利润 $y$ 增加 0.815 万元。

（2）非线性相关是指一个变量变动时，另一个变量也随之发生改变，但变动不是均等的。在图形上表示为一条曲线。例如，汽车车速与制动距离的关系就是一个非线性相关关系，如图 17-3 所示。

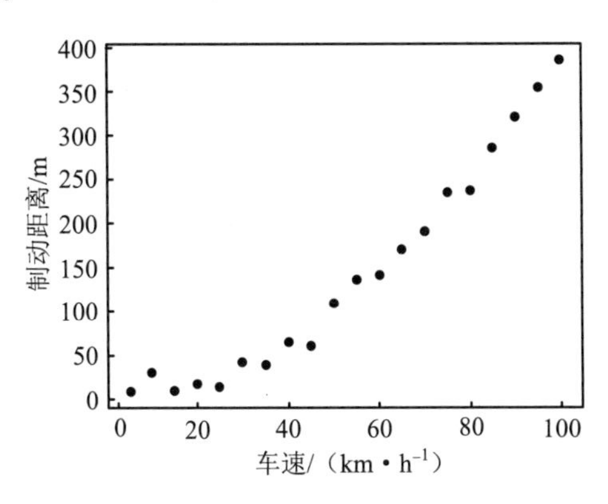


图 17-3　汽车车速与制动距离的关系

## 17.3　线性相关及其度量

非线性相关关系的形式较多，可能是指数、多项式、对数等形式，相关关系测定复杂。而线性相关关系的形式简单，为了精确度量变量之间的相关关系，著名统计学家卡尔 · 皮尔逊设计了相关系数，称为**皮尔逊相关系数**，用于反映变量之间线性相关关系的密切程度。皮尔逊相关系数用 $r$ 表示，定义为

$$r = \frac{E(x-\overline{x})(y-\overline{y})}{\sqrt{\sum(x-\overline{x})^2 \cdot \sum(y-\overline{y})^2}} \text{。} \tag{17-1}$$

皮尔逊相关系数的值 $r$ 满足 $-1 \leqslant r \leqslant 1$，且有如下性质。

（1） $r>0$ 表示两变量正相关； $r<0$ 表示两变量负相关。

（2） $r=\pm1$ 表示两个变量为完全线性关系，即函数关系。

（3） $r=0$ 表示两个变量之间没有线性相关关系。

两变量之间的线性相关关系体现在散点图中的特征如图 17-4～图 17-11 所示。

相关系数 $r$ 的取值代表了两变量之间相关关系的强弱，如图 17-12 所示。

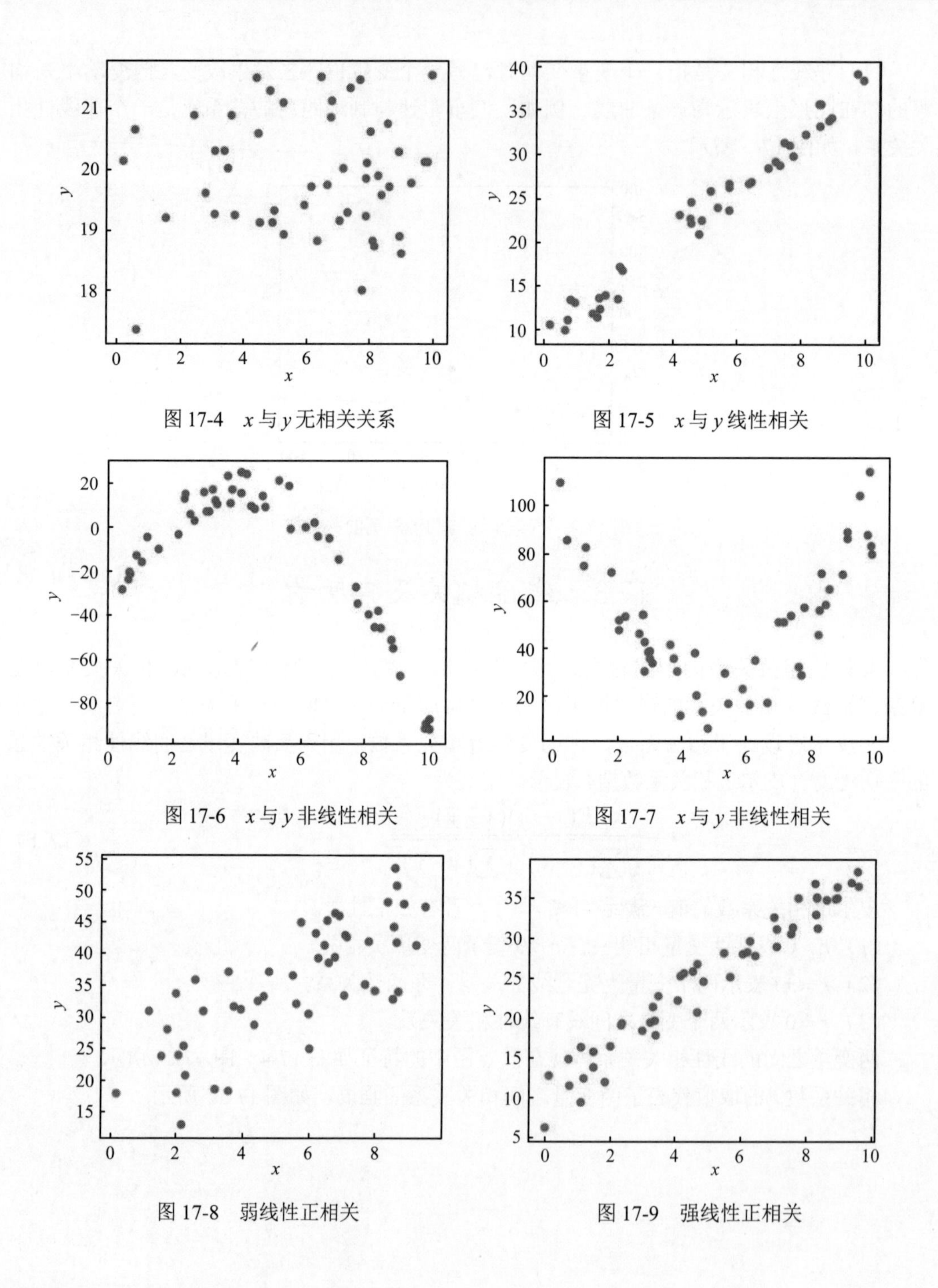


图 17-4　*x* 与 *y* 无相关关系

图 17-5　*x* 与 *y* 线性相关

图 17-6　*x* 与 *y* 非线性相关

图 17-7　*x* 与 *y* 非线性相关

图 17-8　弱线性正相关

图 17-9　强线性正相关

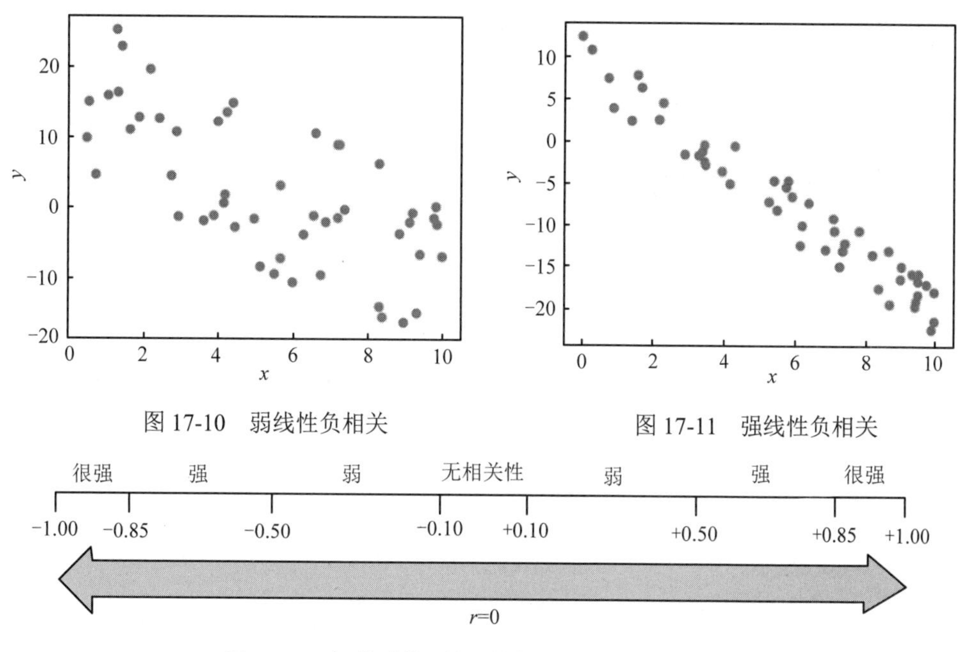


图 17-10　弱线性负相关

图 17-11　强线性负相关

图 17-12　相关系数 $r$ 的取值代表了相关关系的强弱

# 17.4　回归分析

## 17.4.1　回归分析的概念

通过相关分析可以判定变量之间有没有相关关系，相关性是强还是弱。但变量之间相关关系的具体形式依然无法用数学模型表示，也就无法在一个（一些）变量发生改变时，对另一个（一些）变量的取值进行预测分析。

“回归分析”是指对具有相关关系的两个变量或者多个变量之间的数量关系进行测定，使用数学模型（方程）表达变量之间的对应关系。对应的数学模型（方程）称为“回归模型”或“回归方程”。利用回归模型可以根据自变量的取值预测因变量的取值。回归分析是机器学习的重要内容，已成功应用于波士顿房价预测、乳腺癌检测、鸢尾花分类等问题。

## 17.4.2　回归分析的分类

按照自变量个数的不同，回归分析分为一元回归分析和多元回归分析。其中，一元回归分析只有一个自变量，而多元回归分析有两个或者两个以上的自变量。

按照回归曲线形式的不同，回归分析分为线性回归分析和非线性回归分析。线性回归分析中，回归方程可以用一条空间直线 $y = a_0 + a_1x_1 + a_2x_2 + \cdots + a_nx_n$ 表示，是等速变化的。而非线性回归分析中，回归方程是非线性形式的，如指数、对数、多项式等。

### 17.4.3　一元线性回归分析

给定数据集 $X=\{x_1,x_2,\cdots,x_n\}$ 和 $Y=\{y_1,y_2,\cdots,y_n\}$，一元回归分析的任务是根据数据集建立自变量 $X$ 和因变量 $Y$ 之间的回归模型（图 17-13）：

$$Y = a + bX \text{，} \tag{17-2}$$

使得 $x_i\left(i=1,2,\cdots,n\right)$ 使用该模型得到的预测值 $\hat{y}_i\left(i=1,2,\cdots,n\right)$ 与真实值 $\{y_1,y_2,\cdots,y_n\}$ 之间的整体误差最小，即令损失函数

$$J = \sum_{i=1}^{n}\left(y_i - \hat{y}_i\right)^2 \tag{17-3}$$

最小化。

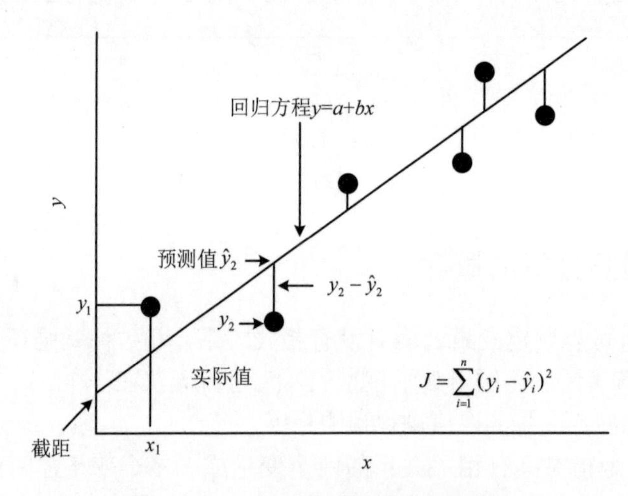


图 17-13　一元线性回归模型示意图

在图 17-13 中，$a,b$ 是两个待定参数，$a$ 称为截距(intercept)，$b$ 称为回归系数(coefficient)，也就是数学中直线的截距；$J$ 称为损失函数(lost function)。所以，一元回归分析也就是要寻找合适的参数 $a,b$，使得损失函数最小。如何确定参数 $a,b$ 呢？

将回归模型代入损失函数 $J$，得到

$$J = \sum_{i=1}^{n}\left(y_i - a - bx_i\right)^2 \text{。} \tag{17-4}$$

使用导数中求函数极值的方法，将 $J$ 分别对 $a$ 和 $b$ 求偏导数，有

$$\begin{cases}\dfrac{\partial J}{\partial a} & =\sum\limits_{i=1}^{n}2\left(y_i-a-bx_i\right)(-1) & =-2\left(\sum\limits_{i=1}^{n}y_i-na-b\sum\limits_{i=1}^{n}x_i\right)=-2n\left(\overline{y}-a-b\overline{x}\right),\\ \dfrac{\partial J}{\partial b} & =\sum\limits_{i=1}^{n}2\left(y_i-a-bx_i\right)\left(-x_i\right) & =-2\left(\sum\limits_{i=1}^{n}y_ix_i-a\sum\limits_{i=1}^{n}x_i-b\sum\limits_{i=1}^{n}x_i^2\right)=-2n\left(\overline{xy}-a\overline{x}-b\overline{x^2}\right)。\end{cases}$$

令偏导数为零，有

$$\begin{cases}\overline{y}-a-b\overline{x}=0,\\ \overline{xy}-a\overline{x}-b\overline{x^2}=0。\end{cases}$$

解得

$$\begin{cases}a=\overline{y}-b\overline{x},\\ b=\dfrac{\overline{xy}-\overline{x}\,\overline{y}}{\overline{x^2}-\left(\overline{x}\right)^2}。\end{cases}$$

整理后写成如下形式：

$$\begin{cases}a=\overline{y}-b\overline{x},\\ b=\dfrac{\sum\limits_{i=1}^{n}\left(x_i-\overline{x}\right)\left(y_i-\overline{y}\right)}{\sum\limits_{i=1}^{n}\left(x_i-\overline{x}\right)^2}。\end{cases} \tag{17-5}$$

下面举例说明一元回归分析的步骤。

**【例 17-1】** 表 17-1 所示为 2002—2012 年某地区生产总值与机场运输总周转量，根据表中内容进行一元回归分析，并预测如果该地区的生产总值达到 20 000 亿元，对应的机场运输总周转量为多少万吨。

表 17-1　2002—2012 年某地区生产总值与机场运输总周转量对比

| 年份 | *X* | *Y* |
|---|---|---|
| | 生产总值/亿元 | 机场运输总周转量/万吨 |
| 2002 | 3130 | 266.602 |
| 2003 | 3611.9 | 248.403 |
| 2004 | 4283.3 | 328.493 |
| 2005 | 6814.5 | 385.737 |
| 2006 | 7720.3 | 485.794 |
| 2007 | 9006.2 | 543.709 |
| 2008 | 10488 | 556.307 |
| 2009 | 11865.9 | 637.879 |

续表

| 年份 | $X$ | $Y$ |
|---|---|---|
| | 生产总值/亿元 | 机场运输总周转量/万吨 |
| 2010 | 13777.9 | 709.758 |
| 2011 | 16000.4 | 754.082 |
| 2012 | 17801 | 794.457 |

（代码：ch17 相关分析与回归分析\17.4 回归分析\例 17-1）

解：第一步，确定自变量与应变量，并确定两者的相关关系。根据题目内容及求解目标，以该地区生产总值为自变量 $X$，该地区机场运输总周转量为因变量 $Y$，然后绘制散点图并计算相关系数，如图 17-14 所示。

```
1. import numpy as np
2. import matplotlib.pyplot as plt
3. from sklearn.linear_model import LinearRegression
4. import matplotlib as mpl
5. mpl.rcParams['font.sans-serif'] = ['KaiTi']
6. mpl.rcParams['axes.unicode_minus'] = False
7.
8.
9. # 输入数据
10. data = np.array([[3130, 3611.9, 4283.3, 6814.5, 7720.3, 9006.2, 10488,
   11865.9, 13777.9, 16000.4, 17801],
11.  [266.602, 248.403, 328.493, 385.737, 485.794, 543.709, 556.307,
     637.879, 709.758, 754.082, 794.457]])
12. x = data[0,:].reshape(-1,1)
13. y = data[1,:].reshape(-1,1)
14.
15.
16.
17. # 绘制散点图
18. plt.figure(figsize=(5,4))
19. plt.scatter(x,y)
20. plt.xlabel('生产总值/亿元')
21. plt.ylabel('机场运输总周转量/万吨')
22. plt.show()
23.
24. # 计算相关系数
25. print("相关系数为：",np.corrcoef(data))
```

运行结果：

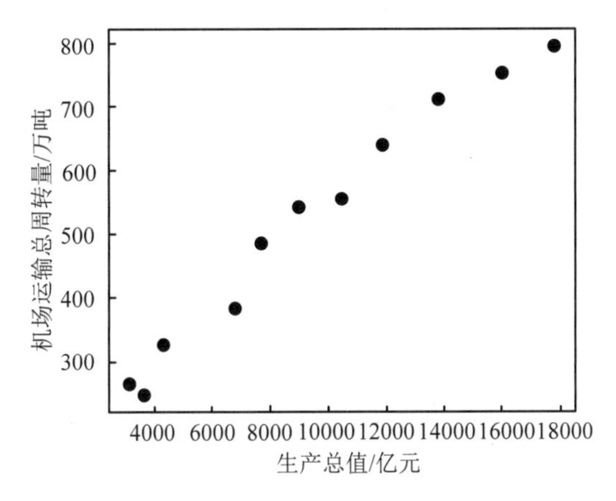


图 17-14　2002—2012 年某地区生产总值与机场运输总周转量

```
1.000000  0.986929
  0.986929  1.000000
```

该步骤得到两者的相关系数为 0.986926，属于高度显著线性相关，且是正相关。

第二步，建立并训练模型，调用 sklearn.linear_model：

```
1. # 进行回归分析
2. linearreg=LinearRegression()                     # 调用线性回归模型
3. linearreg.fit(x,y)                               # 训练模型，确定参数
4. print('截距 a=',linearreg.intercept_)            # 输出截距 a 的值
5. print('回归系数 b=',linearreg.coef_)             # 输出回归系数 b 的值
6. print('决定系数 R^2=',linearreg.score(x,y))      # 输出决定系数 R^2
7.
8. # 绘制回归直线
9. plt.figure()
10. plt.scatter(x,y)
11. y_pred = linearreg.predict(x)
12. plt.plot(x,y_pred,'r')
13. plt.xlabel('生产总值/亿元')
14. plt.ylabel('机场运输总周转量/万吨')
15. plt.show()
```

运行结果：

```
截距 a= [155.07769768]
回归系数 b= [[0.03832908]]
决定系数 R^2= 0.9740282318452571
```

第二步中的决定系数 $R^2$ 就是相关系数 $r$ 的二次方，用于评价回归分析的效果，如图 17-15 所示。

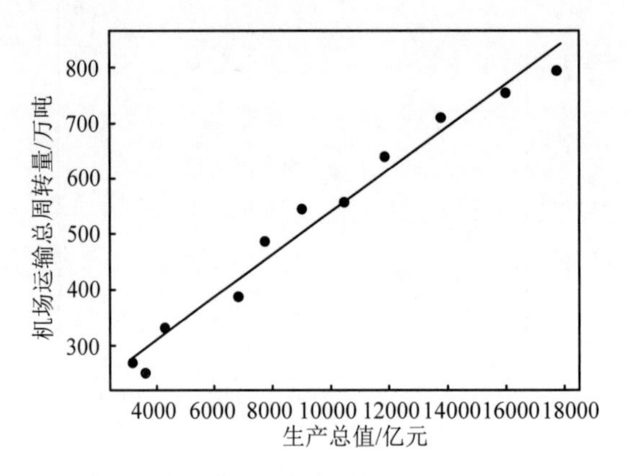


图 17-15　回归效果

第三步，使用训练好的模型进行预测。

```
1. # 使用训练好的模型进行预测
2. print('当生产总值=20000 时，该地区的机场运输总周转量为%f 万吨'%linearreg.predict([[20000]]))
```

运行结果：

当生产总值=20000 时，该地区的机场运输总周转量为 921.659386 万吨

### 17.4.4　多元线性回归分析

多元线性回归分析的基本方法与一元线性回归分析类似，主要在参数的求解方法上有所不同。

**1. 数据集**

多元线性回归分析有多个自变量（特征），使用 $x=\left(x_1,x_2,\cdots,x_n\right)$ 表示其所包含的 $n$ 个自变量（特征），$y$ 表示因变量。包含 $m$ 组数据的数据集记为 $\left(x^k,y^k\right)\left(k=1,2,\cdots,m\right)$，每个数据 $x^k$ 包含 $n$ 个分量 $\left(x_1^k,x_2^k,\cdots,x_n^k\right)$。

**2. 回归方程**

多元线性回归分析的回归方程表示为

$$y = a_0 + a_1 x_1 + a_2 x_2 + \cdots + a_n x_n \text{。} \tag{17-6}$$

其中，$a_0, a_1, a_2, \cdots, a_n$ 是回归方程的参数，$a_0$ 是回归方程的截距，$a_1, a_2, \cdots, a_n$ 是回归方程的系数。

### 3. 损失函数

多元线性回归分析的损失函数为

$$J = \frac{1}{2m} \sum_{k=1}^{m} \left( y^k - \hat{y}^k \right)^2 \text{。} \tag{17-7}$$

其中，$\hat{y}^k$ 是自变量取值为$\left( x_1^k, x_2^k, \cdots, x_n^k \right)$时根据回归方程的预测值，$y^k$ 是对应的实际取值。

## 17.5　实战案例：建立线性回归模型求解波士顿房价问题

波士顿房价问题是 scikit-learn 自带的数据集，是一个典型的多元线性回归问题。数据集可以通过网址 https://www.cs.toronto.edu/~delve/data/boston/bostonDetail.html 下载。

该数据集包含 506 个样本，13 个输入变量和 1 个输出变量。其中，输入变量 CRIM、ZN 等描述了房屋的各项信息，输出变量 MEDV 为房屋价值的中位数（单位：千美元），如图 17-16 所示。

| CRIM | ZN | INDUS | CHAS | NOX | RM | AGE | DIS | RAD | TAX | PTRATIO | B | LSTAT | MEDV |
|---|---|---|---|---|---|---|---|---|---|---|---|---|---|
| 0.00632 | 18 | 2.31 | 0 | 0.538 | 6.575 | 65.2 | 4.09 | 1 | 296 | 15.3 | 396.9 | 4.98 | 24 |
| 0.02731 | 0 | 7.07 | 0 | 0.469 | 6.421 | 78.9 | 4.9671 | 2 | 242 | 17.8 | 396.9 | 9.14 | 21.6 |
| 0.02729 | 0 | 7.07 | 0 | 0.469 | 7.185 | 61.1 | 4.9671 | 2 | 242 | 17.8 | 392.83 | 4.03 | 34.7 |
| 0.03237 | 0 | 2.18 | 0 | 0.458 | 6.998 | 45.8 | 6.0622 | 3 | 222 | 18.7 | 394.63 | 2.94 | 33.4 |
| 0.06905 | 0 | 2.18 | 0 | 0.458 | 7.147 | 54.2 | 6.0622 | 3 | 222 | 18.7 | 396.9 | 5.33 | 36.2 |
| 0.02985 | 0 | 2.18 | 0 | 0.458 | 6.43 | 58.7 | 6.0622 | 3 | 222 | 18.7 | 394.12 | 5.21 | 28.7 |
| 0.08829 | 12.5 | 7.87 | 0 | 0.524 | 6.012 | 66.6 | 5.5605 | 5 | 311 | 15.2 | 395.6 | 12.43 | 22.9 |

图 17-16　波士顿房价数据集的部分数据截图

图 17-6 中 13 个输入变量的具体含义如下：

- CRIM：城镇人均犯罪率。
- ZN：住宅用地超过 25 000 平方英尺的比例。
- INDUS：城镇非零售商用土地的比例。
- CHAS：查理斯河空变量（若边界是河流，则为 1；否则为 0）。
- NOX：一氧化氮浓度。
- RM：住宅平均房间数。
- AGE：1940 年之前建成的自用房屋比例。

- DIS：到波士顿五个中心区域的加权距离。
- RAD：辐射性公路的接近指数。
- TAX：每 10 000 美元的全值财产税率。
- PTRATIO：城镇师生比例。
- B：$1000(Bk-0.63)^2$，其中 Bk 指代城镇中黑人的比例。
- LSTAT：房东属于低收入阶层的比例。

该任务要求根据提供的 CRIM、ZN 等房屋信息。预测该房屋的中位数价值（MEDV）。（代码：ch17 相关分析与回归分析\17.5 实战案例波士顿房价问题）

解：第一步，导入数据集：

```
1. from sklearn.datasets import load_boston
2. from sklearn.model_selection import train_test_split
3. from sklearn.linear_model import LinearRegression
4. import numpy as np
5.
6. # 导入数据集
7. boston = load_boston()
8. x = boston.data                        # 数据集自变量矩阵（样本数 506×特征数 13）
9. y = boston.target.reshape(-1,1)  # 数据集因变量矩阵（样本数×1），输出每个样本
                                        的房价
10. print("数据集自变量矩阵规格为：",x.shape)
11. print("数据集因变量矩阵规格为：",y.shape)
12. print("数据集自变量的名称为：",boston.feature_names)
```

运行结果：

```
数据集自变量矩阵规格为：(506, 13)
数据集因变量矩阵规格为：(506,)
数据集自变量的名称为：['CRIM' 'ZN' 'INDUS' 'CHAS' 'NOX' 'RM' 'AGE' 'DIS'
'RAD' 'TAX' 'PTRATIO'
 'B' 'LSTAT']
```

第二步，计算各个变量之间的相关系数。

```
1. # 计算相关系数
2. z = np.hstack((x,y))                          # 将特征 x 与输出 y 合并为一个矩阵
3. corr = np.around(np.corrcoef(z.T),3)          # 按列计算相关系数
4. print("房价与其他特征的相关系数为：\n",corr[-1,0:-1])  # 输出'MEDV'与特征之间
                                                          的相关系数
```

运行结果：

```
房价与其他特征的相关系数为
 [-0.388  0.36  -0.484  0.175 -0.427  0.695 -0.377  0.25  -0.382 -0.469
  -0.508  0.333 -0.738]
```

通过该步骤发现，与“MEDV”相关性比较大的是 LSTAT 和 RM 两个特征，而 CHAS、DIS 等特征与 MEDV 的相关性较低。

第三步，建立并训练模型。为了验证模型的有效性，通常使用 sklearn.model_selection 中的 train_test_spli 函数把数据集分割为训练集和测试集，设置参数 test_size 的值指定测试集的比例。建立并训练模型后，使用 score 函数计算训练集和测试集的决定系数 $R^2$，判断模型的优劣。

```
1. # 分割数据集为训练集和测试集，比例为 80%：20%
2. x_train,x_test,y_train,y_test=train_test_split(x,y,test_size=0.2)
3.
4. # 建立并训练模型
5. linereg = LinearRegression()
6. linereg.fit(x_train,y_train)                          # 训练模型
7. print("回归方程的系数：",linereg.coef_)
8. print("回归方程的截距：",linereg.intercept_)
9. train_score = linereg.score(x_train,y_train)      # 计算训练集的决定系数 R^2
10. print("训练数据集的决定系数 R^2=",train_score)
11. test_score = linereg.score(x_test, y_test)      # 计算测试集的决定系数 R^2
12. print("测试数据集的决定系数 R^2=",test_score)
13. y_pred = linereg.predict(x_test)
14. print("MSE=",np.sum((y_test-y_pred)**2)/len(y_pred))
```

运行结果：

```
回归方程的系数：
[-1.05367761e-01  4.06173378e-02  3.02252260e-02  2.14254090e+00
 -1.60056013e+01  3.21505262e+00  2.64750249e-04 -1.43233693e+00
  3.42371958e-01 -1.48590005e-02 -1.01179095e+00  6.06809977e-03
 -5.82642933e-01]
回归方程的截距：42.81407190921388
训练数据集的决定系数 R^2= 0.707972099814087
测试数据集的决定系数 R^2= 0.7993736961480176
MSE= 27.28114673966367
```

本例中，训练集和测试集的决定系数分别为 0.708 和 0.799，模型的拟合效果一般。究其原因，一是有些变量与输出 MEDV 的相关性低。这些特征加入模型后，提高了模型

的复杂程度，但是对模型精度的提升有限，可以在模型中剔除这些特征；二是这里使用的线性回归模型可能不适合这一问题。需要更换模型进行测试，如更换为多项式回归、岭回归、Lasso 回归、决策树回归等。

# 习题 17

1. 乳腺癌常被称为“粉红杀手”，其发病率位居女性恶性肿瘤的首位，已成为最常见的癌症之一。“breast_cancer.csv”是一个乳腺癌数据集，记录了肿瘤团块厚度以及肿瘤的类别（良性或者恶性）等 11 项信息，具体如下。

（1）样本代码编号：id 编号；

（2）团块厚度：1～10；

（3）细胞大小的均匀性：1～10；

（4）细胞形状的均匀性：1～10；

（5）边缘附着力：1～10；

（6）单层上皮细胞大小：1～10；

（7）裸核：1～10；

（8）乏味染色质：1～10；

（9）正常核仁：1～10；

（10）线粒体：1～10；

（11）类别：良性为 2，恶性为 4。

建立回归分析模型，判别肿瘤是良性还是恶性。

2. 葡萄酒是以葡萄为原料酿造的一种果酒。葡萄酒的品种很多，因葡萄的栽培方式、葡萄酒生产工艺条件的不同，产品风格各不相同。“wine.csv”文件包含了来自 3 种不同类型的葡萄酒共 178 条记录（共 178 种葡萄酒），其中的 13 个属性是葡萄酒的 13 种化学成分。使用回归分析方法建立用于推断葡萄酒类型的数学模型。

# 应用篇

# 第 18 章　神经网络

**知识图谱：**

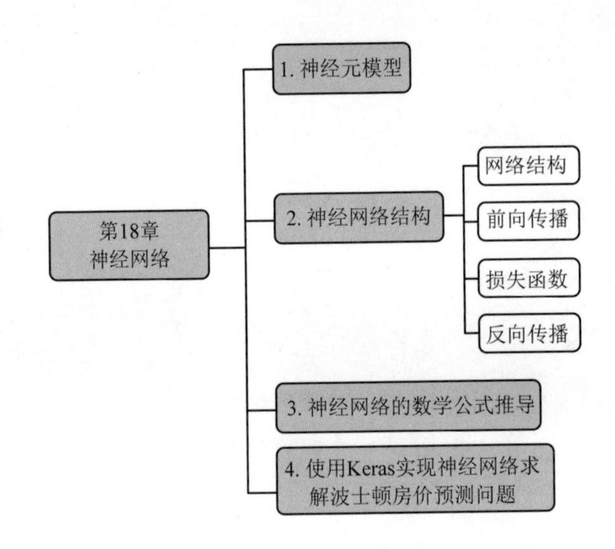


**学习目标：**

（1）理解神经元的工作原理，掌握神经元的数学模型，掌握常用的激活函数；

（2）理解神经网络的结构，掌握前向传播和反向传播的原理，理解损失函数的作用；

（3）了解神经网络的数学公式推导过程；

（4）掌握使用 Keras 实现神经网络的方法。

计算机具有计算速度快的特点，例如，我国制造的“神威·太湖之光”超级计算机于 2016 年 6 月 20 日夺得全球超级计算机 500 强的冠军，其峰值性能为 125.4 PFLOPS（千万亿次浮点运算每秒），持续性能为 93 PFLOPS，成为世界上首台运算速度超过 10 亿亿次每秒的超级计算机，其计算能力远超人类。依托“神威·太湖之光”，我国在天气气候、航空航天、海洋科学、新药创制、先进制造、新材料等重要领域取得了一批应用成果。

但是计算机在感知、推理、文学艺术创作等方面的能力却又远逊于人类。即使一个四五岁小孩也能准确地分辨自己的父母，进行一些推理，并能用语言表达自己的想法。这些归功于人类大脑的强大功能。

人工神经网络（artificial neural network，ANN）是对人脑的模拟，是20世纪80年代以来人工智能领域兴起的研究热点。它从信息处理角度对人脑神经元网络进行抽象，建立某种简单模型，按不同的连接方式组成不同的网络。在工程与学术界也常直接简称这类网络为“神经网络”或“类神经网络”。最近十多年来，人工神经网络的研究工作不断深入，已经取得了很大的进展，其在模式识别、智能机器人、自动控制、预测估计、生物、医学、经济等领域已成功地解决了许多现代计算机难以解决的实际问题，表现出了良好的智能特性。

## 18.1　神经元模型

生物学家发现大脑是一个生物神经网络，网络的基本处理单元是神经元。人的大脑由大约140亿个神经元组成，神经元通过位于细胞膜或树突上的突触接收信号。当接收到的信号足够大时（超过某个门限值），神经元被激活，然后通过轴突发射信号，发射的信号也许被另一个突触接收，并且可能激活其他神经元，如图18-1所示。

1943年，McCullon和Pitts根据生物神经元的结构，提出了一种非常简单的神经元模型——MP神经元。下面介绍该神经元模型的原理。

人工神经元的输入输出原理如图8-2所示。

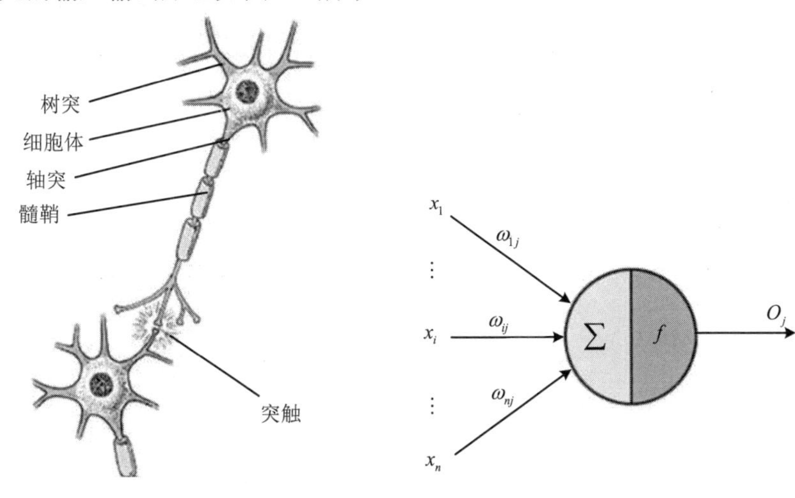


图18-1　神经元的结构　　　　图18-2　人工神经元输入输出原理

（1）输入信号。与生物神经元有许多输入（树突）一样，人工神经元也有很多输入信号，并同时作用到人工神经元上，生物神经元中大量的突触具有不同的性质和强度，使得不同的输入的激励作用各不相同，因此在人工神经元中，对每个输入都有一个可变的加权，用于模拟生物神经元中突触的不同连接强度及突触的可变传递特性。

假设第 $j$ 个神经元接收 $n$ 个输入 $x_1,x_2,\cdots,x_n$，用向量表示为 $\boldsymbol{X}=\left[x_1,x_2,\cdots,x_n\right]$，每个输入对应的权重为 $w_{ij}(i=1,2,\cdots,n)$，则权重向量 $\boldsymbol{W}=\left[w_{1j},w_{2j},\cdots,w_{nj}\right]$。

（2）整合信号。为模拟生物神经元的时空整合功能，人工神经元必须对所有的输入进行累加求和来获取全部输入作用的总效果，该和类似于生物神经元的膜电位。将输入信号求和，得到输入为 $\sum_{i=1}^{n}x_i w_{ij}=\boldsymbol{W}_j{}^{\mathrm{T}}\boldsymbol{X}$。

（3）输出信号。在生物神经元中，只有在膜电位超过动作电位的阈值时，生物神经元才能产生神经冲动，反之则不能。因此，在人工神经元中，也必须考虑该动作的电位阈值，与生物神经元一样，人工神经元只有一个输出（轴突），同时，由于生物神经元的膜电位与神经脉冲冲动之间存在一种数模转换关系，所以在人工神经元中要考虑输入与输出之间的非线性关系。

设阈值为 $b$，也称为“偏置项”，神经元综合的输入信号 $\sum_{i=1}^{n}x_i w_{ij}$ 和偏置 $b$ 相加之后产生当前神经元最终的处理信号 $z_j=\sum_{i=1}^{n}x_i w_{ij}+b$。该信号称为“净激活”或“净激励”（net activation）信号。激活信号作为图 8-2 中圆圈的右半部分 $f(\bullet)$ 函数的输入；$f$ 称为激活函数或激励函数（activation function）。激活函数的主要作用是加入非线性因素，解决线性模型的表达、分类能力不足的问题。神经元的最终输出为 $y_j=f\left(z_j\right)=f\left(\sum_{i=1}^{n}x_i w_{ij}+b\right)=f\left(\boldsymbol{W}_j{}^{\mathrm{T}}\boldsymbol{X}+b\right)$。

激活函数在神经网络中非常重要，一般要求激活函数连续且可导，并且其导数尽可能简单，以提高网络的效率。常见的激活函数有 sigmoid 函数、tanh 函数、ReLU 函数等。

**1. sigmoid 函数**

sigmoid 函数的表达式为

$$\sigma(x)=\frac{1}{1+\mathrm{e}^{-x}}。\tag{18-1}$$

sigmoid 函数的图像是一条 S 形曲线，如图 18-3 所示。它能够把输入的连续实值“压缩”到 0 和 1 之间。特别地，如果输入是绝对值非常大的负数，那么输出就是 0；如果输入是非常大的正数，那么输出就是 1。

sigmoid 函数的导数为 $\sigma'(x)=\left[1-\sigma(x)\right]\sigma(x)$。

sigmoid 函数具有平滑、易于求导等特点。但也存在缺点：激活函数计算量大（在正向传播和反向传播中都包含幂运算和除法）；反向传播求误差梯度时，求导涉及除法；sigmoid 函数导数的取值范围是[0, 0.25]，由于神经网络反向传播时的“链式反应”，很容易出现梯度消失（gradient vanishing）的情况。例如对于一个 10 层的网络，第 10 层的误差相对第一层卷积的参数的梯度将是一个非常小的值，这就是所谓的“梯度消失”。Sigmoid 函数的输出不是零均值（zero-centered），这会导致后一层的神经元将上一层输出的非零均值的信号作为输入，随着网络的加深，会改变数据的原始分布。

**2. tanh 函数**

tanh 函数的表达式为

$$\tanh(x)=\frac{e^{x}-e^{-x}}{e^{x}+e^{-x}}\text{。} \tag{18-2}$$

tanh 函数的图像也是一条 S 形曲线，如图 18-4 所示。其输出范围是$(-1,1)$，解决了 sigmoid 函数不是零均值输出的问题，但幂运算的问题仍然存在。tanh 函数的导数为 $\tanh'(x)=1-\left[\tanh(x)^2\right]$，范围在(0, 1)区间，相比 sigmoid 函数导数的取值区间(0, 0.25)，梯度消失问题会得到缓解，但仍然还会存在。

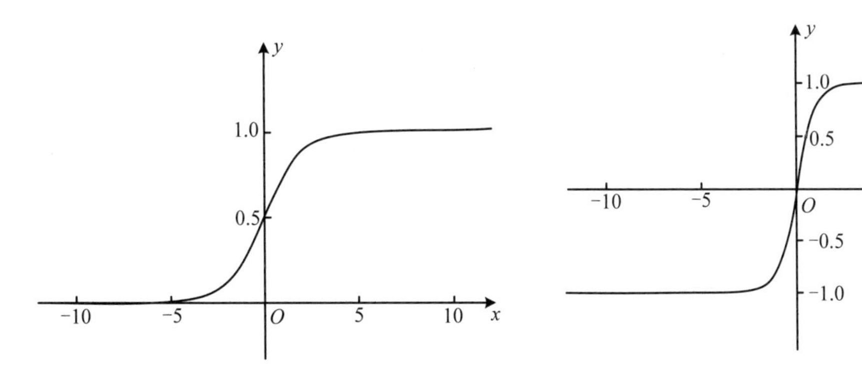


图 18-3　sigmoid 函数图像　　　图 18-4　tanh 函数图像

**3. ReLU 函数**

ReLU 函数的表达式为

$$\text{ReLU}(x)=\max(0,x)=\begin{cases}x, & x\geqslant 0,\\ 0, & x<0\text{。}\end{cases} \tag{18-3}$$

ReLU（Rectified Linear Unit）函数是目前比较火的一个激活函数，相比 sigmod 函数和 tanh 函数，它有以下几个优点。

（1）在输入为正数的时候，不存在梯度饱和问题。

（2）计算速度快很多。ReLU 函数只有线性关系，不管是前向传播还是反向传播，都比 sigmod 函数和 tanh 函数快很多。（sigmod 函数和 tanh 函数要计算指数，计算速度会比较慢）。

当然，ReLU 也有以下缺点。

（1）当输入是负数的时候，ReLU 函数是完全不被激活的，这就表明，一旦输入了负数，ReLU 函数就会死掉。这在前向传播过程中，还不算什么问题，因为有的区域是敏感的，有的是不敏感的。但是到了反向传播过程中，输入负数时，梯度就会完全为 0，在这个问题上，ReLU 函数与 sigmod 函数、tanh 函数存在同样的问题。

（2）人们发现，ReLU 函数的输出要么是 0，要么是正数。也就是说，ReLU 函数也不是以 0 为中心的函数。

除了上述几种函数外，激活函数还有 Leaky ReLU 函数、PReLU 函数、RReLU 函数、ELU 函数、Softplus 函数、GELU 函数、Swish 函数、Maxout 函数等。在实际应用中需要选择合适的激活函数，以避免梯度消失或梯度爆炸等问题。

## 18.2 神经网络结构

### 18.2.1 网络结构

不同的神经网络具有不同的结构。BP（back propagation）神经网络是 1986 年由以 Rumelhart 和 McClelland 为首的科学家们提出的概念，是一种按照误差逆向传播算法训练的多层前馈神经网络，即信息正向传播、误差反向传播，是应用最广泛的神经网络。如图 18-5 所示，BP 神经网络具有任意复杂的模式分类能力和优良的多维函数映射能力，网络具有输入层、隐含层和输出层。

### 18.2.2 前向传播

前向传播是指信号进入输入层，通过隐含层，最终传至输出层输出。

设输入层有 $p$ 个神经元，输入信号向量为 $\boldsymbol{X}=[x_1,x_2,\cdots,x_p]^{\mathrm{T}}$。

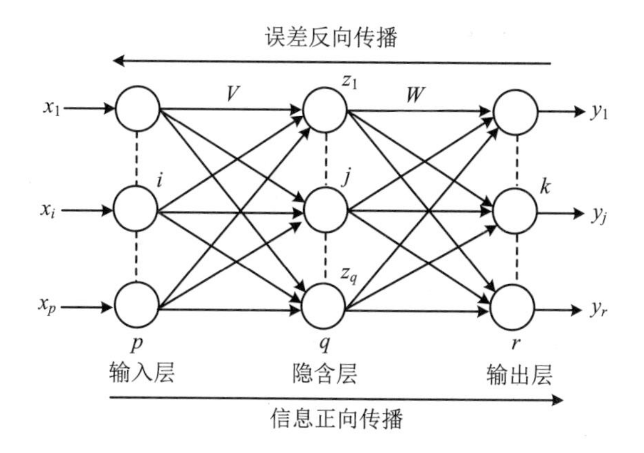


图 18-5　BP 神经网络

设只有一层隐含层，该隐含层有 $q$ 个神经元。在全连接方式下，输入层的每个神经元和隐含层的每个神经元都相连接。隐含层第 $j$ 个神经元的输入向量为 $\boldsymbol{X}=[x_1,x_2,\cdots,x_n]^{\mathrm{T}}$，对应权重为 $\boldsymbol{W}_{\mathrm{XH}}=\left[w_{1j}^{\mathrm{XH}},w_{2j}^{\mathrm{XH}},\cdots,w_{pj}^{\mathrm{XH}}\right]^{\mathrm{T}}\left(j=1,2,\cdots,q\right)$，其中 $w_{ij}^{\mathrm{XH}}$ 为输入层第 $i$ 个神经元与隐含层第 $j$ 个神经元的连接权重，隐含层偏置为 $b^{\mathrm{H}}$。则隐含层第 $j$ 个神经元的总输入为

$$h_j=\sum_{i=1}^{p}x_i w_{ij}^{\mathrm{XH}}+b^{\mathrm{H}}=\boldsymbol{W}_{\mathrm{XH}}^{\mathrm{T}}\boldsymbol{X}+b^{\mathrm{H}}\text{。}\tag{18-4}$$

经过激活函数得到隐含层第 $j$ 个神经元的输出为

$$H_j=f_{\mathrm{H}}\left(h_j\right)=f_{\mathrm{H}}\left(\boldsymbol{W}_{\mathrm{XH}}^{\mathrm{T}}\boldsymbol{X}+b^{\mathrm{H}}\right)=f_{\mathrm{H}}\left(\sum_{i=1}^{p}x_i w_{ij}^{\mathrm{XH}}+b^{\mathrm{H}}\right),j=1,2,\cdots,p.\tag{18-5}$$

设输出层有 $r$ 个神经元，由于全连接方式下隐含层每个神经元都与输出层的每个神经元相连，所以输出层第 $k$ 个神经元的输入向量为 $\boldsymbol{H}=[H_1,H_2,\cdots,H_q]^{\mathrm{T}}$，对应权重为 $\boldsymbol{W}_{\mathrm{HO}}=\left[w_{1k}^{\mathrm{HO}},w_{2k}^{\mathrm{HO}},\cdots,w_{qk}^{\mathrm{HO}}\right]^{\mathrm{T}}$，其中 $w_{jk}^{\mathrm{HO}}$ 为隐含层第 $j$ 个神经元与输出层第 $k$ 个神经元之间的连接权重，输出层的偏置为 $b^{\mathrm{O}}$。则输出层第 $k$ 个神经元的总输入为

$$o_k=\sum_{j=1}^{q}H_j w_{jk}^{\mathrm{HO}}+b^{\mathrm{O}}=\boldsymbol{W}_{\mathrm{HO}}^{\mathrm{T}}\boldsymbol{H}+b^{\mathrm{O}}\text{。}\tag{18-6}$$

经过激活函数得到输出层第 $k$ 个神经元的输出为

$$O_k=f_{\mathrm{O}}\left(o_k\right)=f_{\mathrm{O}}\left(\boldsymbol{W}_{\mathrm{HO}}^{\mathrm{T}}\boldsymbol{H}+b^{\mathrm{O}}\right)=f_{\mathrm{O}}\left(\sum_{j=1}^{q}H_j w_{jk}^{\mathrm{HO}}+b^{\mathrm{O}}\right),\quad k=1,2,\cdots,r\text{。}\tag{18-7}$$

输出层总的输出向量为 $\boldsymbol{O}=\left[O_1,O_2,\cdots,O_r\right]^{\mathrm{T}}$。

### 18.2.3 损失函数

神经网络的目标是在给定的样本 $\left\{\left(\boldsymbol{X}^{(n)},\boldsymbol{Y}^{(n)}\right)\right\}_{n=1}^{N}$ 下，通过训练使得神经网络的输出与样本目标值（实际输出）的误差最小，这一误差称为**损失函数**（loss function）。

输入第 $n$ 个样本 $\boldsymbol{X}^{(n)}$，经过神经网络计算的输出为 $\hat{\boldsymbol{Y}}^{(n)}=\boldsymbol{O}^{(n)}=\left[o_1^{(n)},o_2^{(n)},\cdots,o_r^{(n)}\right]^{\mathrm{T}}$，样本目标值（实际输出）为 $\boldsymbol{Y}^{(n)}$，则常见的损失函数为

$$\min \quad L=\sum_{n=1}^{N}\frac{1}{2}\left\|\boldsymbol{Y}^{(n)}-\hat{\boldsymbol{Y}}^{(n)}\right\|=\sum_{n=1}^{N}\sum_{k=1}^{r}\frac{1}{2}\left(\boldsymbol{Y}_k^{(n)}-\hat{\boldsymbol{Y}}_k^{(n)}\right)^2 。 \tag{18-8}$$

对于不同类型的问题，如回归分析问题、分类问题等，损失函数有不同的形式。

### 18.2.4 反向传播

神经元之间是通过轴突、树突互相连接的，当神经元受到刺激时，神经脉冲在神经元之间传播，同时反复的脉冲刺激使得神经元之间的联系加强。受此启发，人工神经网络中神经元之间的联系（权值）也是通过反复的数据信息“刺激”而得到调整的。而反向传播（back propagation）算法就是用来调整权值的。

在网络结构确定的情况下，决定网络性能的就是各层之间的权重参数和各层偏置。在训练阶段误差逐层反向传播，每层神经元与下层神经元间的权重和偏置通过误差最速梯度下降的方法调整。

$$w_{ij}(t+1)=w_{ij}(t)-\alpha\frac{\partial L}{\partial w_{ij}} 。 \tag{18-9}$$

$$b(t+1)=b(t)-\alpha\frac{\partial L}{\partial b} 。 \tag{18-10}$$

## 18.3 神经网络的数学公式推导

根据前向传播的计算公式有

$$\begin{aligned} L&=\sum_{n=1}^{N}\frac{1}{2}\left\|\boldsymbol{Y}^{(n)}-\hat{\boldsymbol{Y}}^{(n)}\right\|=\frac{1}{2}\sum_{n=1}^{N}\sum_{k=1}^{r}\left(y_k^{(n)}-\hat{y}_k^{(n)}\right)^2 \\ &=\frac{1}{2}\sum_{n=1}^{N}\sum_{k=1}^{r}\left(y_k^{(n)}-f_o^{(n)}\left(o_k\right)\right)^2 ; \end{aligned} \tag{18-11}$$

$$\hat{y}_k^{(n)} = O_k = f_{\mathrm{O}}\left(o_k\right) = f_{\mathrm{o}}\left(\sum_{j=1}^{q} H_j w_{jk}^{\mathrm{HO}} + b^{\mathrm{O}}\right), \tag{18-12}$$

$$H_j = f_{\mathrm{H}}\left(h_j\right) = f_{\mathrm{H}}\left(\sum_{i=1}^{p} x_i w_{ij}^{\mathrm{XH}} + b^{\mathrm{H}}\right)。 \tag{18-13}$$

根据以上公式，结合复合函数求导法则有：

$$\frac{\partial L}{\partial \hat{y}_k^{(n)}} = \sum_{n=1}^{N}\left(y_k^{(n)} - \hat{y}_k^{(n)}\right)(-1) = \sum_{n=1}^{N}\left[-\left(y_k^{(n)} - \hat{y}_k^{(n)}\right)\right]； \tag{18-14}$$

$$\frac{\partial \hat{y}_k^{(n)}}{\partial o_k} = f_{\mathrm{O}}'\left(o_k\right)； \tag{18-15}$$

$$\frac{\partial o_k}{\partial w_{jk}^{\mathrm{HO}}} = H_j； \tag{18-16}$$

$$\frac{\partial o_k}{\partial b^{\mathrm{o}}} = 1； \tag{18-17}$$

$$\frac{\partial o_k}{\partial H_j} = w_{jk}^{\mathrm{HO}}； \tag{18-18}$$

$$\frac{\partial H_j}{\partial h_j} = f_{\mathrm{H}}\left(h_j\right)； \tag{18-19}$$

$$\frac{\partial h_j}{\partial w_{ij}^{\mathrm{XH}}} = x_i； \tag{18-20}$$

$$\frac{\partial h_j}{\partial b^{\mathrm{H}}} = 1。 \tag{18-21}$$

使用梯度下降法可以得到各层参数的更新公式。

## 1. 隐含层到输出层的参数更新公式

根据梯度下降公式

$$\begin{aligned} w_{jk}^{\mathrm{HO}}(t+1) &= w_{jk}^{\mathrm{HO}}(t) - \alpha \frac{\partial L}{\partial w_{jk}^{\mathrm{HO}}} \\ &= w_{jk}^{\mathrm{HO}}(t) - \alpha \frac{\partial L}{\partial \hat{y}_k^{(n)}} \cdot \frac{\partial \hat{y}_k^{(n)}}{\partial o_k} \cdot \frac{\partial o_k}{\partial w_{jk}^{HO}} \\ &= w_{jk}^{\mathrm{HO}}(t) - \alpha \sum_{n=1}^{N}\left[-\left(y_k^{(n)} - \hat{y}_k^{(n)}\right)\right] f_{\mathrm{O}}'\left(o_k\right) H_j; \end{aligned} \tag{18-22}$$

$$\begin{aligned} b^{\mathrm{O}}(t+1) &= b^{\mathrm{O}}(t) - \alpha \frac{\partial L}{\partial b^{\mathrm{O}}} \\ &= b^{\mathrm{O}}(t) - \alpha \frac{\partial L}{\partial \hat{y}_k^{(n)}} \cdot \frac{\partial \hat{y}_k^{(n)}}{\partial o_k} \cdot \frac{\partial o_k}{\partial b^{\mathrm{O}}} \\ &= b^{\mathrm{O}}(t) - \alpha \sum_{n=1}^{N} \left[ -\left( y_k^{(n)} - \hat{y}_k^{(n)} \right) \right] f_{\mathrm{O}}'(o_k)。 \end{aligned} \tag{18-23}$$

**2. 输入层到隐含层的参数更新公式**

$$\begin{aligned} w_{ij}^{\mathrm{XH}}(t+1) &= w_{ij}^{\mathrm{XH}}(t) - \alpha \frac{\partial L}{\partial w_{ij}^{\mathrm{XH}}} \\ &= w_{ij}^{\mathrm{XH}}(t) - \alpha \sum_{n=1}^{N} \sum_{k=1}^{r} \frac{\partial L}{\partial \hat{y}_k^{(n)}} \cdot \frac{\partial \hat{y}_k^{(n)}}{\partial o_k} \cdot \frac{\partial o_k}{\partial H_j} \cdot \frac{\partial H_j}{\partial h_j} \cdot \frac{\partial h_j}{\partial w_{ij}^{\mathrm{XH}}} \\ &= w_{ij}^{\mathrm{XH}}(t) - \alpha \sum_{n=1}^{N} \sum_{k=1}^{r} \left[ -\left( y_k^{(n)} - \hat{y}_k^{(n)} \right) \right] f_{\mathrm{O}}'(o_k) w_{jk}^{\mathrm{HO}} f_{\mathrm{H}}'(h_j) x_i; \end{aligned} \tag{18-24}$$

$$\begin{aligned} b^{\mathrm{H}}(t+1) &= b^{\mathrm{H}}(t) - \alpha \frac{\partial L}{\partial b^{\mathrm{H}}} \\ &= b^{\mathrm{H}}(t) - \alpha \sum_{n=1}^{N} \sum_{k=1}^{r} \frac{\partial L}{\partial \hat{y}_k^{(n)}} \cdot \frac{\partial \hat{y}_k^{(n)}}{\partial o_k} \cdot \frac{\partial o_k}{\partial H_j} \cdot \frac{\partial H_j}{\partial h_j} \cdot \frac{\partial h_j}{\partial b^{\mathrm{H}}} \\ &= b^{\mathrm{H}}(t) - \alpha \sum_{n=1}^{N} \sum_{k=1}^{r} \left[ -\left( y_k^{(n)} - \hat{y}_k^{(n)} \right) \right] f_{\mathrm{O}}'(o_k) w_{jk}^{\mathrm{HO}} f_{\mathrm{H}}'(h_j)。 \end{aligned} \tag{18-25}$$

## 18.4　使用 Keras 实现神经网络求解波士顿房价预测问题

Keras 是由 Python 语言编写的开源人工神经网络库。

17.5 节介绍了波士顿房价问题，并建立线性回归模型进行求解。本节使用 Keras 创建神经网络求解该问题。（代码：ch18 神经网络\18.4 使用 Keras 实现神经网络）

```
1. from sklearn import datasets
2. from keras.models import Sequential
3. from keras.layers import Dense
4. import matplotlib.pyplot as plt
5. from sklearn.model_selection import train_test_split
6.
7. # 1 准备数据
8. dataset = datasets.load_boston()
9. x = dataset.data
10. y = dataset.target
```

```
11. x_train,x_test,y_train,y_test = train_test_split(x,y,test_size=0.2)
12.
13. # 2 建立模型
14. model = Sequential()
15. model.add(Dense(units=13, activation='relu', input_dim=13))
16. model.add(Dense(units=8,activation='relu'))
17. model.add(Dense(units=1))
18. model.compile(loss='mean_squared_error', optimizer='adam',metrics='mse')
19.
20. # 3 训练模型
21. history = model.fit(x_train,y_train,epochs=500,batch_size=5,validation_
    split=0.2)
22.
23. # 4 评价模型
24. scores = model.evaluate(x_test,y_test)
25. print('%s:%.2f'%(model.metrics_names[1],scores[1]))
26.
27. # 训练过程可视化
28. print(history.history.keys())
29. plt.plot(history.history['mse'])
30. plt.plot(history.history['val_mse'])
31. plt.title('model accuracy')
32. plt.ylabel('mse')
33. plt.xlabel('epoch')
34. plt.legend(['train','validation'],loc='upper right')
35. plt.show()
```

运行程序得到评价指标均方误差（MSE）=17.76，其可靠性较线性回归方法有一定的提高。损失函数曲线如图 18-6 所示。

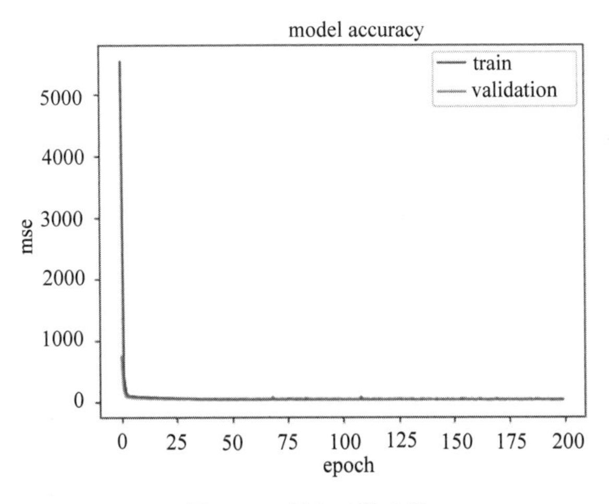


图 18-6　损失函数曲线

人工神经网络可以映射任何复杂的非线性关系，具有很强的鲁棒性，具备记忆、自学习等能力，在分类、预测、模式识别等方面有着广泛的应用。

# 习题 18

“PimaIndiansdiabetes”是来自美国国家糖尿病、消化与肾脏疾病研究所的一个糖尿病数据集。该数据集记录了 768 名 21 岁以上皮马族印第安人女性的信息，包含怀孕次数、BMI、胰岛素水平、年龄等，用于判定就诊者是否患有糖尿病。

其中：

- Pregnancies：怀孕次数；
- Glucose：葡萄糖；
- BloodPressure：血压（mm Hg）；
- SkinThickness：皮层厚度（mm）；
- Insulin：2 小时血清胰岛素（mu U / mL）；
- BMI：身体质量指数，BMI=（体重/身高）$^2$；
- DiabetesPedigreeFunction：糖尿病谱系功能；
- Age：年龄（岁）；
- Outcome：类标变量（0 或 1）。

使用 PimaIndiansdiabetes 数据集(“PimaIndiansdiabetes.csv”文件)，建立神经网络模型，判定就诊者是否患有糖尿病。

# 第 19 章　卷积神经网络

**知识图谱：**

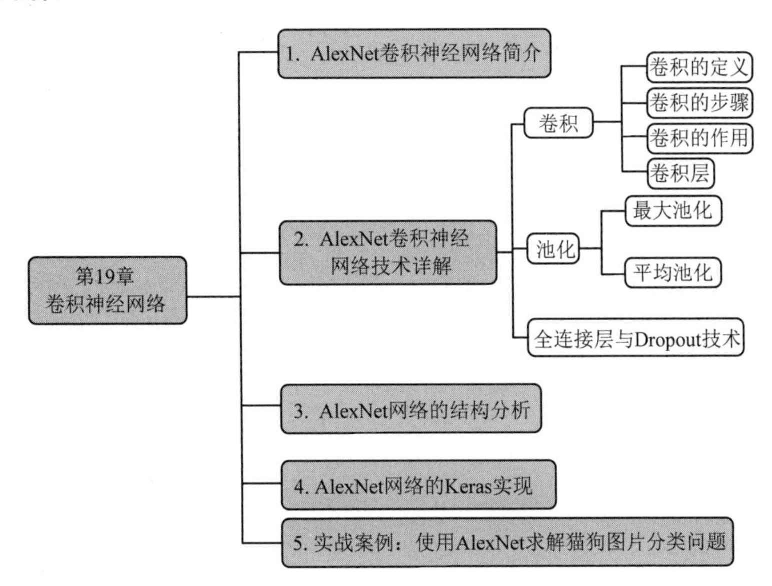


**学习目标：**

（1）理解卷积、池化、全连接、Dropout 等概念，掌握卷积、池化、全连接和 Dropout 的方法；

（2）了解 AlexNet 网络的结构；

（3）掌握使用 Keras 实现 AlexNet 网络的方法；

（4）掌握使用 AlexNet 解决猫狗图片分类问题的方法。

前述的神经网络相邻两层的神经元之间全部连接，也称为“全连接神经网络”（fully connected neural network，FCNN）。全连接神经网络虽然可以映射复杂的非线性关系，应用广泛，但也存在参数太多、对图像处理能力弱等问题。

卷积神经网络（convolutional neural network，CNN）是一种深度学习模型或类似人工神经网络的多层感知器，常用来分析视觉图像。20 世纪 60 年代，生物学家休博尔和维瑟尔在早期关于猫视觉皮层的研究中发现，当视网膜上的光感受器受到刺激兴奋时，会将神经冲动信号传到视觉皮层，但不是所有视觉皮层中的神经元都会接受这些信号。一个神经元只接受视网膜上受其支配的特定区域内的刺激信号，称为一个神经元的感受野（receptive field）。

卷积神经网络采用局部连接和权重共享，一方面减少了权值的数量使得网络易于优化，另一方面降低了模型的复杂度，也就是减小了过拟合的风险。该优点在网络的输入为图像时表现得更为明显，使得图像可以直接作为网络的输入，避免了传统识别算法中复杂的特征提取和数据重建的过程，在二维图像的处理过程中有很大的优势，如该网络能够自行抽取图像的特征（包括颜色、纹理、形状及图像的拓扑结构），在处理二维图像的问题上，具有良好的鲁棒性和运算效率等。

本章以著名的 AlexNet 为例，说明卷积神经网络的结构和相关技术。

## 19.1 AlexNet 卷积神经网络简介

2012 年，Hinton 课题组首次参加 ImageNet 图像识别比赛，通过构建的卷积神经网络 AlexNet 一举夺得冠军，且在分类性能上碾压第二名（SVM 方法）。也正是由于该比赛，卷积神经网络引起了众多研究者的注意，成为研究热点。

与 BP 神经网络相比，基础的 CNN 由卷积（convolution）、激活（activation）和池化（pooling）三种结构组成。卷积神经网络的输出结果是每幅图像的特征图（feature map）。当处理图像分类任务时，会把卷积神经网络输出的特征图作为全连接层或全连接神经网络的输入，用全连接层来完成从输入图像到标签集的映射，即“分类”。当然，整个过程最重要的工作就是通过训练数据迭代来调整网络权重，也就是“后向传播算法”。目前，主流的卷积神经网络，比如 AlexNet、VGG、ResNet 都是由简单的卷积神经网络调整、组合而来。

AlexNet 使用了卷积、池化和 dropout 等技术，包含 5 个卷积层和 3 个全连接层。其模型如图 19-1 所示。受到当时算力限制，AlexNet 使用两块 GPU 进行交互训练，对应这幅图上、下两部分的网络。算力提高后可以修改为只用一块 GPU 训练。

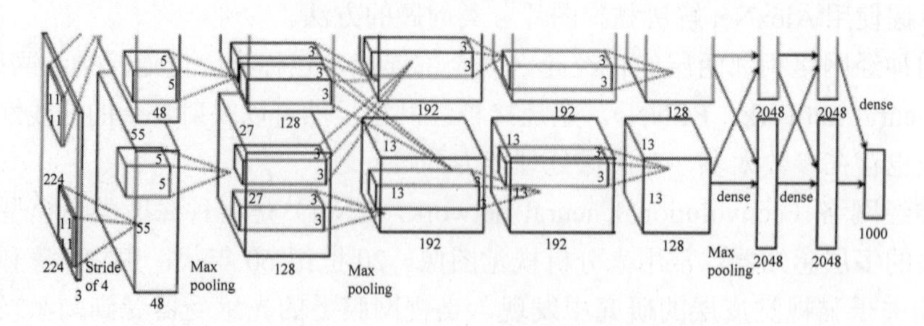


图 19-1　AlexNet 原始结构[4]

# 19.2　AlexNet 卷积神经网络技术详解

## 19.2.1　卷积

### 1. 卷积的定义

与信号处理中的卷积定义略有不同，图像处理中的卷积方法实质是一种“加权求和”的过程。

**定义 19-1**　对于一个 $M \times N$ 的矩阵 $\boldsymbol{X}$，给定一个 $S \times T$ 的矩阵 $\boldsymbol{W}$，$S \ll M, T \ll N$，称 $y_{ij} = \sum_{s=1}^{S}\sum_{t=1}^{T} x_{i+s-1,j+t-1} w_{st}$ 为 $\boldsymbol{X}$ 与 $\boldsymbol{W}$ 的二维**卷积**，**记为** $y = \boldsymbol{X} * \boldsymbol{W}$，其中矩阵 $\boldsymbol{W}$ 称为**卷积核**（convolution kernel），也称为**滤波器**（filter）或**掩膜**（mask），$S \times T$ 称为卷积核的尺寸（size），卷积核中的元素称为**加权系数**或**卷积系数**，卷积核的覆盖位置称为**感受野**（receptive field）。

例如，对于矩阵

$$\boldsymbol{X} = \begin{pmatrix} 1 & 2 & 3 & 0 \\ 0 & 1 & 2 & 3 \\ 3 & 0 & 1 & 2 \\ 2 & 3 & 0 & 1 \end{pmatrix},$$

使用卷积核

$$\boldsymbol{W} = \begin{pmatrix} 2 & 0 & 1 \\ 0 & 1 & 2 \\ 1 & 0 & 2 \end{pmatrix}$$

进行卷积运算（图 19-2）有

$$\begin{aligned} y_{ij} &= \boldsymbol{X} * \boldsymbol{W} \\ &= \sum_{s=1}^{3}\sum_{t=1}^{3} x_{i+s-1,j+t-1} w_{st} \\ &= x_{i,j}w_{11} + x_{i,j+1}w_{12} + x_{i,j+2}w_{13} + \\ &\quad x_{i+1,j}w_{21} + x_{i+1,j+1}w_{22} + x_{i+1,j+2}w_{23} + \\ &\quad x_{i+2,j}w_{31} + x_{i+2,j+1}w_{32} + x_{i+2,j+2}w_{33}。 \end{aligned}$$

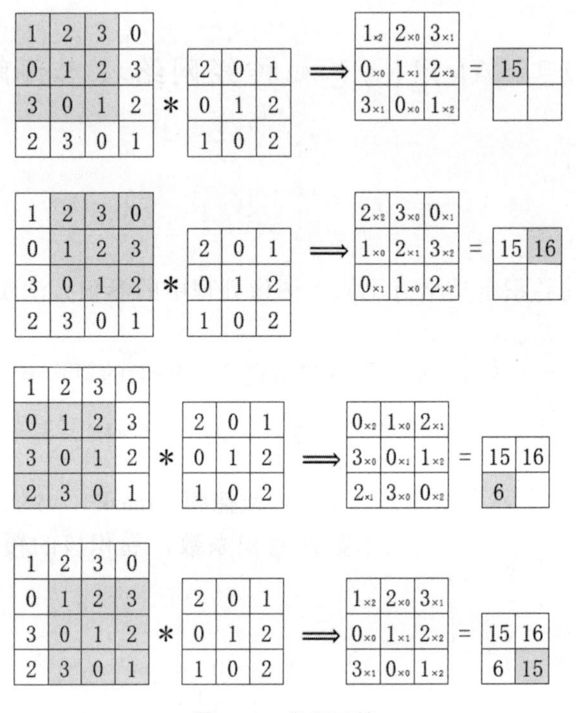

图 19-2　卷积运算

得到 $\boldsymbol{X}*\boldsymbol{W}=\begin{pmatrix}15 & 16\\ 6 & 15\end{pmatrix}$。与全连接神经网络类似，卷积运算后还要加上偏置，一个输出通道对应一个偏置，这个偏置值会被加到卷积结果的全部元素上。假设上文中偏置 $b=2$，则最终输出如图 19-3 所示。

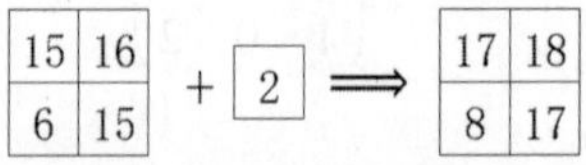

$$\begin{bmatrix}15 & 16\\ 6 & 15\end{bmatrix} + \boxed{2} \Longrightarrow \begin{bmatrix}17 & 18\\ 8 & 17\end{bmatrix}$$

图 19-3　卷积结果加偏置

通过上面的例子看到，对于输入的矩阵 $\boldsymbol{X}$，卷积核 $\boldsymbol{W}$ 以一定的间隔滑动，将 $\boldsymbol{W}$ 的元素与卷积核覆盖在 $\boldsymbol{X}$ 上的对应位置元素相乘，然后再求和，并将结果保存到对应的输出位置。重复这一过程就得到卷积运算的结果。

**2. 卷积的步骤**

在 AlexNet 等卷积神经网络中，网络处理的是图像信息，可以将一幅彩色图像分解为由红色（R）、绿色（G）和蓝色（B）3 种颜色通道组成的 3 个二维矩阵。AlexNet 中需要对每个颜色通道矩阵进行卷积运算。

设红色分量矩阵为 $R_{M\times N}$，卷积核为 $W_{s\times t}$，则在 $R$ 上进行卷积运算为

$$y_{ij}=\sum_{s=1}^{S}\sum_{t=1}^{T}r_{i+s-1,j+t-1}w_{ij}\text{。} \tag{19-1}$$

卷积运算原理如图 19-4 所示，其步骤如下。

（1）将卷积核在图像中漫游（从上到下，从左到右），并将卷积核中心与图像中某个像素位置重合；

（2）将卷积核中的系数与卷积核下所对应的图像的像素灰度值求乘积，并求乘积之和；

（3）将乘积和作为结果赋值给图像中对应的卷积核中心位置的像素。

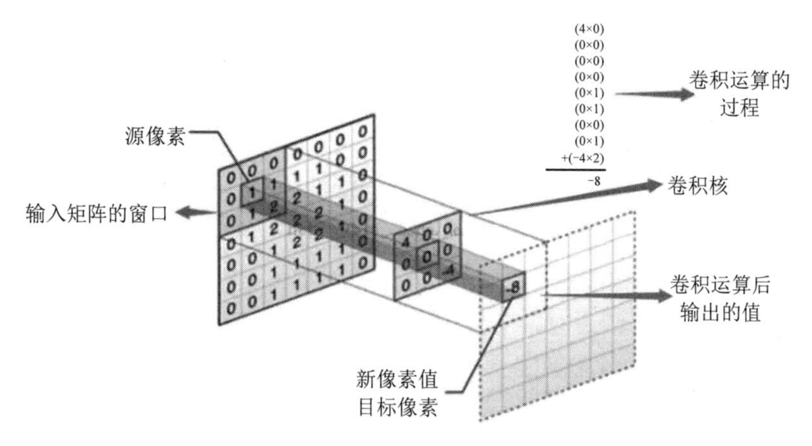


图 19-4　卷积运算原理

卷积核一般是一个奇数阶方阵，如 $\boldsymbol{W}_{3\times3}$、$\boldsymbol{W}_{5\times5}$、$\boldsymbol{W}_{7\times7}$、$\boldsymbol{W}_{9\times9}$ 等。滑动的像素数量称为步长（**stride**）。

**【例 19-1】** 给定矩阵 $\boldsymbol{A}$ 和卷积核 $\boldsymbol{W}$，当步长为 1 和 2 时分别求二维卷积 $\boldsymbol{W}*\boldsymbol{A}$。其中

$$\boldsymbol{A}=\begin{pmatrix}1&0&2&-1&1\\0&0&2&1&3\\1&-1&0&2&1\\0&2&1&0&1\\-2&0&-1&0&2\end{pmatrix},\quad \boldsymbol{W}=\begin{pmatrix}0&1&0\\1&2&1\\0&1&0\end{pmatrix}\text{。}$$

解：（1）当步长为 1 时，运算过程如图 19-5 所示，

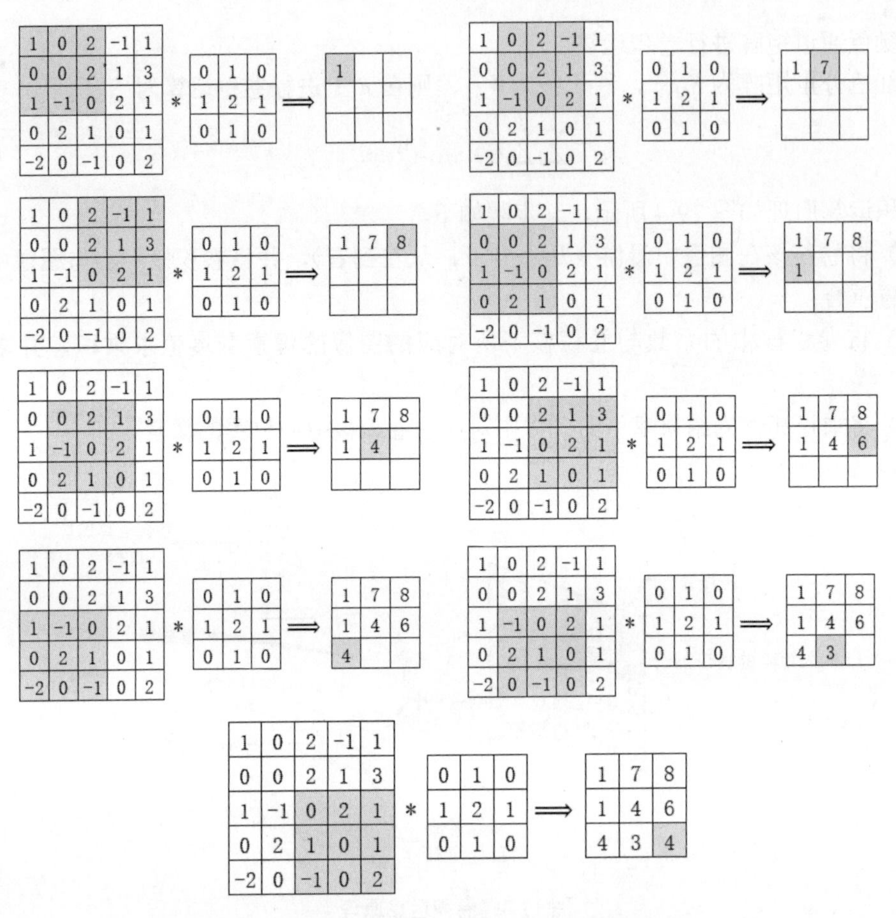

图 19-5　步长为 1 时 $\boldsymbol{A}$ 与 $\boldsymbol{W}$ 的卷积

得到 $\boldsymbol{A}*\boldsymbol{W}=\begin{pmatrix}1&7&8\\1&4&6\\4&3&4\end{pmatrix}$。

（2）当步长为 2 时，运算过程如图 19-6 所示，

$$\begin{pmatrix}1&0&2&-1&1\\0&0&2&1&3\\1&-1&0&2&1\\0&2&1&0&1\\-2&0&-1&0&2\end{pmatrix}*\begin{pmatrix}0&1&0\\1&2&1\\0&1&0\end{pmatrix}\Longrightarrow\begin{pmatrix}1&\\&\end{pmatrix}$$

$$\begin{pmatrix}1&0&2&-1&1\\0&0&2&1&3\\1&-1&0&2&1\\0&2&1&0&1\\-2&0&-1&0&2\end{pmatrix}*\begin{pmatrix}0&1&0\\1&2&1\\0&1&0\end{pmatrix}\Longrightarrow\begin{pmatrix}1&8\\&\end{pmatrix}$$

图 19-6　步长为 2 时 $\boldsymbol{A}$ 与 $\boldsymbol{W}$ 的卷积

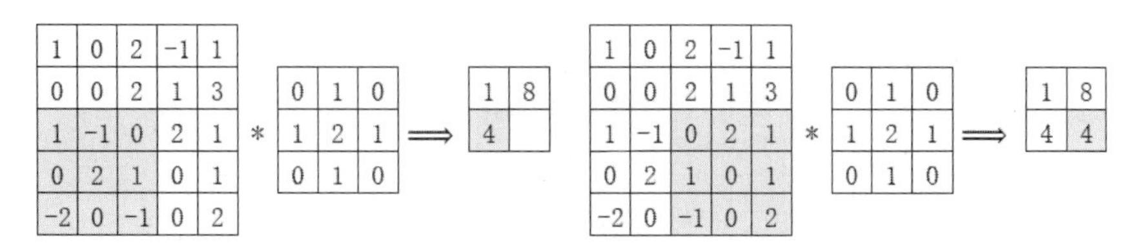

图 19-6　步长为 2 时 $\boldsymbol{A}$ 与 $\boldsymbol{W}$ 的卷积（续）

得到 $\boldsymbol{A}*\boldsymbol{W}=\begin{pmatrix}1 & 8\\ 4 & 4\end{pmatrix}$。

在例 19-1 中，由于卷积核的中心不是从边缘位置开始滑动的，最终结果矩阵的尺寸比原矩阵 $\boldsymbol{A}$ 的尺寸小，这种方式称为 padding=“VALID”。在 padding=“VALID”方式下，卷积核始终在输入图像范围内进行卷积，不需要在输入图像外圈用 0 填充，如图 19-7 所示。

如果卷积核的中心在边缘位置上，感受野会超过图像的范围。为了进行卷积运算，超出部分一般用 0 值进行填充（padding），这种方式称为 padding=“SAME”，如图 19-8 所示。但要注意，在“SAME”方式下，输入图像的尺寸和输出图像的尺寸不一定相等。例如输入图像尺寸为 $5\times5$，卷积核尺寸为 $3\times3$，步长 stride=1，则输出特征图的尺寸为 $5\times5$，如图 19-9 所示。但如果设定步长 stride=2，则输出特征图的尺寸为 $3\times3$，如图 19-10 所示。

| 1 | 0 | 2 | -1 | 1 |
|---|---|---|---|---|
| 0 | 0 | 2 | 1 | 3 |
| 1 | -1 | 0 | 2 | 1 |
| 0 | 2 | 1 | 0 | 1 |
| -2 | 0 | -1 | 0 | 2 |

图 19-7　padding 为 VALID 方式下的卷积

| 0 | 0 | 0 | 0 | 0 | 0 | 0 |
|---|---|---|---|---|---|---|
| 0 | 1 | 0 | 2 | -1 | 1 | 0 |
| 0 | 0 | 0 | 2 | 1 | 3 | 0 |
| 0 | 1 | -1 | 0 | 2 | 1 | 0 |
| 0 | 0 | 2 | 1 | 0 | 1 | 0 |
| 0 | -2 | 0 | -1 | 0 | 2 | 0 |
| 0 | 0 | 0 | 0 | 0 | 0 | 0 |

图 19-8　padding 为 SAME 方式下的卷积

| 0 | 0 | 0 | 0 | 0 | 0 | 0 |
|---|---|---|---|---|---|---|
| 0 | 1 | 0 | 2 | -1 | 1 | 0 |
| 0 | 0 | 0 | 2 | 1 | 3 | 0 |
| 0 | 1 | -1 | 0 | 2 | 1 | 0 |
| 0 | 0 | 2 | 1 | 0 | 1 | 0 |
| 0 | -2 | 0 | -1 | 0 | 2 | 0 |
| 0 | 0 | 0 | 0 | 0 | 0 | 0 |

| 0 | 0 | 0 | 0 | 0 | 0 | 0 |
|---|---|---|---|---|---|---|
| 0 | 1 | 0 | 2 | -1 | 1 | 0 |
| 0 | 0 | 0 | 2 | 1 | 3 | 0 |
| 0 | 1 | -1 | 0 | 2 | 1 | 0 |
| 0 | 0 | 2 | 1 | 0 | 1 | 0 |
| 0 | -2 | 0 | -1 | 0 | 2 | 0 |
| 0 | 0 | 0 | 0 | 0 | 0 | 0 |

| 0 | 0 | 0 | 0 | 0 | 0 | 0 |
|---|---|---|---|---|---|---|
| 0 | 1 | 0 | 2 | -1 | 1 | 0 |
| 0 | 0 | 0 | 2 | 1 | 3 | 0 |
| 0 | 1 | -1 | 0 | 2 | 1 | 0 |
| 0 | 0 | 2 | 1 | 0 | 1 | 0 |
| 0 | -2 | 0 | -1 | 0 | 2 | 0 |
| 0 | 0 | 0 | 0 | 0 | 0 | 0 |

| 0 | 0 | 0 | 0 | 0 | 0 | 0 |
|---|---|---|---|---|---|---|
| 0 | 1 | 0 | 2 | -1 | 1 | 0 |
| 0 | 0 | 0 | 2 | 1 | 3 | 0 |
| 0 | 1 | -1 | 0 | 2 | 1 | 0 |
| 0 | 0 | 2 | 1 | 0 | 1 | 0 |
| 0 | -2 | 0 | -1 | 0 | 2 | 0 |
| 0 | 0 | 0 | 0 | 0 | 0 | 0 |

| 0 | 0 | 0 | 0 | 0 | 0 | 0 |
|---|---|---|---|---|---|---|
| 0 | 1 | 0 | 2 | -1 | 1 | 0 |
| 0 | 0 | 0 | 2 | 1 | 3 | 0 |
| 0 | 1 | -1 | 0 | 2 | 1 | 0 |
| 0 | 0 | 2 | 1 | 0 | 1 | 0 |
| 0 | -2 | 0 | -1 | 0 | 2 | 0 |
| 0 | 0 | 0 | 0 | 0 | 0 | 0 |

图 19-9　“SAME”方式下 stride=1 时的卷积过程

| 0 | 0 | 0 | 0 | 0 | 0 | 0 |
|---|---|---|---|---|---|---|
| 0 | 1 | 0 | 2 | -1 | 1 | 0 |
| 0 | 0 | 0 | 2 | 1 | 3 | 0 |
| 0 | 1 | -1 | 0 | 2 | 1 | 0 |
| 0 | 0 | 2 | 1 | 0 | 1 | 0 |
| 0 | -2 | 0 | -1 | 0 | 2 | 0 |
| 0 | 0 | 0 | 0 | 0 | 0 | 0 |

| 0 | 0 | 0 | 0 | 0 | 0 | 0 |
|---|---|---|---|---|---|---|
| 0 | 1 | 0 | 2 | -1 | 1 | 0 |
| 0 | 0 | 0 | 2 | 1 | 3 | 0 |
| 0 | 1 | -1 | 0 | 2 | 1 | 0 |
| 0 | 0 | 2 | 1 | 0 | 1 | 0 |
| 0 | -2 | 0 | -1 | 0 | 2 | 0 |
| 0 | 0 | 0 | 0 | 0 | 0 | 0 |

| 0 | 0 | 0 | 0 | 0 | 0 | 0 |
|---|---|---|---|---|---|---|
| 0 | 1 | 0 | 2 | -1 | 1 | 0 |
| 0 | 0 | 0 | 2 | 1 | 3 | 0 |
| 0 | 1 | -1 | 0 | 2 | 1 | 0 |
| 0 | 0 | 2 | 1 | 0 | 1 | 0 |
| 0 | -2 | 0 | -1 | 0 | 2 | 0 |
| 0 | 0 | 0 | 0 | 0 | 0 | 0 |

图 19-10　“SAME”方式下 stride=2 时的卷积过程

**【例 19-2】** 给定矩阵 $\boldsymbol{A}$ 和卷积核 $\boldsymbol{W}$，在 padding=“SAME”方式下，当步长为 2 时分别求卷积 $\boldsymbol{A}*\boldsymbol{W}$ 。其中

$$\boldsymbol{A}=\begin{pmatrix}1 & 0 & 2 & -1 & 1\\ 0 & 0 & 2 & 1 & 3\\ 1 & -1 & 0 & 2 & 1\\ 0 & 2 & 1 & 0 & 1\\ -2 & 0 & -1 & 0 & 2\end{pmatrix},\quad \boldsymbol{W}=\begin{pmatrix}0 & 1 & 0\\ 1 & 2 & 1\\ 0 & 1 & 0\end{pmatrix}。$$

解：当步长为 2 时，运算过程如图 19-11 所示，

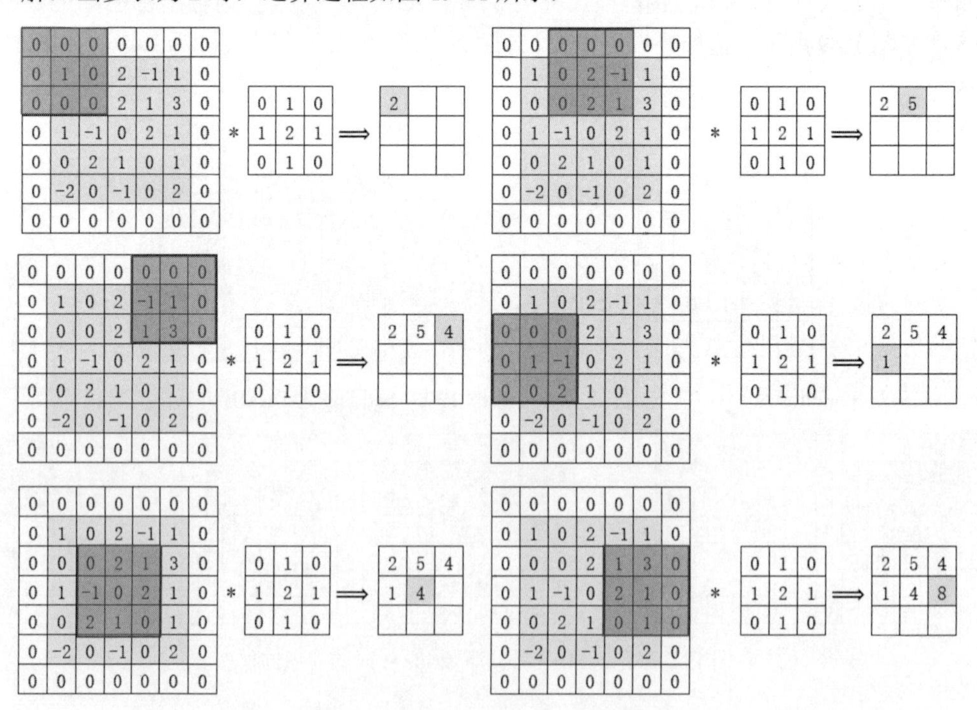

图 19-11　步长为 2 时 $\boldsymbol{A}$ 与 $\boldsymbol{W}$ 的卷积

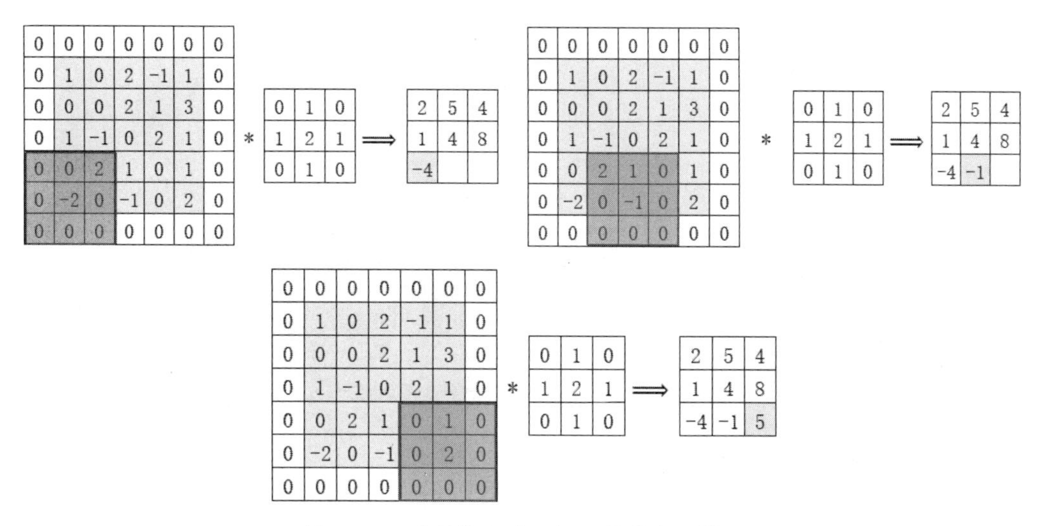

图 19-11　步长为 2 时 $\boldsymbol{A}$ 与 $\boldsymbol{W}$ 的卷积（续）

得到 $\boldsymbol{A}*\boldsymbol{W}=\begin{pmatrix} 2 & 5 & 4 \\ 1 & 4 & 8 \\ -4 & -1 & 5 \end{pmatrix}$。

**3. 卷积的作用**

与全连接神经网络相比，卷积神经网络引入卷积操作，具有便于提取特征、减少参数量等优点，提高了网络的性能。

（1）便于提取特征。

传统的机器学习采用“人为提取特征 + 数据训练模型”的方式，特征选择的好坏直接影响后继的模型训练效果，如果特征选择不当，好的模型也不一定能得到满意的结果。然而人类不易判断特征的好坏，尤其在高维空间中。绝大多数情况下，只能通过试错的方式进行特征选择，效率低下。

在卷积神经网络中，卷积可被看成一个特征提取器。例如，用于边缘检测的 Sobel 算子、用于图像平滑的高斯滤波等都属于卷积运算。卷积层的每个滤波器都会有自己所关注的一个图像特征，如垂直边缘、水平边缘、颜色、纹理等。卷积神经网络通过训练实现特征提取（卷积）和模型训练（神经网络）的自动化。输入通过卷积提取的关键特征，然后交给后继的神经网络输出结果。卷积神经网络提高了特征提取的效率，更能提取一些不易被发现的、隐藏的特征，如图 19-12 所示。

| -1 | 0 | 1 |
|---|---|---|
| -2 | 0 | 2 |
| -1 | 0 | 1 |

（a）用于计算 $x$ 方向边缘的 Sobel 算子

| -1 | -2 | -1 |
|---|---|---|
| 0 | 0 | 0 |
| 1 | 2 | 1 |

（b）用于计算 $y$ 方向边缘的 Sobel 算子

（c）原始图像

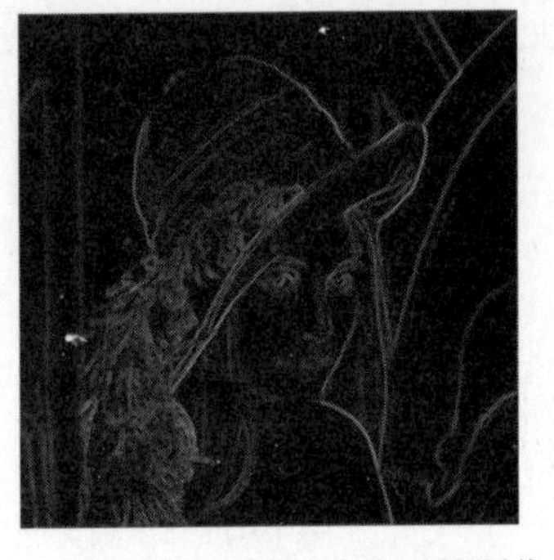

（d）使用 Sobel 提取边缘后的图像

图 19-12　Sobel 算子及应用效果

（2）卷积运算实现参数共享，减少参数量。

在全连接神经网络中，上一层的每个神经元都与下一层的每个神经元连接，当计算输出时，权重矩阵的每个元素只使用一次，造成参数量巨大。例如，对于 MNIST 手写体数字识别数据集，采用全连接神经网络，输入层 $28\times28$，第一个隐藏层有 32 个神经元，则前两层的参数量为 $28\times28\times32+32=25120$ 个。而采用卷积神经网络，输入层 $28\times28$，第一个卷积层采用 3×3 卷积核，输出特征图 32 通道，则前两层的参数量为 $3\times3\times32+32=320$ 个。相比全连接神经网络，卷积神经网络的参数量大大减小。

**4. 卷积层**

在全连接神经网络中，当输入为 $\boldsymbol{X}=\left[x_1,x_2,\cdots,x_p\right]^{\mathrm{T}}$ 时，输入层与下一个隐含层的第 $j$ 个神经元的连接权重为 $\boldsymbol{W}=\left[w_{1j},w_{2j},\cdots,w_{pj}\right]^{\mathrm{T}}$，偏置为 $b$，激活函数为 $f(\bullet)$，则

$$z=w_{1j}x_1+w_{2j}x_2+\cdots+w_{pj}x_p+b=\boldsymbol{W}^{\mathrm{T}}\boldsymbol{X}+b, \tag{19-2}$$

输出为 $y=f(z)$。

在卷积神经网络中，由于处理的对象是图像，具有二维的结构特征。所以以卷积来代替全连接，形成卷积层。卷积层的具体结构如下。

（1）输入：$\boldsymbol{X}=\left[\boldsymbol{x}_1^{M\times N},\boldsymbol{x}_2^{M\times N},\cdots,\boldsymbol{x}_D^{M\times N}\right]$，是由 $D$ 个大小为 $M\times N$ 的矩阵构成，$D$ 也称

为输入层的通道数（Channels）。例如对于 260×215 像素大小的彩色图像，输入为 $\boldsymbol{X}=\left[\boldsymbol{x}_{\mathrm{R}}^{260\times215},\boldsymbol{x}_{\mathrm{G}}^{260\times215},\boldsymbol{x}_{\mathrm{B}}^{260\times215}\right]$，其中 $\boldsymbol{x}_{\mathrm{R}}^{260\times215},\boldsymbol{x}_{\mathrm{G}}^{260\times215},\boldsymbol{x}_{\mathrm{B}}^{260\times215}$ 分别为红色（R）、绿色（G）和蓝色（B）通道矩阵，通道数 $D$=3，而灰度图像的通道数为 $D$=1。

（2）卷积核：$\boldsymbol{W}^{s\times t\times P\times D}$，其中 $s\times t$ 为卷积核的大小，$D$ 为输入通道数，$P$ 为输出通道数。

（3）输出：$\boldsymbol{Y}=\left[\boldsymbol{y}_1^{M'\times N'},\boldsymbol{y}_2^{M'\times N'},\cdots,\boldsymbol{y}_P^{M'\times N'}\right]$，其中 $P$ 为输出通道数，$M'\times N'$ 为每个通道输出的大小。

$\boldsymbol{y}_{\mathrm{p}}^{M'\times N'}$ 是由卷积提取得到的特征，称为特征图（feature map）。$\boldsymbol{y}_{\mathrm{p}}^{M'\times N'}$ 的尺寸 $M'\times N'$ 与输入图像的尺寸 $M\times N$、卷积的步长（stride）和填充方式（padding="SAME"或"VALID"）有关。计算方法为

$$\text{output}=\frac{\text{input}-\text{filter}+2\text{padding}}{\text{stride}}+1\text{。}\tag{19-3}$$

**【例 19-3】** AlexNet 卷积神经网络中，输入图像大小为 $227\times227$ 像素，有 3 个输入通道，第一个卷积层中卷积核大小为 $11\times11$，输出通道 96，步长 stride 为 4，填充方式 padding 为“VALID”即不填充，求输出特征图的尺寸。

解：填充方式 padding 为“valid”，所以参数 padding=0，

$$\text{output}=\frac{\text{input}-\text{filter}+2\text{padding}}{\text{stride}}+1=\frac{227-11+2\times0}{4}+1=55\text{。}$$

所以输出特征图尺寸为 $55\times55$，输出通道数为 96。

**【例 19-4】** AlexNet 卷积神经网络中，第二个卷积层的输入特征映射大小为 $27\times27$，有 96 个输入通道，第二个卷积层中卷积核大小为 $5\times5$，输出通道 256，步长 stride 为 1，填充方式 padding 为“SAME”且特征图填充的圈数为 2，即 padding=2，求输出特征图的尺寸。

解：填充方式为“SAME”且 padding=2，

$$\text{output}=\frac{\text{input}-\text{filter}+2\text{padding}}{\text{stride}}+1=\frac{27-5+2\times2}{1}+1=27\text{。}$$

所以输出特征图的尺寸为 $27\times27$ 像素，且输出通道数为 256。

那么，卷积神经网络中的卷积层具体是如何实现的呢？下面以单通道卷积核和双通道卷积核为例详细说明。

**【例 19-5】** （单通道卷积核）输入一个 $5\times5$ 的 3 通道矩阵 $\boldsymbol{X}=\left[\boldsymbol{R},\boldsymbol{G},\boldsymbol{B}\right]$ 如下。设定输出通道为 1，且采用尺寸为 $3\times3$ 的卷积核 $\boldsymbol{W}_0=\left[\boldsymbol{W}_{01},\boldsymbol{W}_{02},\boldsymbol{W}_{03}\right]$，偏置 $b_0=1$。设步长 stride=2，填充方式为“SAME”且 padding=1。求卷积的结果。

$$
\boldsymbol{R}=\begin{pmatrix}0&1&1&2&2\\0&1&1&0&0\\1&1&0&1&0\\1&0&1&1&1\\0&2&0&1&0\end{pmatrix},\ \boldsymbol{G}=\begin{pmatrix}1&1&1&2&0\\0&2&1&1&2\\1&2&0&0&2\\0&2&1&2&1\\2&0&1&2&0\end{pmatrix},\ \boldsymbol{B}=\begin{pmatrix}2&0&2&0&2\\0&0&1&2&1\\1&0&2&2&1\\2&0&2&0&0\\0&0&1&1&2\end{pmatrix},
$$

$$
\boldsymbol{W}_{01}=\begin{pmatrix}1&1&-1\\-1&0&1\\-1&-1&0\end{pmatrix},\ \boldsymbol{W}_{02}=\begin{pmatrix}-1&0&-1\\0&0&-1\\1&-1&0\end{pmatrix},\ \boldsymbol{W}_{03}=\begin{pmatrix}0&1&0\\1&0&1\\0&-1&1\end{pmatrix}。
$$

卷积核的数量必须与输入图像的通道数相等，题目中的输入图像是 3 通道的，所以卷积核的数量也是 3。运算思路如图 9-13、图 9-14 所示。

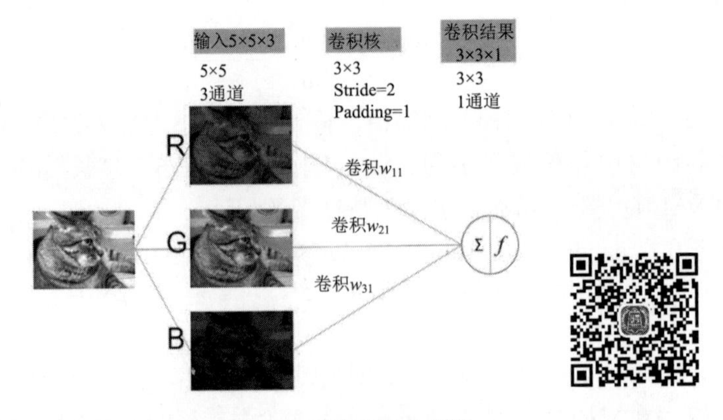


图 19-13　单通道卷积示意图

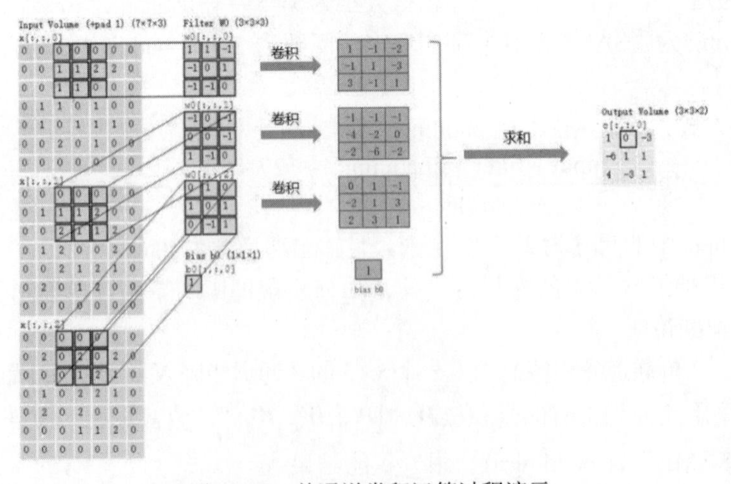


图 19-14　单通道卷积运算过程演示

解：经过填充后

$$
\begin{aligned}
\boldsymbol{z}_1 &= \boldsymbol{W}_{01} * \boldsymbol{R}' + \boldsymbol{W}_{02} * \boldsymbol{G}' + \boldsymbol{W}_{03} * \boldsymbol{B}' + \boldsymbol{b}_0 \\
&= \begin{pmatrix} 1 & -1 & -2 \\ -1 & 1 & -3 \\ 3 & -1 & 1 \end{pmatrix} + \begin{pmatrix} -1 & -1 & -1 \\ -4 & -2 & 0 \\ -2 & -6 & -2 \end{pmatrix} + \begin{pmatrix} 0 & 1 & -1 \\ -2 & 1 & 3 \\ 2 & 3 & 1 \end{pmatrix} + \begin{pmatrix} 1 & 1 & 1 \\ 1 & 1 & 1 \\ 1 & 1 & 1 \end{pmatrix} \\
&= \begin{pmatrix} 1 & 0 & -3 \\ -6 & 1 & 1 \\ 4 & -3 & 1 \end{pmatrix}
\end{aligned}
$$

**【例 19-6】**（双通道卷积核）　如果在上例中增加一个输出通道，对应的 $3\times3$ 卷积核 $\boldsymbol{W}_1=[\boldsymbol{W}_{11},\boldsymbol{W}_{12},\boldsymbol{W}_{13}]$ 如下，设定偏置 $b_1=0$，步长 stride=2，填充方式为‘SAME’且 padding=1。求卷积的结果。

$$
\boldsymbol{W}_{11} = \begin{pmatrix} -1 & -1 & 0 \\ -1 & 1 & 0 \\ -1 & 1 & 0 \end{pmatrix}, \boldsymbol{W}_{12} = \begin{pmatrix} 1 & -1 & 0 \\ -1 & 0 & -1 \\ -1 & 0 & 0 \end{pmatrix}，\boldsymbol{W}_{13} = \begin{pmatrix} 0 & 1 & 0 \\ 1 & 0 & 1 \\ 0 & -1 & 1 \end{pmatrix}。
$$

运算思路如图 9-15、图 9-16 所示。

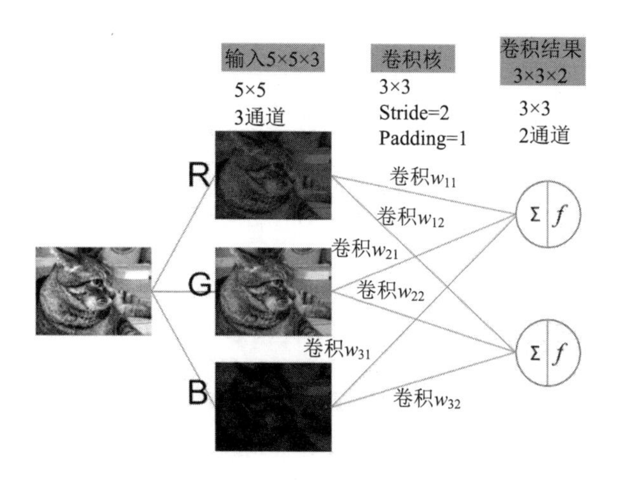

图 19-15　双通道卷积示意图

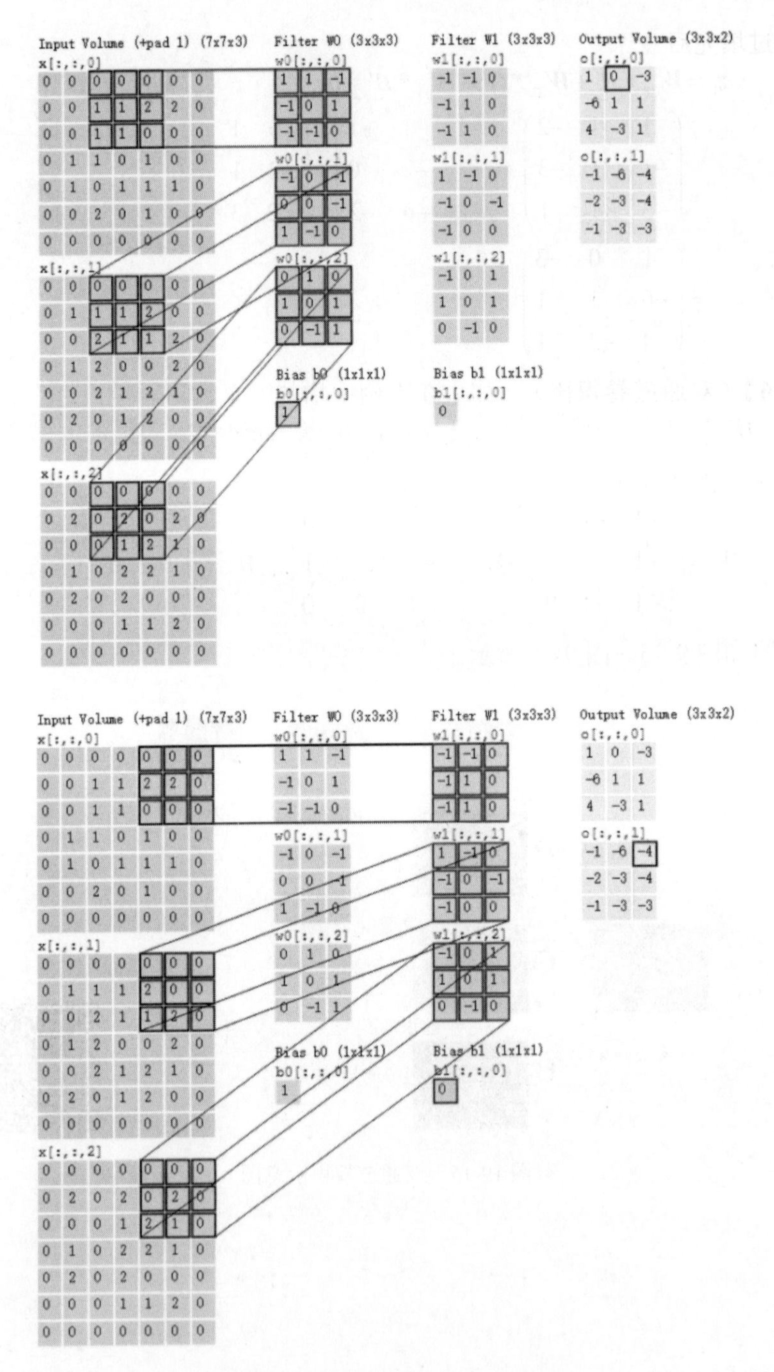


图 19-16　双通道卷积运算过程演示

解：在例 19-5 中已求得卷积结果 $z_1$，现按照上题的方法，将输入 $X$ 与卷积核 $W_1$ 求卷积 $z_2$。

$$z_2 = \boldsymbol{W}_{11} * \boldsymbol{R}' + \boldsymbol{W}_{12} * \boldsymbol{G}' + \boldsymbol{W}_{13} * \boldsymbol{B}' + \boldsymbol{b}_1$$

$$= \begin{pmatrix} 0 & 0 & 0 \\ 2 & -2 & -1 \\ -1 & -3 & -3 \end{pmatrix} * \begin{pmatrix} 0 & 0 & 0 & 0 & 0 & 0 & 0 \\ 0 & 0 & 1 & 1 & 2 & 2 & 0 \\ 0 & 0 & 1 & 1 & 0 & 0 & 0 \\ 0 & 1 & 1 & 0 & 1 & 0 & 0 \\ 0 & 1 & 0 & 1 & 1 & 1 & 0 \\ 0 & 0 & 2 & 0 & 1 & 0 & 0 \\ 0 & 0 & 0 & 0 & 0 & 0 & 0 \end{pmatrix} + \begin{pmatrix} 1 & -1 & 0 \\ -1 & 0 & -1 \\ -1 & 0 & 0 \end{pmatrix} * \begin{pmatrix} 0 & 0 & 0 & 0 & 0 & 0 & 0 \\ 0 & 1 & 1 & 1 & 2 & 0 & 0 \\ 0 & 0 & 2 & 1 & 1 & 2 & 0 \\ 0 & 1 & 2 & 0 & 0 & 2 & 0 \\ 0 & 1 & 2 & 0 & 0 & 2 & 0 \\ 0 & 2 & 0 & 1 & 2 & 0 & 0 \\ 0 & 0 & 0 & 0 & 0 & 0 & 0 \end{pmatrix}$$

$$+ \begin{pmatrix} 0 & 1 & 0 \\ 1 & 0 & 1 \\ 0 & -1 & 1 \end{pmatrix} \begin{pmatrix} 0 & 0 & 0 & 0 & 0 & 0 & 0 \\ 0 & 2 & 0 & 2 & 0 & 2 & 0 \\ 0 & 0 & 0 & 1 & 2 & 1 & 0 \\ 0 & 1 & 0 & 2 & 2 & 1 & 0 \\ 0 & 2 & 0 & 2 & 0 & 0 & 0 \\ 0 & 0 & 0 & 1 & 1 & 2 & 0 \\ 0 & 0 & 0 & 0 & 0 & 0 & 0 \end{pmatrix}$$

$$= \begin{pmatrix} 0 & 0 & 0 \\ 2 & -2 & -1 \\ -1 & -3 & -3 \end{pmatrix} + \begin{pmatrix} -1 & -5 & -3 \\ -2 & -3 & -3 \\ 0 & -1 & -1 \end{pmatrix} + \begin{pmatrix} 0 & -1 & -1 \\ -2 & 2 & 0 \\ 0 & 1 & 1 \end{pmatrix}$$

$$= \begin{pmatrix} -1 & -6 & -4 \\ -2 & -3 & -4 \\ -1 & -3 & -3 \end{pmatrix}。$$

结合上一题的结果，本题所求卷积的结果是大小为 3×3，通道数为 2 的特征图，具体如下。

$$\left( \begin{pmatrix} 1 & 0 & -3 \\ -6 & 1 & 1 \\ 4 & -3 & 1 \end{pmatrix}, \begin{pmatrix} -1 & -6 & -4 \\ -2 & -3 & -4 \\ -1 & -3 & -3 \end{pmatrix} \right)。$$

### 19.2.2　池化

图像中的相邻像素倾向于具有相似的值，因此通常卷积层中相邻的输出像素也具有相似的值。这意味着，卷积层输出中包含的大部分信息都是冗余的，这些冗余信息增加了参数数量，提高了计算量和模型复杂度。为解决这一问题，可以减小输入的大小从而降低输出值的数量。这一过程称为池化。

池化（pooling），也称为欠采样或下采样（downsampling），主要用于特征降维、压缩数据和参数的数量、减小过拟合，同时提高模型的容错性。池化的主要方式有最大池化（max pooling）和平均池化（average pooling）。

### 1. 最大池化

最大池化：定义一个空间邻域（如 2×2 的窗口），并从窗口内的特征图中取出最大的元素作为这个空间邻域的代表，如图 19-17 所示。

### 2. 平均池化

平均池化：定义一个空间邻域（如 2×2 的窗口），并从窗口内的特征图中算出平均值作为这个空间邻域的代表，如图 19-18 所示。

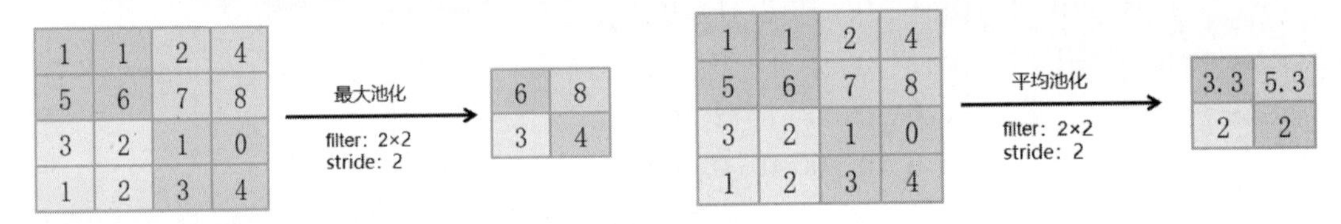


图 19-17　最大池化

图 19-18　平均池化

与卷积不同的是，池化在不同的通道上是分开执行的。如果输入通道数为 5，则进行 5 次池化，产生 5 个池化后的特征图，输出通道数也是 5，如图 19-19 所示。

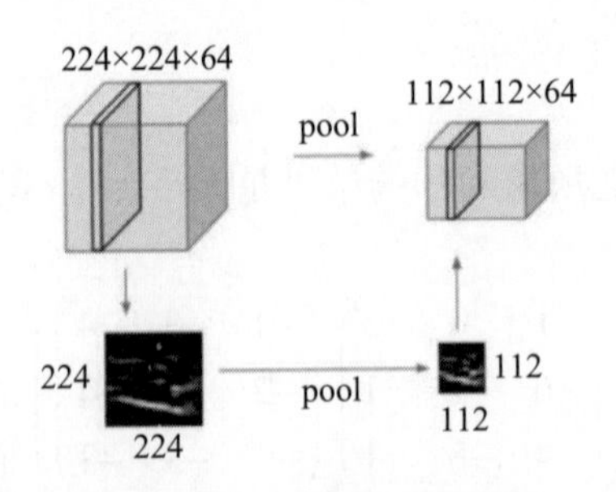


图 19-19　多通道上的池化

如果卷积核大小为 filter，步长为 stride，则池化层输出的计算公式为

$$\text{Output} = \frac{\text{Input} - \text{Filter}}{\text{Stride}} + 1 \text{。} \tag{19-4}$$

**【例 19-7】** 输入大小为 35×35 的 3 通道图像，使用 20 个 5×5 大小的卷积核进行池化操作，步长为 2，求池化后的特征图大小。

解：input=35，filtr=5，stride=2，则

$$\text{output} = \frac{\text{input} - \text{filter}}{\text{stride}} + 1 = \frac{35-5}{2} + 1 = 16 \text{。}$$

所以，经过池化操作后输出的特征图通道数为 20，大小为 16×16。

在 AlexNet 之前的卷积神经网络中普遍使用平均池化，而 AlexNet 全部使用最大池化，以避免平均池化的模糊化效果，并且 AlexNet 中提出让步长比池化核的尺寸小，这样池化层的输出之间会有重叠和覆盖，提升了特征的丰富性。

## 19.2.3　全连接层与 Dropout 技术

### 1. 全连接层

AlexNet 卷积神经网络的最后 3 层是全连接层，分别有 4096、4096 和 1000 个神经元。数据经过倒数第四层的最大池化后，输出的尺寸为 $6 \times 6 \times 256$，将其拉直（Flatten）后得到一个 9216 维的向量，作为全连接层的输入。与全连接神经网络相比，AlexNet 中的前两个全连接层使用了 Dropout 技术①。

在机器学习的模型中，如果模型的参数太多，而训练样本又太少，训练出来的模型很容易产生过拟合的现象。在训练神经网络的时候经常会遇到过拟合的问题，过拟合具体表现为模型在训练数据上损失函数较小，预测准确率较高，但是在测试数据上损失函数比较大，预测准确率较低。

过拟合是很多机器学习的通病。过拟合的模型几乎无法使用。为了解决过拟合问题，一般会采用模型集成的方法，即训练多个模型进行组合。此时，训练模型费时就成为一个很大的问题。

### 2. Dropout 技术

Dropout 是一种防止模型过拟合的技术，它的基本思想是在训练的时候随机地丢弃一些神经元的激活信号，也就是在正向传播过程中，使得某些神经元对下游神经元的功效暂时消失；在反向传播时，这些神经元的权值也不会更新。从而每次只训练和更新部分

---

① Hinton G E, Srivastava N, Krizhevsky A, et al. Improving neural networks by preventing co-adaptation of feature detectors[J]. Computer Science, 2012, 3(4): 212-223.

神经元的权值，使得网络对特定神经元的权重不那么敏感。这样可以让模型更健壮，更具有泛化能力，因为它不会太依赖某些局部的特征，如图 19-20 所示。

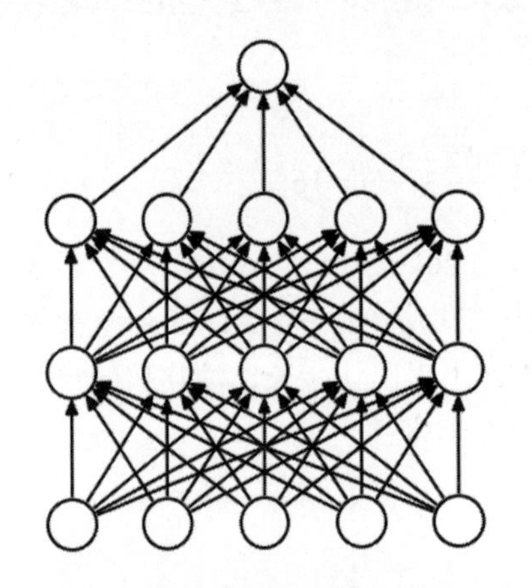

（a）标准神经网络

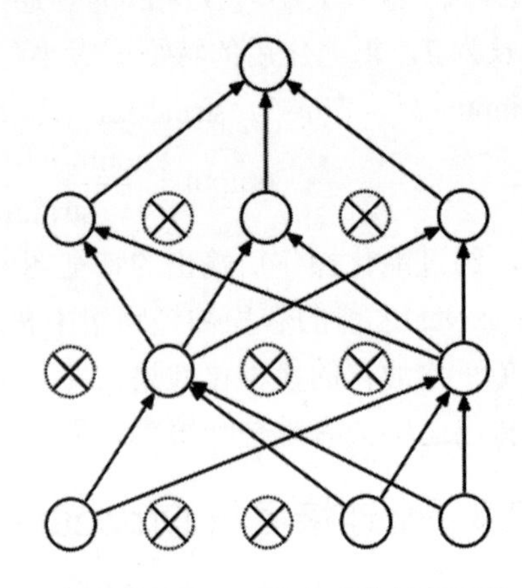

（b）使用 Dropout 技术后的神经网络

图 19-20　标准神经网络与使用 Dropout 技术的神经网络对比①

设神经元保留的概率为 $P$，训练阶段步骤如下。

（1）每个神经元以概率 $p$ 随机确定是否保留，输入输出神经元保持不变；

（2）把输入 $\boldsymbol{X}$ 通过修改后的网络前向传播，然后将得到的损失函数通过修改的网络反向传播。训练样本执行完这个过程后，在保留的神经元上按照随机梯度下降法更新对应的参数 $(\boldsymbol{W},b)$；

（3）恢复被删掉的神经元及其权重参数（此时被删除的神经元保持原样，而没有被删除的神经元已更新）；

（4）在隐含层中按概率 $P$ 随机删除神经元（备份被删除神经元的参数）；

（5）将训练样本先前向传播然后反向传播损失，并根据随机梯度下降法更新参数 $(\boldsymbol{W},b)$（没有被删除的那一部分参数得到更新，删除的神经元参数保持被删除前的结果）；

（6）达到训练步骤或损失进度，算法结束；否则，返回步骤（3）。

一般在输入层设置保留的概率接近 1，使得输入变化不会太大；在隐含层设置保留的概率为 $P$=0.5。

在测试模型阶段，由于使用所有的神经元，如果按训练时的权重计算，得到的结果

① Hinton G E, Srivastava N, Krizhevsky A, et al. Improving neural networks by preventing co-adaptation of feature detectors[J]. Computer Science, 2012, 3(4): 212-223.

会和训练的结果不一致。为解决这一问题，在测试时需要将所有的权重乘以概率 $P$。

## 19.3　AlexNet 网络的结构分析

AlexNet 的成功引起大家的注意，推动了人工智能的发展。此后，更多的、更深的神经网络被提出，比如优秀的 VGG、GoogLeNet 等。

为更深入地了解 AlexNet，本节对精简后的 AlexNet 的各层进行细致分析，如图 19-21 所示。

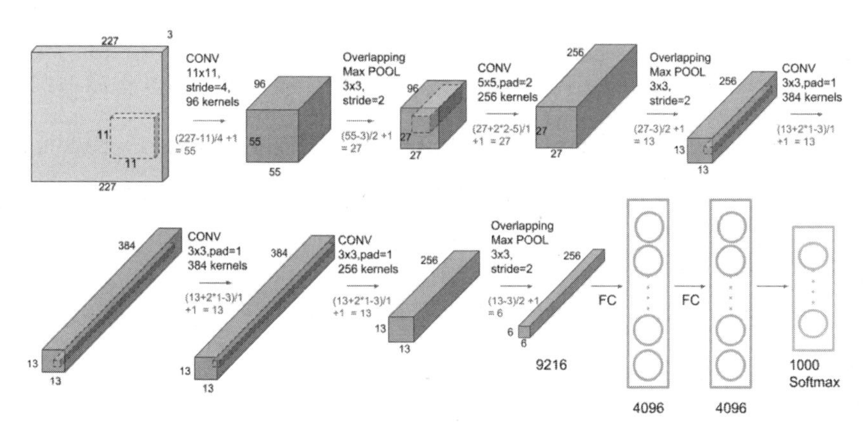


图 19-21　AlexNet 精简结构图

输入层：输入大小为 227×227 的 3 通道图像。

第 1 层：卷积层 C1。该层的处理流程为卷积—ReLU—池化—归一化。

使用 96 个 11×11 的卷积核，Stride=4，Padding=“SAME”即 Padding=0。所以 $\text{output} = \dfrac{\text{input} - \text{filter} + 2\times\text{padding}}{\text{stride}} + 1 = \dfrac{227 - 11 + 0}{4} + 1 = 55$，得到 55×55×96 的特征图。卷积后采用 ReLU 激活函数。

第 2 层：池化层 P1。采用尺寸为 3×3 的卷积核，stride=2，所以 $\text{output} = \dfrac{\text{input} - \text{filter}}{\text{stride}} + 1 = \dfrac{55 - 3}{2} + 1 = 27$，池化后的输出为 27×27×96。

第 3 层：卷积层 C2。输入是 27×27×96。使用 256 个尺寸为 5×5 的卷积核，stride = 1，padding=2。所以 $\text{output} = \dfrac{\text{input} - \text{filter} + 2\times\text{padding}}{\text{stride}} + 1 = \dfrac{27 - 5 + 2\times 2}{1} + 1 = 27$，即得到的特征图为 27×27×256。本层采用 ReLU 激活函数。

第 4 层：池化层 P2。采用尺寸为 3×3 的卷积核，stride = 2，所以 $\text{output} = \dfrac{\text{input} - \text{filter}}{\text{stride}} + 1 = \dfrac{27-3}{2} + 1 = 13$，池化后的输出为 13×13×256。

第 5 层：卷积层 C3。使用 384 个尺寸为 3×3 的卷积核，stride = 1，padding=1。所以 $\text{output} = \dfrac{\text{input} - \text{filter} + 2\times\text{padding}}{\text{stride}} + 1 = \dfrac{13-3+2\times1}{1} + 1 = 13$，即得到的特征图为 13×13×384。本层采用 ReLU 激活函数。

第 6 层：卷积层 C4。该层与上一卷积层相同。所以 $\text{output} = \dfrac{\text{input} - \text{filter} + 2\times\text{padding}}{\text{stride}} + 1 = \dfrac{13-3+2\times1}{1} + 1 = 13$，即得到的特征图为 13×13×384。本层采用 ReLU 激活函数。

第 7 层：卷积层 C5。使用 256 个尺寸为 3×3 的卷积核，stride = 1，padding=1。所以 $\text{output} = \dfrac{\text{input} - \text{filter} + 2\times\text{padding}}{\text{stride}} + 1 = \dfrac{13-3+2\times1}{1} + 1 = 13$，即得到的特征图为 13×13×256。本层采用 ReLU 激活函数。

第 8 层：池化层 P3。采用尺寸为 3×3 的卷积核，stride = 2，所以 $\text{output} = \dfrac{\text{input} - \text{filter}}{\text{stride}} + 1 = \dfrac{13-3}{2} + 1 = 6$，池化后的输出为 6×6×256。

第 9 层：Flatten 层。将上一层的输出 6×6×256 展开，输出为 9216。

第 10 层：全连接层。输出尺寸为 4096，使用 ReLU 激活函数。然后使用概率 $p$=0.5 的 Dropout 抑制过拟合，随机地断开某些神经元的连接或者是不激活某些神经元。

第 11 层：全连接层。与上一层结构相同，输出尺寸为 4096，使用 ReLU 激活函数。然后使用概率 $p$=0.5 的 Dropout。

第 12 层：全连接层。输出尺寸为 1000，使用 Softmax 激活函数，经过训练后输出 1000 个 float 型的值，对应 1000 个分类的概率，这就是预测结果，如图 19-22 所示。

| Layer (type) | Output Shape | Param # |
|---|---|---|
| input(227,227,3) | | |
| conv2d (Conv2D) | (None, 55, 55, 96) | 34944 |
| max_pooling2d (MaxPooling2D) | (None, 27, 27, 96) | 0 |
| conv2d_1 (Conv2D) | (None, 27, 27, 256) | 614656 |
| max_pooling2d_1 (MaxPooling2D) | (None, 13, 13, 256) | 0 |
| conv2d_2 (Conv2D) | (None, 13, 13, 384) | 885120 |
| conv2d_3 (Conv2D) | (None, 13, 13, 384) | 1327488 |
| conv2d_4 (Conv2D) | (None, 13, 13, 256) | 884992 |
| max_pooling2d_2 (MaxPooling2D) | (None, 6, 6, 256) | 0 |
| flatten (Flatten) | (None, 9216) | 0 |
| dense (Dense) | (None, 4096) | 37752832 |
| dropout (Dropout) | (None, 4096) | 0 |
| dense_1 (Dense) | (None, 4096) | 16781312 |
| dropout_1 (Dropout) | (None, 4096) | 0 |
| dense_2 (Dense) | (None, 1000) | 4097000 |

Total params: 62,378,344
Trainable params: 62,378,344
Non-trainable params: 0

图 19-22　AlexNet 细化结构图

## 19.4　AlexNet 网络的 Keras 实现

Keras 提供了丰富的函数用于创建卷积神经网络。

（1）卷积函数 Conv2D()。该函数用于计算二维卷积，形式为

```
keras.layers.Conv2D(filters, kernel_size, strides=(1, 1), padding='valid',
activation)
```

其中：

- filters：卷积核的数目（即输出的维度）。
- kernel_size：卷积核的宽度和长度。
- strides：卷积的步长。
- padding：填充方式为“valid”“same”。
- activation：预定义的激活函数。

例如，Conv2D(256, (5, 5), strides = (1,1),activation='relu')表示采用大小为 $5\times5$ 的卷积核，输出通道数为 256（256 个卷积核），水平和垂直方向的步长均为 1，采用“ReLU”激活函数。

（2）最大池化函数 MaxPooling2D()。该函数用于最大池化，形式为

```
keras.layers.MaxPooling2D( pool_size=(2, 2), strides=(1,1), padding='valid')
```

其中：

- pool_size 表示卷积核大小。
- stride 表示步长。
- padding 表示填充方式。

（3）填充函数 ZeroPadding2D()。该函数用于对特征图用 0 进行填充，形式为

```
keras.layers.ZeroPadding2D(padding=(1, 1))
```

其中：padding=(1,1)表示上下左右都增加一行或一列，并用 0 填充。

（4）Flatten()函数。该函数用于将多维数组展开成一维向量。

（5）Dropout(rate)。该函数用于实现 Dropout 技术，在训练时丢弃一些神经元，提高网络的鲁棒性。其中 rate 为丢弃神经元的比例。

使用 Keras 实现 AlexNet 的代码如下。（代码：ch19 卷积神经网络\19.4AlexNet 的 keras 实现）

```
1. from keras.layers import Dense,Dropout,Conv2D,BatchNormalization
```

```
2. from keras.layers import MaxPooling2D,ZeroPadding2D,Flatten
3. from keras.models import Sequential
4.
5. model=Sequential()                                    # 建立顺序模型
6. # 卷积层
7. model.add(Conv2D(96,(11,11),strides=(4,4),input_shape=(227,227,3),
   activation='relu'))
8. model.add(BatchNormalization())    #Keras没有局部归一化，所以用这个代替
9. model.add(MaxPooling2D((3,3),strides=(2,2)))      # 最大池化
10. # 卷积层
11. model.add(ZeroPadding2D((2,2)))                      # 用0填充
12. model.add(Conv2D(256,(5,5),strides=(1,1),activation='relu'))  # 卷积
13. model.add(BatchNormalization())
14. model.add(MaxPooling2D((3,3),strides=(2,2)))
15.
16. model.add(ZeroPadding2D((1,1)))
17. model.add(Conv2D(384,(3,3),activation='relu'))
18.
19. model.add(ZeroPadding2D((1,1)))
20. model.add(Conv2D(384,(3,3),activation='relu'))
21.
22.
23. model.add(ZeroPadding2D((1,1)))
24. model.add(Conv2D(256,(3,3),activation='relu'))
25. model.add(MaxPooling2D((3,3),strides=(2,2)))
26.
27. model.add(Flatten())                                 # 将多维数组展开成一维数组
28. model.add(Dense(4096,activation='relu'))             # 全连接层
29. model.add(Dropout(0.5))
30. model.add(Dense(4096,activation='relu'))
31. model.add(Dropout(0.5))
32. model.add(Dense(1000,activation='softmax'))
33.
34. model.summary()                                      # 获取网络结构的摘要
```

## 19.5　实战案例：使用 AlexNet 求解猫狗图片分类问题

猫狗图片分类问题是 Kaggle 中的一个图片二分类问题。该资源的下载网址为 https://www.kaggle.com/alifrahman/dataset-for-wbc-classification。该问题的数据集中，训练集包含猫、狗图片各 1000 张，测试集包含猫、狗图片各 250 张，如图 19-23 所示。

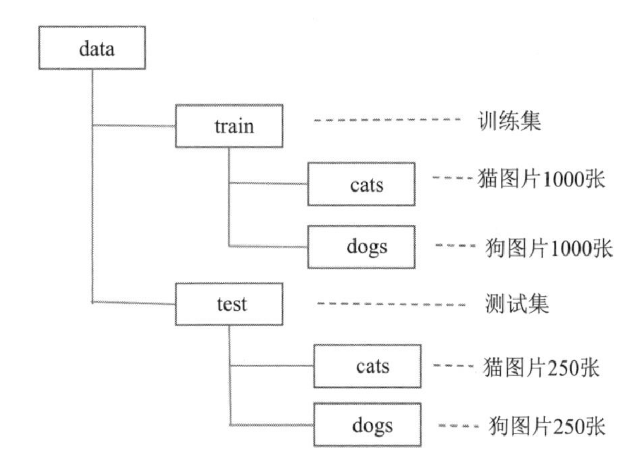


图 19-23　猫狗图片分类问题数据集文件夹

采用 AlexNet 求解猫狗分类问题，代码如下。（代码：ch19 卷积神经网络\19.5 实战案例：使用 AlexNet 求解猫狗图片分类问题。）

```
1. from PIL import Image
2. import numpy as np
3. from keras.utils import to_categorical
4.
5. path="F:\\kaggle\\dog_vs_cat\\"
6.
7. train_X=np.empty((2000,227,227,3),dtype="float16")
8. train_Y=np.empty((2000,),dtype="int")
9.
10. for i in range(1000):
11.     file_path=path+"cat."+str(i)+".jpg"
12.     image=Image.open(file_path)
13.     resized_image = image.resize((227, 227), Image.ANTIALIAS)
14.     img=np.array(resized_image)
15.     train_X[i,:,:,:]=img
16.     train_Y[i]=0
17.
18. for i in range(1000):
19.     file_path=path+"dog."+str(i)+".jpg"
20.     image = Image.open(file_path)
21.     resized_image = image.resize((227, 227), Image.ANTIALIAS)
22.     img = np.array(resized_image)
23.     train_X[i+1000, :, :, :] = img
24.     train_Y[i+1000] = 1
25.
26.
```

```
27.
28. train_X /= 255
29. train_Y = to_categorical(train_Y, 2)
30.
31.
32. index = np.arange(2000)
33. np.random.shuffle(index)
34.
35. train_X = train_X[index, :, :, :]
36. train_Y = train_Y[index]
37.
38. print(train_X.shape)
39. print(train_Y.shape)
40.
41.
42. from keras.layers import BatchNormalization, Dropout
43. from keras.models import Sequential
44. from keras.layers import Conv2D, MaxPooling2D, Flatten, Dense,Activation
45. # AlexNet
46. model = Sequential()
47. # 第一段
48. model.add(Conv2D(filters=96, kernel_size=(11, 11),
49.              strides=(4, 4), padding='valid',
50.              input_shape=(227, 227, 3),
51.              activation='relu'))
52. model.add(BatchNormalization())
53. model.add(MaxPooling2D(pool_size=(3, 3),
54.              strides=(2, 2),
55.              padding='valid'))
56. # 第二段
57. model.add(Conv2D(filters=256, kernel_size=(5, 5),
58.              strides=(1, 1), padding='same',
59.              activation='relu'))
60. model.add(BatchNormalization())
61. model.add(MaxPooling2D(pool_size=(3, 3),
62.              strides=(2, 2),
63.              padding='valid'))
64. # 第三段
65. model.add(Conv2D(filters=384, kernel_size=(3, 3),
66.              strides=(1, 1), padding='same',
67.              activation='relu'))
68. model.add(Conv2D(filters=384, kernel_size=(3, 3),
69.              strides=(1, 1), padding='same',
70.              activation='relu'))
71. model.add(Conv2D(filters=256, kernel_size=(3, 3),
```

```
72.             strides=(1, 1), padding='same',
73.             activation='relu'))
74. model.add(MaxPooling2D(pool_size=(3, 3),
75.             strides=(2, 2), padding='valid'))
76. # 第四段
77. model.add(Flatten())
78. model.add(Dense(4096, activation='relu'))
79. model.add(Dropout(0.5))
80.
81. model.add(Dense(4096, activation='relu'))
82. model.add(Dropout(0.5))
83.
84. model.add(Dense(1000, activation='relu'))
85. model.add(Dropout(0.5))
86.
87. # Output Layer
88. model.add(Dense(2))
89. model.add(Activation('softmax'))
90.
91. model.compile(loss='categorical_crossentropy',
92.         optimizer='sgd',
93.         metrics=['accuracy'])
94. batch_size = 32
95. epochs = 20
96. model.fit(train_X, train_Y,
97.     batch_size=batch_size,
98.     epochs=epochs)
```

运行结果：

```
Train on 500 samples, validate on 200 samples
Epoch 1/5
2019-05-27 16:46:15.490164: I tensorflow/core/platform/cpu_feature_guard.
cc:141] Your CPU supports instructions that this TensorFlow binary was not
compiled to use: AVX AVX2
500/500 [==============================] - 117s 234ms/step - loss: 0.6915
- acc: 0.5100 - val_loss: 0.6922 - val_acc: 0.5050

Epoch 00001: val_acc improved from -inf to 0.50500, saving model to
weights.best.hdf5
Epoch 2/5
500/500 [==============================] - 115s 229ms/step - loss: 0.6951
- acc: 0.4940 - val_loss: 0.6907 - val_acc: 0.5000

Epoch 00002: val_acc did not improve from 0.50500
```

```
Epoch 3/5
500/500 [==============================] - 114s 228ms/step - loss: 0.6932
- acc: 0.5280 - val_loss: 0.6896 - val_acc: 0.5200

Epoch 00003: val_acc improved from 0.50500 to 0.52000, saving model to
weights.best.hdf5
Epoch 4/5
500/500 [==============================] - 113s 227ms/step - loss: 0.6913
- acc: 0.5540 - val_loss: 0.6934 - val_acc: 0.5000

Epoch 00004: val_acc did not improve from 0.52000
Epoch 5/5
500/500 [==============================] - 117s 235ms/step - loss: 0.6975
- acc: 0.5080 - val_loss: 0.6887 - val_acc: 0.6300

Epoch 00005: val_acc improved from 0.52000 to 0.63000, saving model to
weights.best.hdf5
Test loss: 0.697268557533298
Test accuracy: 0.63
```

得到最终的准确率为 0.63，损失值为 0.6972。

# 习题 19

1．MNIST 手写数字数据集收集了来自 250 个不同人的手写数字，是人工智能领域的一个著名数据集。该数据集包含了 60 000 张训练图像和 10 000 张测试图像，每张图像都是 28×28 像素大小的灰度图像，每个像素都以一个八位字节（0～255）的形式存储在计算机中，如图 19-24 所示。

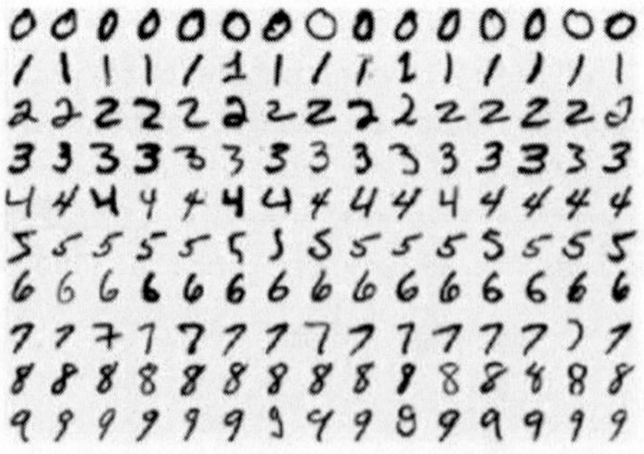

图 19-24　MNIST 手写数字数据集

使用以下卷积神经网络进行训练，对手写体数字进行正确的识别。

网络结构：

第 1 层 输入层：28×28×1

第 2 层 卷积层：采用 32 个 5×5 的卷积核，激活函数为“relu”。

第 3 层 池化层：采用最大池化，卷积核大小为 2×2，stride 为(2,2)。

第 4 层 卷积层：采用 64 个 5×5 卷积，激活函数为“relu”。

第 5 层 池化层：采用最大池化，卷积核大小为 2×2，stride 为(2,2)。

底 6 层 Flatten 层。

第 7 层 全连接层，采用 1000 个神经元，激活函数为“relu”。

第 8 层 全连接层，采用 10 个神经元，激活函数为“softmax”。

# 参考文献


[1] 姜启源，谢金星，叶俊. 数学模型[M]. 4 版. 北京：高等教育出版社，2011.

[2] Zhao H , Shi J , Qi X , et al. Pyramid scene parsing network[C]// 2017 IEEE Conference on Computer Vision and Pattern Recognition (CVPR). IEEE, 2017.

[3] 谢有庆，何涛，邱捷. 基于分数阶微分的电力系统有雾图像增强研究[J/OL]. 广东电力，2020，27（9）1-9[2020-10-12]. http://kns.cnki.net/kcms/detail/44.1420.TM. 20201009. 0934.036.html.

[4] Krizhevsky, Alex, et al. ImageNet classification with deep convolutional neural networks[J]. Communications of the ACM, 2017, 60 (6): 84-90.

[5] Hinton G E, Srivastava N, Krizhevsky A, et al. Improving neural networks by preventing co-adaptation of feature detectors[J]. Computer Science, 2012, 3(4): 212-223.

[6] 肖李春. 基于一元线性回归模型的区域经济发展与航空物流的相关性研究[J]. 物流技术，2014, 33(4): 217-219.

# 附录 A　标准正态分布函数数值表

$$\Phi(x)=\int_{-\infty}^{x}\frac{1}{\sqrt{2\pi}}\mathrm{e}^{-\frac{t^2}{2}}\mathrm{d}t$$

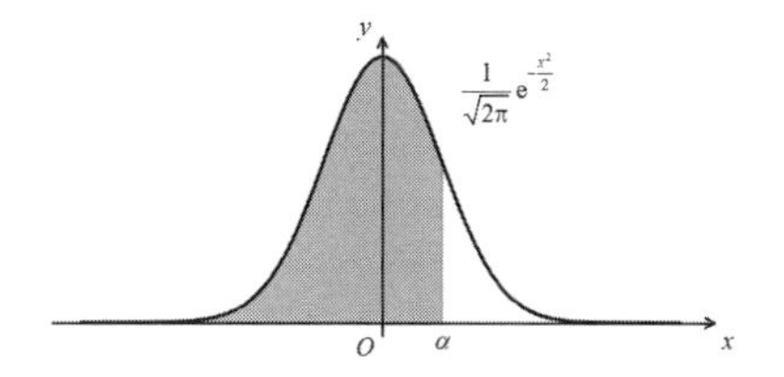


| x | 0 | 0.01 | 0.02 | 0.03 | 0.04 | 0.05 | 0.06 | 0.07 | 0.08 | 0.09 |
|---|---|---|---|---|---|---|---|---|---|---|
| 0 | 0.5 | 0.504 | 0.508 | 0.512 | 0.516 | 0.5199 | 0.5239 | 0.5279 | 0.5319 | 0.5359 |
| 0.1 | 0.5398 | 0.5438 | 0.5478 | 0.5517 | 0.5557 | 0.5596 | 0.5636 | 0.5675 | 0.5714 | 0.5753 |
| 0.2 | 0.5793 | 0.5832 | 0.5871 | 0.591 | 0.5948 | 0.5987 | 0.6026 | 0.6064 | 0.6103 | 0.6141 |
| 0.3 | 0.6179 | 0.6217 | 0.6255 | 0.6293 | 0.6331 | 0.6368 | 0.6406 | 0.6443 | 0.648 | 0.6517 |
| 0.4 | 0.6554 | 0.6591 | 0.6628 | 0.6664 | 0.67 | 0.6736 | 0.6772 | 0.6808 | 0.6844 | 0.6879 |
| | | | | | | | | | | |
| 0.5 | 0.6915 | 0.695 | 0.6985 | 0.7019 | 0.7054 | 0.7088 | 0.7123 | 0.7157 | 0.719 | 0.7224 |
| 0.6 | 0.7257 | 0.7291 | 0.7324 | 0.7357 | 0.7389 | 0.7422 | 0.7454 | 0.7486 | 0.7517 | 0.7549 |
| 0.7 | 0.758 | 0.7611 | 0.7642 | 0.7673 | 0.7703 | 0.7734 | 0.7764 | 0.7794 | 0.7823 | 0.7852 |
| 0.8 | 0.7881 | 0.791 | 0.7939 | 0.7967 | 0.7995 | 0.8023 | 0.8051 | 0.8078 | 0.8106 | 0.8133 |
| 0.9 | 0.8159 | 0.8186 | 0.8212 | 0.8238 | 0.8264 | 0.8289 | 0.8315 | 0.834 | 0.8365 | 0.8389 |
| | | | | | | | | | | |
| 1 | 0.8413 | 0.8438 | 0.8461 | 0.8485 | 0.8508 | 0.8531 | 0.8554 | 0.8577 | 0.8599 | 0.8621 |
| 1.1 | 0.8643 | 0.8665 | 0.8686 | 0.8708 | 0.8729 | 0.8749 | 0.877 | 0.879 | 0.881 | 0.883 |
| 1.2 | 0.8849 | 0.8869 | 0.8888 | 0.8907 | 0.8925 | 0.8944 | 0.8962 | 0.898 | 0.8997 | 0.9015 |
| 1.3 | 0.9032 | 0.9049 | 0.9066 | 0.9082 | 0.9099 | 0.9115 | 0.9131 | 0.9147 | 0.9162 | 0.9177 |
| 1.4 | 0.9192 | 0.9207 | 0.9222 | 0.9236 | 0.9251 | 0.9265 | 0.9278 | 0.9292 | 0.9306 | 0.9319 |
| | | | | | | | | | | |
| 1.5 | 0.9332 | 0.9345 | 0.9357 | 0.937 | 0.9382 | 0.9394 | 0.9406 | 0.9418 | 0.943 | 0.9441 |
| 1.6 | 0.9452 | 0.9463 | 0.9474 | 0.9484 | 0.9495 | 0.9505 | 0.9515 | 0.9525 | 0.9535 | 0.9545 |
| 1.7 | 0.9554 | 0.9564 | 0.9573 | 0.9582 | 0.9591 | 0.9599 | 0.9608 | 0.9616 | 0.9625 | 0.9633 |
| 1.8 | 0.9641 | 0.9648 | 0.9656 | 0.9664 | 0.9671 | 0.9678 | 0.9686 | 0.9693 | 0.97 | 0.9706 |
| 1.9 | 0.9713 | 0.9719 | 0.9726 | 0.9732 | 0.9738 | 0.9744 | 0.975 | 0.9756 | 0.9762 | 0.9767 |
| | | | | | | | | | | |
| 2 | 0.9772 | 0.9778 | 0.9783 | 0.9788 | 0.9793 | 0.9798 | 0.9803 | 0.9808 | 0.9812 | 0.9817 |
| 2.1 | 0.9821 | 0.9826 | 0.983 | 0.9834 | 0.9838 | 0.9842 | 0.9846 | 0.985 | 0.9854 | 0.9857 |

续表

| x | 0 | 0.01 | 0.02 | 0.03 | 0.04 | 0.05 | 0.06 | 0.07 | 0.08 | 0.09 |
|---|---|---|---|---|---|---|---|---|---|---|
| 2.2 | 0.9861 | 0.9864 | 0.9868 | 0.9871 | 0.9874 | 0.9878 | 0.9881 | 0.9884 | 0.9887 | 0.989 |
| 2.3 | 0.9893 | 0.9896 | 0.9898 | 0.9901 | 0.9904 | 0.9906 | 0.9909 | 0.9911 | 0.9913 | 0.9916 |
| 2.4 | 0.9918 | 0.992 | 0.9922 | 0.9925 | 0.9927 | 0.9929 | 0.9931 | 0.9932 | 0.9934 | 0.9936 |
| 2.5 | 0.9938 | 0.994 | 0.9941 | 0.9943 | 0.9945 | 0.9946 | 0.9948 | 0.9949 | 0.9951 | 0.9952 |
| 2.6 | 0.9953 | 0.9955 | 0.9956 | 0.9957 | 0.9959 | 0.996 | 0.9961 | 0.9962 | 0.9963 | 0.9964 |
| 2.7 | 0.9965 | 0.9966 | 0.9967 | 0.9968 | 0.9969 | 0.997 | 0.9971 | 0.9972 | 0.9973 | 0.9974 |
| 2.8 | 0.9974 | 0.9975 | 0.9976 | 0.9977 | 0.9977 | 0.9978 | 0.9979 | 0.9979 | 0.998 | 0.9981 |
| 2.9 | 0.9981 | 0.9982 | 0.9982 | 0.9983 | 0.9984 | 0.9984 | 0.9985 | 0.9985 | 0.9986 | 0.9986 |
| 3 | 0.9987 | 0.999 | 0.9993 | 0.9995 | 0.9997 | 0.9998 | 0.9998 | 0.9999 | 0.9999 | 1 |
| 3.1 | 0.999032 | 0.999065 | 0.999096 | 0.999126 | 0.999155 | 0.999184 | 0.999211 | 0.999238 | 0.999264 | 0.999289 |
| 3.2 | 0.999313 | 0.999336 | 0.999359 | 0.999381 | 0.999402 | 0.999423 | 0.999443 | 0.999462 | 0.999481 | 0.999499 |
| 3.3 | 0.999517 | 0.999534 | 0.999550 | 0.999566 | 0.999581 | 0.999596 | 0.999610 | 0.999624 | 0.999638 | 0.999660 |
| 3.4 | 0.999663 | 0.999675 | 0.999687 | 0.999698 | 0.999709 | 0.999720 | 0.999730 | 0.999740 | 0.999749 | 0.999760 |
| 3.5 | 0.999767 | 0.999776 | 0.999784 | 0.999792 | 0.999800 | 0.999807 | 0.999815 | 0.999822 | 0.999828 | 0.999885 |
| 3.6 | 0.999841 | 0.999847 | 0.999853 | 0.999858 | 0.999864 | 0.999869 | 0.999874 | 0.999879 | 0.999883 | 0.999880 |
| 3.7 | 0.999892 | 0.999896 | 0.999900 | 0.999904 | 0.999908 | 0.999912 | 0.999915 | 0.999918 | 0.999922 | 0.999926 |
| 3.8 | 0.999928 | 0.999931 | 0.999933 | 0.999936 | 0.999938 | 0.999941 | 0.999943 | 0.999946 | 0.999948 | 0.999950 |
| 3.9 | 0.999952 | 0.999954 | 0.999956 | 0.999958 | 0.999959 | 0.999961 | 0.999963 | 0.999964 | 0.999966 | 0.999967 |
| 4 | 0.999968 | 0.999970 | 0.999971 | 0.999972 | 0.999973 | 0.999974 | 0.999975 | 0.999976 | 0.999977 | 0.999978 |
| 4.1 | 0.999979 | 0.999980 | 0.999981 | 0.999982 | 0.999983 | 0.999983 | 0.999984 | 0.999985 | 0.999985 | 0.999986 |
| 4.2 | 0.999987 | 0.999987 | 0.999988 | 0.999988 | 0.999989 | 0.999989 | 0.999990 | 0.999990 | 0.999991 | 0.999991 |
| 4.3 | 0.999991 | 0.999992 | 0.999992 | 0.999930 | 0.999993 | 0.999993 | 0.999993 | 0.999994 | 0.999994 | 0.999994 |
| 4.4 | 0.999995 | 0.999995 | 0.999995 | 0.999995 | 0.999996 | 0.999996 | 0.999996 | 1.000000 | 0.999996 | 0.999996 |
| 4.5 | 0.999997 | 0.999997 | 0.999997 | 0.999997 | 0.999997 | 0.999997 | 0.999997 | 0.999998 | 0.999998 | 0.999998 |
| 4.6 | 0.999998 | 0.999998 | 0.999998 | 0.999998 | 0.999998 | 0.999998 | 0.999998 | 0.999998 | 0.999999 | 0.999999 |
| 4.7 | 0.999999 | 0.999999 | 0.999999 | 0.999999 | 0.999999 | 0.999999 | 0.999999 | 0.999999 | 0.999999 | 0.999999 |
| 4.8 | 0.999999 | 0.999999 | 0.999999 | 0.999999 | 0.999999 | 0.999999 | 0.999999 | 0.999999 | 0.999999 | 0.999999 |
| 4.9 | 1.000000 | 1.000000 | 1.000000 | 1.000000 | 1.000000 | 1.000000 | 1.000000 | 1.000000 | 1.000000 | 1.000000 |